编委会

主　编　王　博
副主编　孙　华　宋　鑫
编　委（按姓氏拼音排序）
　　　　曹　宇　董　礼　冯　菲　胡晓阳
　　　　刘建波　施文博　史　雨　万佳卉
　　　　王　春　王小玥　谢　宁　周舒艾君

卓越教学是怎样炼成的

来自北大教师的教学智慧

王 博 ◎主编

北京大学出版社
PEKING UNIVERSITY PRESS

图书在版编目（CIP）数据

卓越教学是怎样炼成的：来自北大教师的教学智慧 / 王博主编 . — 北京：
北京大学出版社，2024. 9.

ISBN 978-7-301-35414-8

Ⅰ. Q1-42

中国国家版本馆 CIP 数据核字第 2024YV2064 号

书　　　名	卓越教学是怎样炼成的 —— 来自北大教师的教学智慧
	ZHUOYUE JIAOXUE SHI ZENYANG LIANCHENG DE
	——LAIZI BEIDA JIAOSHI DE JIAOXUE ZHIHUI
著作责任者	王　博　主编
责 任 编 辑	于　娜
标 准 书 号	ISBN 978-7-301-35414-8
出 版 发 行	北京大学出版社
地　　　址	北京市海淀区成府路 205 号　100871
网　　　址	http://www.pup.cn　　　新浪微博：@北京大学出版社
微信公众号	通识书苑（微信号：sartspku）科学元典（微信号：kexueyuandian）
电 子 邮 箱	编辑部 jyzx@pup.cn　　　总编室 zpup@pup.cn
电　　　话	邮购部 010-62752015　发行部 010-62750672　编辑部 010-62767857
印 刷 者	天津裕同印刷有限公司
经 销 者	新华书店
	787 毫米 ×1092 毫米　16 开本　25.25 印张　360 千字
	2024 年 9 月第 1 版　2024 年 9 月第 1 次印刷
定　　　价	128.00 元（精装）

当前，百年未有之大变局加速演进，置身于世界之变、时代之变、历史之变的交织，大学必须重新审视自己的时代使命，思考如何更好地培养和塑造拔尖创新人才，使他们能够从容应对变化，为人类社会塑造更美好的未来。北京大学一直坚持围绕立德树人根本任务，瞄准"培养以天下为己任，具有健康体魄与健全人格、独立思考与创新精神、实践能力与全球视野的卓越人才"的办学目标，建设中国特色的世界一流大学。

传道授业，莫隆于教。习近平总书记在北京大学师生座谈会上的讲话中明确指出，建设政治素质过硬、业务能力精湛、育人水平高超的高素质教师队伍是大学建设的基础性工作。教师既是高水平课程体系、教学体系、学科体系的建设主体，更是学生健康成长的指导者和引路人，以及高质量教学体系建设的源头活水。北京大学一直以来高度重视教师队伍建设，涌现了一批又一批以文化育人、行为世范的"大先生"，他们扑身教学一线，与时俱进改进教学细节、如琢如磨提升教学水平，影响着一代又一代的莘莘学子和青年教师。

2018年，为进一步营造追求"卓越的教与学"的教学文化氛围，激励教师潜心钻研教学，不断提升教育教学质量，北京大学设立教学系列奖——"教学成就奖"和"教学卓越奖"，重奖教学优秀的"前行者"们。这些教师学科背景各异，跨越老中青三代，是百余年来北大优秀教师的精神缩影，他们对教学的思考，凝聚了历代北大教师的智慧，也代表了当前北大教学的风貌。

正如这些教师在访谈中普遍提到的，他们都不是在踏上讲台的第一刻起就成为一名"好老师"的，那些精彩的课堂瞬间都经历了日复一日的精雕细琢，比起天赋，卓越的教学或许更依赖于后天的努力。我们始终坚信，优秀的教学精神是可以传承的，优秀的教学方法是有道可循的，这也是保持一所大学一流教学水平的秘诀。本书在大量访谈资料基础上，以第三者视角，从不同侧面展现北京大学历届教学成就奖和教学卓越奖获奖教师的教学理念、教学策略、教学反思等，将那些真实鲜活的优秀教师用特写镜头推到读者面前，让读者跟随他们的叙述，身临其境触摸他们的思想脉络，观摩他们的教学实践，感受他们的人格魅力，理解这些卓越的教学成就是如何一步一步"百炼成钢"。

在阅读这本书的过程中，我真切地感受到各位教师对教书育人的无限热忱、对教学的精益求精和对拔尖创新人才培养的不懈探索。这些教师具有高尚的师德、严谨的科学态度和高度的责任心，他们不仅将教学看作自己的"职责""责任"和"本职工作"，更将之视为崇高的"使命"，始终以诚心对待学生，以精心打磨教学，以真心倾注教育。这些优秀教师向我们完美诠释了"经师"与"人师"的统一性，他们的教学经验中既包含知识的传授、思维的训练和对学生智力发展的促进，更强调理想信念教育、价值观培育和对学生完全人格的养成。

诚然，教无定法，本书所涉及的教师覆盖文理医工多个学科，教学内容迥异、教学方式多样，但他们共同体现出来的是，卓越教学始终需要教师不断更新先进的教学理念和技巧，通过持续的教学实践、教学反思和创造性的努力，在长期的教育教学实践中不断锤炼与提升教学能力和教学效果。特别是随着信息时代的到来，大数据、人工智能的快速发展和迭代及其在教育领域的广泛应用，使得学生获取知识的途径、方式和能力发生了根本性的变化，也对教学和教师提出了新的挑战。老师们在教学实践中始终在思考怎么教、教什么，积极探索建立以发现和探究为中心的教学模式，以学生的学习体验和收获为中心不断改进教学，帮助学生达到深度学习的效果，给学生以超越"一堂课"本身的长远深刻影响。

本书为大家提供了一个分享教学智慧和实践经验的窗口，让读者既能了解优秀教师对教学的独到经验和反思，也在和获奖教师深入交流的过程中共同思考和探索教育教学的意义和目标。希望这本书能给更多高等教育一线从业者带来启迪，激励大家重新回顾自己的教学理念和实践，将启智润心的教学智慧薪火相传。

教师是立教之本、兴教之源，而教书育人更是大学的基础性工作，激励教师为党育人，为国育才，不断提升教育教学水平，是高校守住高质量发展生命线的根基。在建设教育强国的伟大征程中，北大教师们将继续与全国同仁们一道，以辛勤耕耘培育参天巨木，为培养堪当民族复兴重任的时代新人贡献智慧和力量。

郝　平　龚旗煌

2024 年 6 月 21 日

目录

让学生个性得到
最大的舒展

— 阎步克 —

阎步克，北京大学 2018 年教学成就奖获得者，历史学系教授。主要教学科研领域为秦汉魏晋南北朝史、中国古代制度史与政治文化史。主要讲授"中国古代史""魏晋南北朝史""秦汉魏晋南北朝政治历程""中国古代官僚等级制度研究""中国古代官阶制度"等课程，有两门课程"中国传统官僚政治制度"和"中国古代政治与文化"被列为通识教育核心课程。出版有《中国古代官阶制度引论》《波峰与波谷：秦汉魏晋南北朝的政治文明》《品位与职位：秦汉魏晋南北朝官阶制度研究》等著作。曾获得高等教育国家级教学成果二等奖、国家级高等学校教学名师，两次被学生评为北京大学"十佳教师"。

新人文主义教育思想认定每一个人都独一无二、与众不同，

这是构成一个人自我的最宝贵的东西，

让个性得到最大的舒展和发展，就是新人文主义教育的最终目的。

蔡元培先生提出尊重学生的个性，发展学生的能力，帮助他完善他的人格。

这样一个教学理念，是我所认同的。

——阎步克

初心如磐，执教讲台三十春秋

进入古稀之年的阎步克，曾拥有多重身份：他是下乡的知青，是军队里的雷达兵，更是执教多年、著作等身的历史学者。

1978 年考入北大、1988 年毕业留校，最初承担教学任务时，"大学讲台对我来说太神秘了，一时望而生畏，只能勉力为之"。对于初登讲台的情景，阎步克记忆犹新：作为新教师，在第一节公共课上他心情紧张，基本是按着稿子念讲义，课堂反馈不佳。随后，他逐渐适应"教师"的新身份，开始一点点学习、摸索、打磨讲课的技巧，逐渐熟悉了教学工作，成了深受学生爱戴、一课难求的"十佳教师"。

在长达三十余年的教学生涯中，阎步克始终坚守岗位，未曾因长期出国或休教学假而缺席课堂。每个学期，他都如期而至，为学生开设一系列富有深度和广度的基础课与通识课。他的课程也总是供不应求、座无虚席，有些同学甚至从大一就期待能够选上阎老师的课，然而直到大三仍未能如愿。那些稍晚一些到达教室的学生，常常发现座位已满，只能遗憾地站在角落聆听。每当课程结束，教室里总是人头攒动，学生们纷纷围上前向阎步克请教问题。他也总是耐心细致地解答，常常耗费数小时才离开教室。阎步克说："这么多年的教学生涯，带来很多快乐，在课堂上忽然察觉

到自己的讲授让全场全神贯注了，那种感觉就很美好。"

新冠疫情期间，阎步克赴北美探亲，不料因航班停飞而滞留。面对13小时的时差和14000公里的距离，阎步克仍坚守在教学一线，以"线上主播"的身份，搭建了一节节跨时空的网上课堂，为北大学生提供了三门课程。

为了给同学们提供良好的上课体验，阎步克积极适应线上教学的新节奏和新技术，投入大量的时间和精力下载、安装、熟悉直播视频软件，并与助教反复演练。他发现了很多独属于线上教学的新亮点，与学生有效互动，极大地提升了课堂体验。

在探索新颖的线上授课平台的同时，阎步克对确保线上课程质量也毫不懈怠。为了便于同学们的预习和复习，他在教学网上提供了详细的课程信息和丰富的电子化学习资料，让每个选课的学生都有所得、有所感、有所悟。

▎ 启智引思，教学相长

阎步克的课堂不仅是知识的殿堂，更是思想的碰撞场，使学生在思辨中不断成长。他坚信："思辨性"是点燃学生求知欲望的火花。"我讲课平铺直叙，姿态语调都很单调，但仍有学生喜欢我的课，我想主要就是我的课较有思辨性。"他对"思辨性"给出这样的定义："思路独到、逻辑严密、表达新颖、评价到位，能够把知识点、原始史料、意义、线索、相关的学者与论著等，在课堂上以一种最佳的方式提供给学生。对老师来说，把课讲好是一场智力测验。"

在他的备课与授课过程中，这一理念贯穿始终。他独具匠心地运用"准专题"体系，构建了一个紧密相连、内容集中的知识框架，巧妙地将历史的重要线索与基本知识点串联起来。在这个体系中，每一个专题都如同一个精心设计的谜题，以问题为导向，引导学生们深入探索、分析。在构建这一教学体系时，阎步克既注重"点"的聚焦，确保每一课的焦点都精准而深入，又追求"线"的连贯，使各专题之间紧密相连，形成完整的历史脉络。

为了强化课程的思辨性，阎步克会在课堂上特意引入不同的学术观点甚至跨学科的视角。例如，在探讨新莽变法的得失时，他引用了荷尔德林的名言，帮助学生理解动机与效果之间的复杂关系；在讲述南朝军人势力如何重振皇权时，他则借助罗素的观点，引导学生挖掘具体史实背后的普遍规律；在讲述儒家孟子的民本精神时，他将之与法家的国家主义相比较，并引入爱因斯坦关于国家与人的关系的名言，为学生提供不同的思考路径。

他认为，怀疑精神是探索新知的源泉，也是一个思考者、一个读书人最可贵的品质。在授课时，阎步克会格外注意对讲授内容提出兼具学术性和启发性的评述，力求触动学生的心灵，激发他们的深度思考、拓宽他们的思维视野。他并不刻意灌输某种价值观念，而是引导学生们从不同角度审视历史事件与人物，培养学生的问题意识和批判性的态度。

阎步克和学生们共同参与的讨论班是一个充满活力的平台，老师和学生在这里分享彼此的论文，互相"评头品足、吹毛求疵"。他常常被学生指出论文中的错误，但这种相互切磋、共同进步的氛围对双方都大有裨益。在备课时，阎步克不仅精心挑选经典论著和前沿成果，更融入自己的研究成果和学术观点，使学生能够领会学术的精深、创新的意义与进行学术研究的路径。例如，在讲授选官制度时，阎步克便融入自己《察举制度变迁史稿》一书的思路；在讲述战国秦汉的法道儒时，则运用了《士大夫政治演生史稿》中的观点。阎步克的备课之道，正是他一系列精品课程能够常讲常新的奥秘所在。

尽管阎步克已是一名颇有成就的学者，但他始终坚守着自己作为"教书匠"的初心，坦言"我是在教学之余从事科研的"。他注重将教学与科研有机结合，认为深入的科研探索能使教学内容始终紧跟学术前沿，而精彩的教学也会推动科研的进一步发展。为了提升教学效果，实现真正的教学相长，阎步克每次授课前都会查阅大量的史料论著和最新的学术前沿动态，对教学内容进行更新。他为此投入大量精力，并表示："作为教师，应该付出这种辛苦。"

阎步克的"中国传统官僚政治制度"课堂

▌ 课堂上的"唯美主义者"

在阎步克眼中，好的教学应该符合几个标准：首先，它能将基本的史实线索和知识点系统化地教给学生；其次，能让学生掌握考证、评价和分析的方法，给予学生方法论的启发；再次，能给学生提供足够翔实的学术信息，"掌握研究史跟掌握历史事实同样重要"；最后，能引导学生提高写作能力，在写作上有进步。实现这样的教学效果，让每一堂课都能座无虚席，并非自然而然的易事，这都是阎步克不断努力的结果。

阎步克自认为"记忆力差，口才不怎么好，缺乏做教师的天赋"，所以每次备课都要有所改进，这是他一直以来给自己设定的标准。他会对授课节奏进行反复推敲，对内容不断修订剪裁，甚至会花费心思揣摩语言的流畅以求生动清晰。

阎步克的 PPT 是他授课的"绝活"与亮点。2000 年左右，北京大学电化教育中心开设多媒体课件制作培训班，阎步克本就对电器相关事物很感兴趣，认为这种技巧技术能给课堂教学带来革命性的变化，所以就开始学习并很快沉迷于多媒体课件的制作。"我想我是在历史教学中运用 PPT 技术的第一批人吧。"将讲稿搬到屏幕上，课堂上能提供的信息可以说是成几倍的增长，随之相伴的是备课也需要更多的精力投入。他精心制作了大量的图片、书影、表格、史料、地图、示意图，将抽象的内容以可视化的方式呈现给学生，每张幻灯片都字斟句酌、精雕细琢、内容精当、做工精美，有效地拓展了课堂容量、提升了课堂效果。

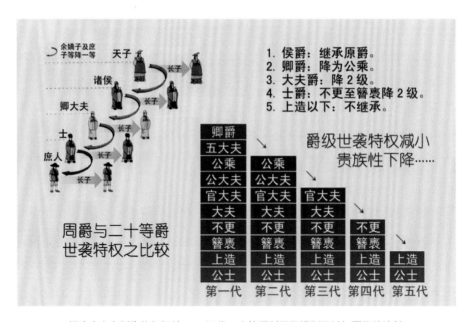

阎步克亲自制作的幻灯片 —— 汉代二十等爵制继承规则及其与周代的比较

阎步克自称是个"唯美主义者"，"总希望幻灯片更精美、更精当，更好地反映教学内容"。他经常思索如何才能让 PPT 表达更加鲜明、样式更加美观，对 PPT 再三修改。他经常在屏幕前备课到凌晨五六点，简单休息洗漱后去赶上午八点的课程。上课之后，他还会对 PPT 进行加工，修补新发现的瑕疵。他依据每年的课堂反馈,不断调整课程幻灯片内容,仅在 2020 年,他就针对疫情期间线上教学的新特点,重新制作了近 600 张幻灯片。即使需要付出更多的时间和心血,他也"乐在其中,因为讲课时更明快流畅了"。在课堂上给学生传达好的教学内容,是他精益求精、不断改进课程内容的最大动力。

赓续文脉、薪火相传

阎步克在北大历史学系求学深造、长期执教,自认"有义务介绍北大历史学系的前辈和同行的成果"。在课堂上,他特别注重介绍当前的研究动态以及各位学者的理论见解,尤其是介绍北大历史学人在学术领域的突出贡献,因为"每个研究单位都有自己的学术传承,站在前辈师长的肩膀上就起点高、进步快、事半功倍"。同时,他也会把自己的研究成果融进课堂讲授之中,如教学体系、线索的揭示、评价分析等。这体现了他对历史的独特思考。他还积极投身于中国古代史教学团队的建设工作,致力于培养并锻炼不同年龄段的教师,使他们能够胜任不同层次的中国古代史教学任务。他精心打造了一支老中青相结合、实力强大的教学梯队,为北大历史学系的中国古代史学科建设付出了努力。

阎步克不仅关注专业领域的学术研究和教学授课,对历史学的通识教育也倾注了心血。自 2001 年起,由阎步克作为主要参与者的"北京大学历史学系'中国传统历史文化通识教育'系列通选课",不仅在北大校园内,更在全国高校通识教育领域中赢得了极高声誉。其中,由阎步克亲自担纲主讲的两门课程,吸引了无数渴望汲取知识的学子,累计选课学生人数超过 7000 名,教学评估成绩也在同类课程中始终稳居前列。这不仅仅因为他的课程结构合理、PPT 精美,更在于他在讲授中国历史之时独有的"历史文明感"。

阎步克试图效仿业师田余庆先生,实现历史与文明在师生之间的代际传承。他认为，在高度发达的现代社会教育中，历史专业能提供一种特别的训练让人们得以回溯人类文明历程，掌握求真的技能，积累贯通古今的智慧，培养学生的理性与良知。他说："新人文主义教育思想认定每一个人都独一无二、与众不同，这是构成一个人自我的最宝贵的东西，让个性得到最大的舒展和发展，就是新人文主义教育的最终目的。"在课堂实践中，他特别注重引导学生深入历史大背景中思考当下，培养学生对民族、国家、人类的终极关怀，引导学生从源远流长的历史连续性中来认识中国的过去、现在和未来。

阎步克对学生的期望简单而纯粹——希望他们能写出一篇合格的、精彩的论文，个性得到最大的舒展。经过课堂教学，学生展现出的文字创造力、学术研究中的精细程度、接受新知的能力以及寻溯前沿的冲动，都让他坚信："中国学术的未来发展，在他们这一代人的身上。"他的执教生涯，也正是在不断追寻学术上"百尺竿头，更进一步"的境界。

学生评价

- 阎老师讲课风格深入浅出、妙趣横生，所著文章叙述问题大气磅礴，虽无过多华丽辞藻，但读起来大有排山倒海之势，期待以后能够与阎老师有更多交流。
- 特别喜欢阎步克老师的课，课程内容很丰富。从老师的PPT和讲课中可以看到一个历史学家严谨的治学态度和深切的人文关怀。
- 阎老师的课程深入浅出、引人入胜，用生动有趣的事例串起了课堂内容，同时引发我进行深入阅读的兴趣。

（刘璇、马骁）

不让须眉，默化桃李

— 祝学光 —

祝学光，北京大学 2018 年教学成就奖获得者，北京大学人民医院普外科教授，元老级外科专家，获国务院政府特殊津贴。研究领域为消化及胆道系统外科疾病的临床诊治与研究。主要讲授"外科急腹症""临床医生的基本素质""尊重生命，关爱生命"等课程，出版《外科学》《腹部外科学理论与实践（第二版）》《黄莛庭外科临床思维》等著作，主持以腹部为中心的教学改革，开创医学专业授课新模式，开辟以症状或体征为中心的"横向"思维。曾获得高等教育国家级教学成果二等奖。

医学教育就像"种庄稼"，春种秋收，都有一个周期。

今年踏入医学院的学生，是为了 8 年后的果实。

医学教育应面向未来，

要预见 8 年后的社会什么样、医患供需关系如何，

否则就是耽误学生。

—— 祝学光

▍老骥伏枥，志在千里

在课堂上精神矍铄的祝学光，如今已经从教超过六十年。虽然年事已高，祝学光对教学工作仍然保持着旺盛的热情和充沛的精力。她始终坚持为本科生授课，工作在临床教学一线。她也曾想过退休后不再出门诊、做手术、带教学，但这种想法只是一闪而过：祝学光发现还有很多事要做，教学和医疗已经成了她生命中的"惯性"。

作为一名临床医生，祝学光的医疗和科研任务同样繁重，上班时间主要做医疗兼教学，科研论文和编写著作只能晚上加班，工作强度可想而知。面对繁重的任务，祝学光不仅毫无怨言，而且乐在其中："这些年，我科研、临床、教学这些和医学相关的都干过了，你要说累吗，肯定是累的，但是我也很享受。""不为良相，便为良医。决定学医了，就要做一个好医生。"当年学医时父亲的教导一直鼓励着她坚守在岗位前线，一步一个脚印地成了行业楷模。

2006 年，年逾古稀的祝学光带领着北京大学人民医院"外科学"这支团结奋进、生机勃勃的教学团队冲击"国家级精品课程"这一奖项，并最终获得这一殊荣，实现了人民医院在这个奖项上"零"的突破。

见证年轻一代的医师在自己的带动下积极投身医学教学工作，目睹人

民医院高水平的临床医学教师队伍后继有人，将医学教育比作"种庄稼"的祝学光感受到了"收获"的欣慰和喜悦。对于倾注了毕生心血的事业，祝学光始终心怀不舍。她相信，只要有志向和热情，任何年龄都能够贡献自己的力量，实现自己的价值。

▎矢志攀登，精益求精

　　初入医学领域之时，考虑到女生在体力方面的劣势，再加上自己的兴趣和"野心"并不强，被临时安排进北京大学人民医院外科工作的祝学光将其视为一份"临时的工作"。转科的时候，表现突出的祝学光收到了不同科室的邀请。由于外科人手的紧缺，祝学光便坚定了留在外科的想法。生性要强的她想："既然做了，就得干得好一点，得攀登。"于是，她过起了天天泡在医院里很少回家的生活。

年轻时的祝学光在工作中

　　从 1963 年开始，祝学光干了两年住院总医师，这是别人两倍的时间，科室成员戏称祝学光有"忙命"。有一次值夜班，从晚上六点开始，她连续做了三个急诊阑尾炎手术，接着一个胃穿孔……就这样手术不断，一直做到第二天上午。接着，祝学光又把第二天早已安排的脾切除手术做完，直到中午才下夜班。有时，她甚至会搬着小板凳在实验室睡，也因此患上了腰部疾病。凭借这股劲头，祝学光在外科一片男医生的天地里做出了骄人的成绩。

成为老师后，这份"要强"同样延续到教学中。在北京大学医学部，祝学光备课认真是出了名的，从板书中便可见一斑。北京大学人民医院乳腺外科主任王殊说："祝老师的板书是一绝。她看似东写一块，西写一块，还画图，但是这堂课下来，最后的板书其实是有布局的。"当然，认真不是墨守成规，如今祝学光改用 PPT，同样编排严谨，她还常常展示一些前沿的英文信息。认真也不是严肃死板，"祝老师上课声如洪钟，非常有精气神；有时候还会调侃和抖包袱，很幽默。"北医临床的张同学说，"桥梁课阶段很累，但在祝老师的课上，大家很少犯困。"

对待学生，该严肃的地方，祝学光绝不含糊。现在已经成为北京大学人民医院胃肠外科教授的梁斌回忆起当年的查房经历，仍敬佩祝老师的广博知识与严格要求："老师飞快地一看病历，听你汇报完了之后就总能找出我们临床上的一些缺漏，立刻指出问题的关键所在。"一次，学生报告病例："体温 36.7℃，脉率 70 次，呼吸 18 次，血压 110/70 mm Hg。"祝学光打住问："脉率 70 次是怎么数出来的？"学生回答："数了 15 秒。"她再问："15 秒的脉率乘 4 怎么得出 70？"

在祝学光的指导下，学生们不仅掌握了扎实的医学知识，更学会了对每一个数据和诊断结果都要精益求精，绝不含糊。他们明白了，医学不仅仅是一门科学，更是一种责任。每一份病历、每一个治疗方案，都可能关系到患者的生命与健康。因此，他们在日后的工作中，总是以祝学光为榜样，认真对待每一个细节，始终保持高度的职业操守和严谨的工作态度。这样的精神传承，确保了他们成为更值得信赖的好医生。

▍打破成法，教学改革

教学路上，祝学光从未停下过创新的脚步。从 1991 年起，她担任原北京医科大学教务长一职，促成了对以"急腹症"为中心的外科教学方法大刀阔斧的改革，开创了以问题为中心的教学模式的先河。"急腹症"是外科中极重要的典型症状。普外科病房收治的病人中，一半来自急诊。其中，约有半数是以急性腹痛为主要临床表现的各种外科疾病，占住院病人的1/4。因此，教学效果的好坏，对众多病人来说，是牵系安危的大事。

过去，这一阶段的教学是以疾病为中心，讲授疾病发生脏器的解剖、生理特点、临床表现（病史、体征和化验及影像学检查的结果），再通过与相似疾病的比较与鉴别，教导学生做出正确的临床诊断。但是，同学们的考试结果往往并不理想。在理论学习中表现优秀的学生，在对以腹痛为主要表现的病人进行诊断时，仍然备感困惑。

祝学光认为，原因在于"我们没把这门课讲清楚。表现为急性腹痛症状的疾病多达35种，如果把急腹症讲清楚了，那35种病也就都会了，这是纲，做好了事半功倍，值得做"。就这样，针对刚进入临床阶段学习的学生，她和同事们将"急腹症"作为教学突破口。为了推动改革，祝学光带领几个年轻老师，专门开设了一堂"外科急腹症"大

祝学光在医院

课。这门课从复习疼痛发生的神经解剖基础开始，到腹痛的神经通路、腹部脏器疾病引起疼痛的规律，再到腹痛诊断的思路与步骤。这就打破了历来以疾病为中心、强调"系统性"的"纵向"教学模式，而转向以腹痛症状和体征为中心的"横向"思维。

课程受到了同学们的一致好评，"学生们守在医院急诊室的门口，看谁捂着肚子来就上去问，听到是'肚子疼'学生就来精神，按照课堂上讲的先问什么后问什么，然后一分析觉得是急性阑尾炎，就去找老师。老师

复查确诊后，就带着学生一路绿灯地从急诊室到手术室，直到手术做完"。学生亲身体验这一段经历后，就特别有成就感，上课也更加积极。

经过三年的实践，祝学光请北京市六所医院的外科主任各带病例来对学生进行实地考核。学生甚至能对某医院主治医生误诊的病例做出正确诊断，令现场的主任们交口称赞。实践证明，这一教学方法大大提高了学生对疾病的认识和分析水平，增加了学生们解决问题的能力。

▎ 不唯看"病"，更是看"人"

如今，医患纠纷频频发生，如何提高医务人员的人文、法律及维权意识，在规避医疗纠纷的同时保护患者权益，成为一个值得思考和研究的问题。自2009年起，祝学光开设"尊重生命，关爱生命"的课程。这门课的开设不仅仅是在回应社会问题，其内在的支撑是祝学光的视野和对医学的认识。

什么是医学？祝学光总结出医学学科的三个特征。"第一，医学研究对象是社会化的人。这些人既有个性特点，又有社会学特点。第二，医学的使命就是治病，要诊断疾病、治疗疾病、预防疾病、控制疾病。第三，医学的本心、初心就是维护人类健康。因此，医学本身就含着一种道德的原则，每个医生都有维护人类健康的义务，这是医学的初心，是其他科学不具备的。"

维护人类健康，不仅要了解疾

祝学光荣获2003年度首届国家级教学名师奖

病本身，还要以促进病人身心健康和和谐为己任。作为医学生，要面向未来、面向人，既要有妙手，也要有仁心。在祝学光看来，医生亲近人的能力、取得病患信任的能力十分重要。医生不应把医学科技产品、诊疗仪器当作宝贝，只关心最新的检查结果，而忽略对人的关怀、对人的询问。如果每天的例行查房都懒得去做，仪器就成了隔开医患的屏障。

"只看到病，看不到人；只看到病值多少钱，看不到人的痛苦，这就糟糕了。医生要有'菩萨心'，要能悲天悯人，不然就不要学医，学也学不好。"在这个意义上，医学教育也是心灵的教育，但"仁心"不比"妙手"，不是实在具体的技术，要如何去教？祝学光给出了自己的方案："在医学教育中，老师要树立模板，而且要能够复制，要能启发学生、影响学生。"她就从自己的老师身上学到了"对病人从来没有计较"。

在实际工作中，祝学光也在春风化雨地影响着学生：亲自带着不知道检查流程的病人去预约检查，制订治疗方案时将病人的利益始终放在第一位，几乎每天最后一个离开诊室……老师做的事情，学生们看在眼里，记在心中，也身体力行地传承过来。作为祝学光的学生，梁斌教授说："我认为我是非常幸运的。"

学生评价

- 祝学光老师讲课深入浅出、生动形象，使复杂的诊断学原理变得通俗易懂。她的授课风格妙趣横生，通过生动的案例和幽默的语言，让学生们在轻松愉快的氛围中掌握知识。祝老师的学术功底深厚、观点独到，她的课堂展示了她对医学的深刻理解和严谨治学态度。
- 祝老师的课程内容丰富充实，她善于通过形象的讲解和实际案例，引导学生深入理解临床诊断的核心概念。老师的 PPT 设计精美、逻辑清晰，充分体现了她对教学的用心和热情。非常喜欢祝学光老师的课，感谢老师的辛勤付出和无私分享。

- 祝学光老师通过生动有趣的诊断学案例，讲述了诊断学相关内容，让我对诊断学有了很大的兴趣。同时，老专家"以患者为中心"的理念深入人心，充分体现了北医人的精神。
- 祝学光老师的课程框架清晰、内容翔实，充分展现了老师丰富的临床经验；此外，老师还将医者的人文关怀穿插在理论课程中，更加启发我们对于临床工作的全面认识和思考。祝老师同样关注来自学生的问题，用不竭的热情与坚定的声音为我们答疑解惑，帮助我们成长为一名更好的医学生。

（廖荷映、佘福玲）

以教育启航，探寻学术之美

— 赵达慧 —

赵达慧，北京大学 2018 年教学卓越奖获得者，化学与分子工程学院教授。研究领域为有机化学、高分子化学、超分子化学、材料化学。主要讲授"有机化学（英文）"课程，入选教育部首批"来华留学英语授课品牌课程"；曾参与"今日化学"小班课教学。曾获得北京大学教学优秀奖、北京大学青年教师教学基本功比赛（理工类）一等奖、北京高校青年教师教学基本功比赛三等奖。

教学是一门学科，

是一个需要我不断地思考如何去改进的过程，

而不是只需教条地照搬和重复就可以完成的任务。

——赵达慧

▍ 因材施教的"乐高建筑师"

"当上老师，算是一种机缘巧合，一直很喜欢学校的氛围，做老师、做教学，能一辈子都和学生打交道是一件非常幸福的事情，所以就一直这样走下来"，赵达慧如是说。自 2006 年回到北京大学任教以来，赵达慧已经在讲台上站了十几个年头。

多年的教学生涯，赵达慧逐渐形成了注重"本质"和"因材施教"的教学理念，她总是强调："要用最准确简明的语言将最基础本质的东西向学生展示出来。"她的课件朴素，没有花哨的修饰或动画，重在逻辑清晰、简洁明了。上课时，赵达慧会先对上一次课的内容进行总结作为过渡和联结；而在课堂讲述中，她则能够简明扼要地从纷繁复杂的内容中提炼出核心问题，连缀起看似细碎的要点，令学生豁然开朗。

"本质"重在对知识的穿透力，前提是筑牢基础，就像用乐高积木慢慢搭建起复杂的建筑。赵达慧在教学中强调基础的重要性。她认为，打好基础，稳稳站立在宽阔平坦之处，然后再向更高更远处求索，是自己应当引领学生循序渐进的路径。"高手过招，比的都是基本功。"她并不强调在本科前期的基础课程的课堂上过多地讲授最前沿、最深奥的内容，而是注重知识架构的系统完善，每一个知识点讲深、讲透。

然而"简明"并非"简单"，化繁为简的背后，是精心梳理和打磨。她坚信，只有自己足够熟悉课程内容，才能够给学生讲解清楚。因此，在准备课程时，她总是仔细推敲每一个细节；课前，赵达慧都会提前十五分钟左右到达教室，再次翻阅讲义和课程 PPT，整理思绪，为课堂教学做准备。

因为招生方式的多样化，学生在有机化学方面的知识背景和基础呈现出比较大的差异，如何让不同基础的学生在同一个课堂里都能够学有所得是赵达慧教学过程中始终面临的挑战。多年教学总结出来的心得就是，需要切实地因材施教。"我所理解的因材施教，包括帮助学生去发掘他自己擅长什么，再通过适当的方式帮助他们去提高相对不擅长的方面，这样既能使他们有充分的信心不断地学习下去，还能帮助学生在学习过程中获得更多的满足感。"

赵达慧坚信，教学是一门专门的学科，需要深入了解学生的思维方式、学习心理等。她认为："大脑的习得过程和小脑的运动过程颇为相似，通过一定的训练可以提高特定方面的能力。"她经常反思和调整自己的教学方法，希望能让学生在课堂有限的时间内获得更多、更有效的学习体验。而赵达慧的诚挚育人之心，在她的学生那里，也得到了积极的回应。如一位学生在反馈中写道："我可能不是班里学得最好的，但这个课程让我有了很大的提高。"这让赵达慧深感温暖，也看到了精心培育的种子，正在一点点发芽结果。

赵达慧不仅注重课堂讲授，课下也会组织学生小组讨论、阅读前沿文献等。通过小组讨论，学生们可以互相交流学习心得，加深对有机化学的理解；而通过阅读前沿文献，学生则能够学到有机化学最新、最前沿的发展变化，了解前沿的科研是以怎样的方式在推进学科的发展。通过这些多元化的教学方式，赵达慧希望每一个学生都能在自己的节奏中成长，不仅能够掌握有机化学的基本知识，还能够培养出对科研工作的热情和兴趣，体验学习的真正意义。

她认为，一个好的老师还需要具备充分的耐心。"要以最诚挚的耐心去对待学生，把每一个学生都当作自己的孩子。"赵达慧希望自己不仅仅

赵达慧和 Prof. Coppola 合作授课

是学生们的老师，更是他们可以轻松交流的朋友。在她看来，教学不仅仅限于知识的传授，还有价值观、人生观的教育和品格的塑造。"要把学生培养成国家发展和繁荣的建设者，社会进步的推动者，人民利益的维护者。要有境界，培养学生的家国情怀，肯付出、肯牺牲，这一点也很重要。"

广厦始于垒土，赵达慧对"本质"和"基础"的追求，对"因材施教"和"有教无类"理念的贯彻凝聚了她多年的教学智慧。这种教学方法不仅让学生扎实掌握了知识，还在潜移默化中培养了他们的学习和解决问题的能力。赵达慧的课堂是严谨而温暖的，她用心血和坚持，为学生们铺就了通向未来的光明之路。

和学生一起成长

赵达慧深知，作为老师，除了耐心，还需要在学术上不断进步和精益求精。"北大的学生提出的问题往往非常有深度，常常会让我感到惊讶。所以作为老师，我们也需要不断提升自己的学术修养，以匹配这些学生的能力。"学生们高水平的问题成为赵达慧不断学习和自我提升的动力。

除了学科知识的不断更新，多年与学生们的交流沟通，也让赵达慧"辅修"了心理学知识。"在与学生交流的过程中，我们也会积累一些心得。思考人在学习过程中受到的思维方式、学习习惯和行为方式的影响等，这些对教学非常有帮助。"

除了注重对学生学术能力的培养，赵达慧还同样关注他们的心态和心理健康。"有时候，几句鼓励的话语，就能让学生感到不那么孤单，给予他们坚持下去的勇气和动力。"她解释道："如果他们在遇到困难时没有得到及时的关注和宽慰，可能会放弃很多努力，这会影响他们后续的学习。但如果他们熬过了这一段困难时期，并得到了正面的反馈，他们的心态会变得更加乐观，学习也会越来越好。"赵达慧认为，任何经历都是财富，无论是正面还是负面，都应该被珍视。"从长远角度来看，那些负面的经历可能会为你带来一些正面的收获。熬过这段时间，你可能会看到曙光。因此，我会鼓励学生珍惜每一个经历，不断努力，勇往直前。"

在课堂上，赵达慧会尽量关注每一个学生，尤其是那些成绩不太理想的学生。"学习某些看似困难的东西并不一定需要极高的智商，但确实需要极大的耐心和大量的时间积累。在这个过程中，从量变到质变，某一天你会忽然开窍，变得游刃有余。"这种对学习过程的深刻理解，让她的教学方法更加贴近学生的实际需求，也受到了同学们的认可与欢迎。

多年的教学实践，也让她对"教"与"学"的关系有了更深入的体会。在教学实践的过程中，赵达慧深感传授知识并不只是单向的灌输，而是需要细致地观察和理解学生们的接受程度与认知规律，教师表述问题的方式、语气和语速都会影响学生的接收效果。她不断反思和调整自己的教学方法，寻找更有效的途径来帮助学生理解。

通过对学生的观察，赵达慧还对"学"与"用"有了全新的理解。她发现，学习是一个渐进的过程，需要经过记忆、模仿、重复，最后才能达到创新。"就像小脑的学习一样，初次接触某个动作会感到非常困难，但通过不断的锻炼，我们能让这根神经逐渐变得发达，控制得越来越灵活。"此外，她强调，学生们需要对知识进行一定的记忆："当调用信息的时间极短时，大脑能对这些信息进行更有效的综合分析，为创新提供空间。如果调用速度过慢，就会妨碍深入、复杂的思考和运用。"这是因为她发现，尽管学生们在课堂上似乎听懂了，但在做题和考试时仍会遇到困难，这说明没有熟练掌握而无法灵活运用；而理解和记忆则往往是相辅相成的，将所学内容真正记下来，才能更加自如地运用。她给学生们举了一个例子："就像在阅读英文文章时，如果遇到太多生词，阅读速度就会变慢，导致无法很好地理解整篇文章。同样地，如果在大脑中不能快速提炼所需信息，就很难有效地进行创新。"

▎教学热情：不断追求提升的旅程

赵达慧的学术之路始于北京大学化学学院，她在这里完成了本科学业。之后，她前往美国伊利诺伊大学香槟分校和麻省理工学院深造，并从事研究工作。自 2006 年 3 月起，她回到北京大学化学与分子工程学院任教，开始了她的教学和科研生涯。她长期从事新型有机 / 聚合物光电功能材料的设计合成，共轭分子的超分子组装结构及功能研究，取得了丰硕的成果。从学生到教师的成长，使她更能真切地体会和理解学生的困惑与感受，并使她更多了一份为学生纾困解难的责任心。

"教学"之于赵达慧，始终是热情和兴趣所在，这也使她纵然十几年教授同一门课程也从未感到厌倦。长期教学，既是一种坚持，也是不断尝试与探索的过程；而将北大的教学传统薪火相传，也是她的使命与牵挂。

赵达慧回忆，教学生涯初期的她受到老一辈教师的深刻影响："他们不仅传授了我学科知识，还让我明白了教育的真谛。他们是我的榜样，他们

2021年，赵达慧和课题组成员在化学与分子工程学院

的悉心指导让我对教学有了更深入的理解。"

　　而对于年轻一辈的教师，她则竭其所能地相助，毫无保留地分享。"如果有机会与年轻教师沟通交流，分享我的心得，或许能帮助他们在教学中更快地成长。"若论"经验"，赵达慧则强调学习和实践同样重要："只有将两者结合起来，才能更有效地提高教学能力。"

　　对于年轻的研究者，赵达慧则努力帮助他们找到兴趣点、实现提高与开拓。

　　赵达慧深知，培养学生的学习兴趣是激发他们主动学习的重要途径。她通过自身对自然科学的好奇心，传递给学生对知识的热爱，并在教学中不断探索和改进方法，让学生们能够在轻松愉快的氛围中学习。"我发现，有时候学生们理解知识的快慢，可能跟他们的天然兴趣与思维模式有关。"赵达慧通过与学生的沟通和互动，了解他们的兴趣点，并在教学中有针对性地引导和激发学生的好奇心。通过这些方法，赵达慧不仅帮助学生们克服了学习中的困难，也让他们在探索知识的过程中，学会了如何面对挑战和挫折。她的教学理念和方法，不仅在于传授知识，更在于培养学生独立思考和解决问题的能力。

"学习和科研就像一场长跑，不要把短期的成败当作最终的结果。因为，不断的努力才是决定成败的关键。当学生们遇到困难时，我会告诉他们，从我自己和其他人的生活经历中都可以看出，困难的时期其实是个人成长的时刻。"她鼓励学生们在面对困难时，不要轻易放弃，而要看到这些困难带来的成长和收获。

赵达慧的教学之路充满了汗水和智慧，她用自己的行动诠释了一个恳切、真诚的"好老师"的真正含义。她不仅是学生们的导师，更是他们人生路上的引路人。她的教学理念和方法，不仅让学生们在学术上取得了优异的成绩，更让他们在生活中找到了前进的方向。通过她的努力，赵达慧不仅实现了自己作为教师的价值，更成就了学生的未来。

学生评价

- 老师讲得很细致，对同学们的疑问也都会耐心解答！
- 老师教学细致耐心、重点突出，乐于沟通，对学生的影响非常大。
- 老师讲得很好，重难点部分会用中文讲解。
- 真的是一门非常好的课程，也有挑战性，有趣，谢谢赵老师！我觉得还能坚持介绍杂环、糖、生化的部分非常好！

（赵凌、隋雪纯）

带学生去有风景的地方

— 陈 斌 —

陈斌，北京大学 2018 年教学卓越奖获得者，地球与空间科学学院教授。主要研究方向为虚拟地理环境和空间信息分布式计算。主要讲授"数据结构与算法（Python 版）""计算概论""离散数学""地球与人类文明""虚拟仿真创新应用与实践"等课程，发表《结晶学与矿物学虚拟仿真实验教学探索》等代表性教学改革研究论文。主讲的三门慕课课程——"离散数学概论""人工智能与信息社会""地球与人类文明"，获评国家级一流本科课程。曾获得高等教育国家级教学成果奖、北京市高等学校教学名师奖、嘉里集团郭氏基金树人奖教金、日内瓦国际发明展银奖。

老师和学生之间的这种关系有点像"导游"，

要去陪伴、要去引导，

带他去有风景的地方。

——陈斌

▌ 自得其乐，与生同乐

1990 年，陈斌考入北京大学计算机科学技术系，先后攻读本科、硕士、博士，毕业后，他选择了继续留校在地球与空间科学学院任教至今。回溯这些年的经历，陈斌觉得自己一路走来都是顺其自然，因为喜欢北大这个环境，从而萌生了想要在这里继续做教学科研的想法——"北大对我而言是一个非常完美的地方。"

一个完美的北大，在陈斌眼中首先具象为一个自由包容的北大。"比如公选课，我觉得在北大就是一个很好的事情。从学生的角度来看，他们有更多的选择，针对自己的兴趣爱好来选课，90 年代我读书那会儿也选了一些与艺术、音乐相关的课程。自己当了老师之后，我觉得北大的开课机制也特别灵活，学校会给老师充分的信任。"曾经在这处自由的沃土生长出兴趣的枝叶，如今承担"树人"使命的陈斌将自己的研究兴趣与教学相融合。锐意摸索，自得其乐，更能与学生同乐——这或许就是陈斌作为北大老师的通关法则。

陈斌喜欢在教学中呈现自己的兴趣，但更期待他的课堂能够激发学生的兴趣，天南地北，文理相济，思想碰撞，火花四射。他喜欢将课堂参与形式趣味化，比如，在"数据结构与算法"课堂中，他每学期都设计了不同的创意作品征集项目与对抗性的实习大作业；又比如安排"科幻电影中的人类未来"等类似讲座，尽可能激发学生对课堂主动学习的兴趣。于是在陈斌的课堂上，你能看到有同学用 Python 弹奏菜刀钢琴，有同学写算法下黑白棋游戏……这是一个"活"的课堂；有学习的活力，也有创新的活水。公共基础课"数据结构与算法 B"是陈斌承担的教学任务之一。为了让同学们熟练地掌握并且结合实际应用，他鼓励大家参与各种创意活动，比如，通过递归算法绘制计算机视觉艺术，或是通过开源硬件制作小游戏，又比如通过小组合作的形式开展算法竞赛。"曾经有同学跟我说，大家对我的评价就是，陈老师的课事儿太多，但确实收获很大。"陈斌从不限制同学们的思路，微小的创意或许能长出硕果，这是陈斌对自由的期许。

两度被评选为"学院十佳教师"，陈斌连续多年承担了本科生班主任的角色，然而比起无微不至的慈父，他更像一个放羊者。"因为我一直都在北大待着，北大还是比较开放自由的，我也不希望别人老管着自己，所以到了我来当班主任的时候，我也不会去太约束学生。"

在学生姜金廷看来，"陈老师是一名与同学距离非常近的优秀老师，他没有传统视角里严厉导师的学术架子，反而更像是一位志同道合的极客朋友。我们可以一同讨论研究软硬件技术，一起分析苹果发布会的新内容，而陈老师在这些方面又总能津津乐道，一同讨论很久。"这位走入学生们生活里的大朋友，会带着大家一同看电影、玩 VR 游戏、去野外秋游，连他那只名叫"小黑"的猫咪，也常常隔着直播教学的屏幕，被同学们"云撸"一番。亲切，靠近，被信任——这是"放羊人"陈斌的天赋异禀。

陈斌在象牙塔里自由地"放羊"，用一种鲜活的新意将其滋养，让每一个个体摸索自己的形状，让不受拘束的创意在课堂中飞跃，一直飞向属于他们的广袤原野。

▎创新基础，通识未来

"最近70年来，最活跃的创新源头来自信息技术。信息革命彻底改变了人们的生活，也引发了很多对人类社会未来的思考。"陈斌的教学研究正是在这丰盈而鲜明的时代感中，笃实而大胆地向前行进。

自2015年春季至今，他先后担任了六门本科生课程（"数据结构与算法""计算概论""社会科学中的计算思维方法""虚拟仿真创新应用与实践""离散数学""地球与人类文明"），两门研究生课程（"开源空间信息软件""空间数据库"）的任课教师，平均每年授课201学时。同时，他开设慕课，仅"人工智能与信息社会"一门在线选课人数便累计达到十万人次以上，在"学习强国"App上还有更多忠实学员。课程的受欢迎，正是源于他一直坚持走在教学改革前线。近年来，陈斌陆续承担来自教务部、设备部等教学的十余项改革项目，源源不断地在教学课堂中创造新的内容。

一方面，陈斌围绕自己曾攻读的计算机软件专业与科研方向开设基础性课程，但也一直坚持为这门经典课程融入新鲜元素。从2015年开始，他开始尝试采用Python语言讲授"数据结构与算法"课程，之后还引入艺术编程实践、开源智能硬件、对抗性小组实习作业。在学生眼中，"陈老师身上似乎有一种鲜明的科技人才特质，格外注重团队协作和实践操作，弱化考试在课堂中的地位，让我们通过实践，应用所学，从而加深对知识的掌握"。用Python语言画图、坦克大战、打乒乓球……诸如此类的趣味学习广受各院系学生好评。他也在学校计算机基础课堂中悄然"走红"。

此外，他还将慕课与翻转课堂带入离散数学课程。"慕课可以说是顺应网络时代的教学方式变革，它体现了教育的未来趋势，将会改变高等教育乃至基础教育的教学手段。"基于这个认识，在学校倡导老师开设慕课之时，陈斌便立即将基础课程"离散数学"录制上线，不仅能适应不同基础的学生，同时也能有更多的机会对基本概念及应用进行深入探讨。不仅如此，构筑"没有围墙的校园"，将大学优质教学资源为更多的社会公众分享，在陈斌看来也是一件大有裨益的事情。他与微软亚洲研究院展开了合作，录制"人工智能与信息社会"的慕课，通过人工智能通识课程的形式，向高中生、低年级大学生与全社会公众传播人工智能技术及其对人类社会的影响等知识与理念。

2023年12月31日，"离散数学概论"慕课结课的界面

　　另一方面，陈斌受地球科学与信息技术交叉学科的启发，逐渐探索通识课程，引导学生探究地球演化与生命演化之间的逻辑联系，以及科学技术对人类文明的推动。作为一所门类齐全的综合性大学，北大在跨学科研究方面兼具广阔的学科资源与蓬勃的发展动力。而在文史社科通识教育已初见成效的今天，陈斌用敏锐的眼光捕捉通识教育在理工科领域的可能性。在地球科学领域有所专长的他，尝试着将其中可能激发各专业学生兴趣的内容加入课程中。比如，"地球与人类文明"课上的岩石微观结构观察实验，不仅与矿物组成结构专业内容紧密相关，而且还能让同学们体悟自然的美感。而野外考察，更让大家亲身触摸到风景背后亿万年变迁的故事。正是陈斌的独特魅力与其有益探索，令他收获"铁粉"无数，很多学生又连续选修了他多门课程。

2017 年 12 月，"地球与人类文明"结课合照

当年在北大丰富的课堂上所汲取的营养，陈斌也试图通过自己的课程教学尝试，传递给更多的学子。

与社会连结，与学生连心

正如北大之精神，陈斌身上始终散发着开放包容的特质。他常常鼓励学生不拘于象牙塔中，亲身致力于打通校园与社会的联结。

开阔眼界，方能启发创新思维。创新教育课是陈斌的教学重点之一，虽然主要内容是虚拟现实，但他极力倡导学生们与业界接轨，将最新的行业成就与先锋企业家精神引入校园课堂中。"北大有独特的魅力，各界专家和创业者都乐意来北大进行分享，这也是我们北大同学的福气吧。"

作为创新教育课的社会实践，陈斌还举办了 VR 创意创新创业大赛，吸纳了北京市区域内大学与中学的众多作品。

秉承着通达开放的理念，陈斌的团队在实践中硕果累累。在学校教务部、设备部教学改革项目的支持与社会各界的赞助下，逐渐形成了较为完整的面向本科创新教学的开放实验室"409 创新实验室"，同学们得以在其中自由发挥、互相学习、共同进步。陈斌也鼓励同学们利用自己所学，依托科研训练的成果，面向中小学生开展科学实践教育，为科普和基础教育做贡献，形成了特色鲜明的创业项目。创新创业团队的同学研发了计算机基础教育的教学器材，逐步建立了在中小学计算机基础教育方面的影响力。

而对中学基础教育的关注来自陈斌参与招生工作的经验。陈斌发现，中学生们对于地球科学的认识极为缺乏，因此在学院大力开展地球科学中学普及的背景下，他决定以共建创新实验室和开设中学校本课程的形式开始尝试。

"在中学基础教育方面的尝试，是希望能加强中学到大学的学科知识以及教学方式的一种过渡，也将对我们本科招生和教学有所促进。"北大附中正是中学教育改革的先锋，与学院合作创建地球与信息科技创新实验室，开设了"地球与信息"校本课程，当年主管本科教学的张进江更是亲自来北大附中上了第一堂课，学院各专业均有老师来到附中给学生授课，生动讲解地球科学的基础概念。

而融入社会也意味着时时紧跟流行。喜欢"混迹"于微信群与朋友圈中的他，在忙碌的教学与科研工作之余还运营更新着自己的 bilibili 网站创作号，发布各门线上线下课程视频。这也帮助陈斌迅速地与学生打成一片，将师生之间那层影影绰绰的陌生面纱掀开，真实而坦然的亲近距离，是他与学生们相处的特色，也让他成为广受学生欢迎和"推广"的老师。

在被问及自己的个人魅力时，陈斌打趣道："我觉得，可能是因为我这里总有一些好玩儿的东西。"但同学们都感受到这种"有趣"背后的用心："如果要用一个词来描述陈斌老师的教学风格，大概是寓教于乐吧。我们都能感受到他在教学上付出了不少'额外'的精力。"而在科研训练中，他同样注重在"有意思"与"好玩"的问题上启发学生进行思路的凝练和方案的选择。在他看来，科研训练首先应该激发同学自身的创新主动性，"要觉得某个问题'有意思'或者'好玩'，其次要有坚持的恒心，最后是有实验室的支持"。

"陈老师虽然看起来既幽默又接地气，但眼神总是很锐利——这其实是褒义形容，因为他的眼光常常很精准，给人的感觉是很睿智的。"跟随陈斌开展科研项目的学生感慨："在做科研的道路上，陈斌老师会是一位很好的引路人。他对尖端科技前沿的关注和应用，常常能带给我们灵感和启发。"

"信息技术发展给各学科领域带来革命性的变化，最前沿的科研已经全面渗透了信息技术，那么，我们的教学手段也就要有相应的变革。"在开拓教学改革这条路上，陈斌既敏锐窥见时代闪现的锋芒，也大胆挥毫书写全新的答案，致力于带学生看到最前沿的"风景"。

学生评价

- 陈老师谢谢您，是您激发了我写代码的热情，让我意识到写代码是一件多么有趣、多么富有创造性的工作！
- 陈斌老师很有趣，教学很生动，能让我学到更多东西。
- 陈老师授课方式前沿幽默，给我们带来欢乐的课堂。同时，陈老师将 Python 编程语言讲授得简洁易懂，使我们学习起来非常容易理解，陈老师很棒！下次还要继续选学他所开设的课程！

（陈雨坪、刘润东）

给学生以兴趣和梦想

— 刘家瑛 —

刘家瑛，北京大学 2018 年教学卓越奖获得者，王选计算机研究所副教授。研究领域为智能影像计算与媒体智能。主讲"程序设计实习"（Coursera最受欢迎的十门中文课程之一、教育部国家级一流本科课程、教育部国家精品在线开放课程）、"程序设计实习（实验班）""人工智能引论"，出版《算法基础与在线实践》教材。教育部高校计算机专业优秀教师奖励计划获得者，曾获北京大学优秀教学团队奖（课程带头人）、北京大学教学优秀奖、北京大学青年教师教学基本功比赛一等奖、北京大学王选青年学者奖。

不是杰出者善梦，而是善梦者杰出。

我觉得我们教育学生，

或是说希望能够通过课程来传播知识激励学生，

更多的也是带给学生以兴趣和梦想。

—— 刘家瑛

为学生，插上梦想之翼

自 2010 年留校任教以来，刘家瑛在讲台上已经度过十四年时光，教授"程序设计实习"课程也已逾十年。巧思、热情、专注……多少个日日夜夜，刘家瑛在这门课程中倾注了无数的心血。

在刘家瑛看来，"程序设计实习"课程极为重要。作为信息科学技术学院大一春季学期的主干课，它有着浓厚的"敲门砖"色彩。通过这门课程，授课老师要教会大一同学如何高效地编写复杂程序，以解决实际问题。看似简单的任务，做起来可一点也不轻松。刚一毕业就接手这门课的刘家瑛，自然压力不小，但更多的是挑战的乐趣。

刘家瑛认为："好的课程在打动学生之前，首先应该打动教师自己。"虽然讲授同一门课已超过十年，刘家瑛每学期都会对课程内容做一些更新与修订。她认为，只有这样，老师才会感受到其中的乐趣。带着这样的愿景，刘家瑛所在的"程序设计实习"教学组在设计课程内容时，尤其注重激发学生的兴趣，将游戏与作业相结合，深入浅出、寓教于乐，帮助学生在兴趣的引导下掌握知识，"也为老师打开了认识学生和教学的新窗户"。例如，久为全校学生注意的、一度成为 BBS 热门讨论话题的"魔兽世界"大作业和 Botzone 游戏智能对抗算法作业，就是刘家瑛所在教学组多位老师多轮集体备课的心血结晶。一经推出，它们就广受选课同学的好评。刘家瑛希望通过这门课程，可以设计出一个贴近学生的游戏背景，分阶段地让他们体会面向对象的程序设计精髓。

课程难吗？刘家瑛觉得还是"蛮难的"。但是在学生心中，这些凝练了老师巧思和自身兴趣的作业，都是"又爱又恨"的存在——颇为棘手的同时，也强烈吸引着他们不断地深入到程序设计的学习中，为未来的专业研究纵深发展铺好了第一块基石。

在日常的课程讲授中，刘家瑛非常关注学生的体验感和获得感。她的课件内容基本上每年都会"更新"，根据学生的反馈不断地调整补充；她也常常在课堂上运用一些辅助教学方式，让学生以多种形式吸收知识，而不是单纯采用老师一人输出的课堂模式；周末的上机，刘家瑛也会和助教一起去跟踪每一位同学的学习进度，进一步了解他们对知识的掌握情况，指导他们在课后进行反复练习，尽力做到让每一位同学都不掉队。

刘家瑛在课堂上的幽默风趣、旁征博引让上过这门课的同学至今都印象深刻。2015级本科生汪文靖很喜欢刘家瑛的讲课风格："刘老师不仅能把知识点讲清楚，教给大家上机技巧，还会寓教于乐，讲述科研经历，风趣幽默。"

刘家瑛在未名湖畔

课程氛围虽然愉悦，但在课程的日常考核上，刘家瑛却颇为严格。她不断压低同学们程序编写过程中的容错率，希望"通过这样的课让学生接触到实际程序开发的过程，并且这个过程是'黑盒'的，也就是说，如果写错了程序，你就没有分数。平常在电脑上的程序是偶尔可以通过的，不过时不时会出问题，但（这样的情况）在这里肯定是不行的。我们这门课程就是希望通过严格务实的编程训练，能够让同学们真正脚踏实地地掌握知识"。

为了让学生更好地掌握编程技能，这门课采用了"一题制胜制"的评分原则。刘家瑛认真地解释道："例如，期末考试一共十道题，如果一道都没过就是零分。过一个题我们就认为你至少会写代码，就能及格，后面再做分数递增。"

正是因为对基础知识与技能的严格要求，干货满满的"程序设计实习"课程让同学们的信息科学技术梦想有了更为坚实的飞翔之翼。

▎良师也益友：学生们眼中的"孩子王"

"年轻"，是刘家瑛教学履历中颇为引人注目的一个标签。作为首届教学卓越奖最年轻的获奖者，她的"年轻"并非仅仅指涉岁月之轻，更在于她身上那份蓬勃的、与学生们紧密相连、与新时代热切相通的朝气。

学生们亲切地称呼她为"孩子王"。在学生心目中，刘家瑛更像是好朋友、大姐姐。说起和刘家瑛的交流，她的学生们语气十分轻快："我们会在郁闷的时候一起喝杯抹茶星冰乐，一起吐吐槽，分享心事"，"温暖可爱""对待我们非常用心"的评价也屡屡蹦出。

性格开朗的刘家瑛经常组织画画、做蛋糕、密室逃脱、徒步等活动，和同学们玩在一起。刘家瑛说："我自己在学习和成长过程中，得到过很多师长的帮助和提携。所以，在和学生相处时，不管是自己组的学生还是课内的学生，我都希望可以和他们坦诚相待做朋友。而且我自己比较喜欢玩，跟学生也可以通过这样的活动拉近距离。"

刘家瑛（右一）和课题组的同学们

刘家瑛很希望她的学生有勇气来问她一些"傻问题"，并在想要寻求帮助时能够想到她，让她成为帮助他们的那个人。如果发现同学们没有及时寻求帮助，刘家瑛也会主动走向学生，为他们答疑解惑，分享自己成长中的经验与教训，让大家少走弯路。

元培学院数据科学方向 2015 级本科生汪文靖非常感谢刘家瑛的帮助。"在刘老师组里很锻炼综合能力，我记得刚进组的时候，来到实验室就默默坐在实习生工位上，和高年级的师兄师姐们也没有讲过几句话，实验室有一起去食堂吃饭的习惯，我一般也不参加。当时觉得只需要把安排的任务干好了就行。后来刘老师找我面谈，除了讲我在科研工作上要怎么改进以外，还要求我每周多和大家一起吃饭。这之后我渐渐和组里的其他人熟了起来，也慢慢了解到，原来因为平时和大家交流少，有很多基本的信息我都不了解。平时刘老师看到我们的问题，都会及时帮我们指出来。在组里一年多的时间，刘老师帮我改正了很多我在人际交往、事务处理上的问题。"

刘家瑛指导的许多本科毕业设计、本科生科研项目、学术论文等都取得了优秀的成绩，门下可谓是人才济济。刘家瑛把这些归功于他们研究小组完整而规范的培养体系和活跃融洽的科研氛围。

在刘家瑛的课题组，初进组的低年级同学会由高年级同学带领着，系统地接受相关研究辅导。进到各小组后，会有指定的"辅导员"一对一合作，组里也会提供配套的学习资料。每周的组会，同学们一起研究文献，每个人提交的周报刘家瑛也尽力做到一一回复。刘家瑛还不时开展一对一的小会，与学生进行更深入的交流。与此同时，刘家瑛对学生发起的讨论也基本能做到"有求必应"。她鼓励学生们要有自己的想法，在讨论中，她往往想做那个说得少听得多的人，只在关键的点上帮助学生梳理思路、把握方向，其他的都放手让学生"自力更生"。但一旦涉及基本的学术素养问题时，刘家瑛便不再"沉默"，要求非常严格。

刘家瑛的研究小组气氛很好，组里学生主体是低年级本科生，想法天马行空、富有创造性。在这种活跃的学术思想交流中，学生们受益良多，"在学术上做完全的分享"，形成了很好的互帮互助风气。每一个作品都是全组同学共同努力的成果，或是参加讨论，或是帮助修改论文，每个人都把团队的事情当作自己的分内之事，有很高的参与感。

面对同学们的夸赞与感谢，刘家瑛始终保持谦逊，将这份荣誉归功于团队中的每一位成员。"他们是在不断的试错过程中摸索，我的任务就是帮助大家梳理，把很多问题切分成具体子问题。因为我自己当年读书时导师也并没有特别限制我什么，所以我现在也不会特别限制他们，只是比较愿意鼓励大家多读多讲。"

▎ 在北大，面向世界

对于自己为何走上教师之路，她认为是受到了导师们的影响。"一位是博士导师郭宗明研究员，给予我许多无私的帮助，很多事情又放手支持我们学生去做；另一位是在美国交换时候的合作导师 C.-C. Jay Kuo 教授，他对研究非常执着，教育学生也非常有思考和方法。"

刘家瑛说："在美国交换的时候，导师手下有 20 多个博士，他会了解我们每个人的工作进展，读周报并且给我们反馈，会让我们觉得他和我们在一起工作。"在每周组会之前，导师大概会讲半个小时在研究中经历的事情，"会收获很多经验，老师希望通过分享让学生不要重蹈他之前的一些问题"。在这样不断与导师交流的过程中，刘家瑛受到了极大的启发，也感受到了为人师表的责任和意义。"后来自己再去看美国导师当年为我应聘北大写的推荐信，觉得老师其实真蛮了解我的，他觉得我的个性很适合站在学校讲台上，容易得到学生的喜欢和认可。"

除了每年给北大学生开设课程之外，刘家瑛还与同事信息科学技术学院的郭炜老师面向全球开设了 MOOC 课程——"程序设计实习"。

在刘家瑛看来，慕课与实体课存在着明显差异。基于不同的教学形式和目标，两位老师将课内讲义全部修改更新，形成了专门面向慕课的讲义。刘家瑛说："课内讲义其实是比较烦琐的，因为我们希望学生在复习的时候拿到讲义如看到书一样。但是讲慕课就不一样，学生与在线视频老师有互动，如果满屏都是字，那学生就没有必要看视频了，看 PDF 讲义就好

刘家瑛 2016 年在中国国际远程与继续教育大会上
分享自己的 MOOC 实践心得

了。另一点在于，课程资源以前没有太优化，课内会把一些知识点翻来覆去说，但是慕课比较精简，只需将每个知识点录成一些短视频，然后做一些相关交流即可。"

通过慕课平台，刘家瑛也收集了更多学生用户行为数据，并将形成的经验反哺校内的课程设计。"例如，八道作业题，我会看到，这八道题如

果大家第一次做就达到 80% 以上的准确率，那说明题目难度没有梯度；而如果一个题目三个选项选错了两次，就说明这个题目太难了，或者这个知识点学生其实没有掌握。在慕课上其实是有很多这样的资源，这是在校内教学根本不可能得到的，并且这些经验对教学也有帮助。另外就是因为有在线评测平台，无论慕课还是校内授课，大家都可以利用这个平台做作业，不会额外加重阅卷的负担，这也很符合慕课的理念。"

对于开慕课的初心，她一直没有忘记——"开设慕课的主要价值是回报社会"。功不唐捐，慕课课程"程序设计实习"在全球获得了巨大成功。开设短短一个学期，在海外 Coursera 平台就已经有了 1.7 万注册学员。几年累计下来，共有来自各国的近五万名学员通过网络进行学习。其中，既有想要查漏补缺的资深程序员，也有想了解北大原汁原味课程的外校学生。刘家瑛在北大，面向世界"教学"，与来自全球的学生亲切交流。

站在北大的讲台上，刘家瑛一直不断探索、尝试着更多元的教学方法，给学生以兴趣和梦想，送他们在专业研究的道路上一步一步前行。身处时代变革之中，刘家瑛也借力新的科学技术，将讲台向社会延伸，将兴趣和梦想的火花向世界铺展。

学生评价

- 内容充实，讲课生动有趣！
- 授课速度适中，乐于与学生交流，对聆听和接纳学生意见采取开放态度。
- 风趣幽默，平易近人，关爱学生。

（马骁、陈雨坪）

教，然后知不足

— 葛云松 —

　　葛云松，北京大学 2018 年教学卓越奖获得者，法学院教授。研究领域为民法总则、物权法、债权法、票据法、非营利组织法。主要讲授"民法总论""物权法""债权法""民法案例研习"等基础课程，发表《法学教育的理想》《一份基于请求权基础方法的案例练习报告——对于一起交通事故纠纷的法律适用》等代表性教学改革研究论文。曾作为主要参与者之一获得北京市高等教育教学成果一等奖、北京大学教学成果特等奖。

我愿意把师生关系理解为一个学习的共同体，

老师先学了一点、多学了一点，

但仍然永远是一个学习者。

老师也可以从学生身上学习、在教学中学习，

师生相互学习、相互启发、一起探索，

这才是师生关系的真谛。

——葛云松

对学生负责，也是对社会负责

对于教学工作，葛云松总是怀着一种深深的责任感。他深知，北大学生是中国最优秀的青年，他们把自己的宝贵时间和青春年华交给了北大、交给了课堂，这份沉甸甸的信任不容辜负。因此，对待自己的教学工作，葛云松始终怀着一颗敬畏之心。

葛云松1995年在北大任教之初，教学效果就得到学生的肯定。例如，1999年、2000年，他被学生投票选为法学院的"十佳教师"。但是，他越来越感到不足。从2006年开始，葛云松对本科民法基础课的教学方法进行了改革。他摒弃了传统的纯讲授式教学，引导学生通过判例和论著的阅读、案例作业、课堂讨论以及开卷的案例分析试题等方式，形成对法律问题、法学概念与理论的综合、深入和批判性的理解。这种教学方法不仅培养学生扎实的理论基础，也训练学生的法律思维，更培养了他们独立思考的能力。学生们逐渐学会了如何从多个角度思考问题，如何运用法律知识解决实际问题。

自2012年起，葛云松与其他老师共同开设了新课"民法案例研习"。该课程以小班讨论为主，每1—2周布置一次案例练习作业。通过反复练习

"请求权基础方法"，训练学生的民法思维框架，培养学生检索法律、判例、学说以及进行严谨法律解释和作出价值判断的能力。这门课程不仅深受学生的喜爱，也为兄弟院校开设同类课程提供了重要的启发和引领。

葛云松所教授的课程的考核方式也独具一格。相较于闭卷考试，他更倾向于开卷考试，并且考试题型全部为案例分析。在他看来，对基础性知识的记忆固然重要，但他更想要考察的是经过一学期的学习，学生们对基本问题、基本概念的理解程度，以及学生们将这些概念、理论、规范应用于个案的能力。

葛云松认为，法律不是僵死的教条、象牙塔中的理论，它是千百年文化遗产的一部分，它记录了人类的苦难历史、伟大的智慧，记录了人与人之间的深刻合作，也记录了利益和情感的激烈冲突、人的局限以及不可挣脱的困境。法学的任务是不断地认识、反思和发展法律。葛云松希望学生不仅掌握法学理论，还要有历史、伦理的洞察，对人性和社会生活有深入理解，有强烈的现实感和平衡感，要在最普遍的联系中理解法律和法律活动。他还坚信，法学教育不仅是为了培养一个将来胜任法律工作的法律专家，而且要让学生的人格得到充分的发展，并能够成为社会的领导者。

在葛云松看来，教学是一个永无止境的探索和成长之旅，"永远在路上"。他发现，在每个阶段，他都好像深有心得、自感满意，但随着时间的推移，她又总会意识到之前的不成熟。因此，他始终保持谦逊的态度，不断审视和反思自己的教学理念和方法。"我自己感觉还有很长的路要走。"葛云松如是说。

构建"学习的共同体"

在葛云松看来，师生关系不是单向知识的传授和接受，而应当构成一个"学习共同体"。

"老师先学了一点、多学了一点，但仍然永远是一个学习者。老师也可以从学生身上学习。"师生相互学习、相互启发、教学相长，葛云松觉得这是教育中最重要的事情。"教学与学术研究有很大的区别，教学更关注具体的学生，而非抽象的知识和学术问题。"因此，在教学中，葛云松始终努力以学生为中心，启发学生的问题意识，引导学生自己去学习、思考。只有当学生有了问题意识，才能引起学生真正有效的思考和学习，学生才能从学习中有真正的收获。他鼓励学生提问和提出自己的观点，在他看来，学生的提问不论深刻还是平庸，都是学生自己的思考，在教育上都有巨大价值，他也乐于和学生一起思考。

在民法基础课上，他将学生按照六人左右的规模组织成学习小组，每两周对课程内容或者相关话题进行讨论。学习小组的参与计入平时成绩，所以具有强制性。"一开始，很多学生觉得无话可说，因为从来没有经历过这样的讨论，但是多数学生慢慢进入状态，慢慢学会了发现问题、陈述问题以及表达观点，慢慢学会如何对话、如何倾听。"老师和助教也会轮流参与各个小组的讨论，进行适当的引导。这种讨论，对很多学生后来的学习生活产生了重要影响。

"民法案例研习"课程的学生规模通常是 200 人左右，约 20 人组成一个讨论小组，每位学生除了完成书面作业，几乎每周要讨论一次，主要由助教带领，葛云松与共同开课的其他老师会参加部分小组讨论。为了撰写作业、批改作业、讨论每份作业的答题思路及可能的问题，他每周都要召开一次 3 小时以上的助教会，以展开深入（并且常常很激烈）的讨论。

葛云松和同事主持的读书会已经坚持了十几年，许许多多的博士生、硕士生在这里读书问道、切磋辩难。葛云松指导的博士生贺剑现在是北大法学院长聘副教授，成为他亲密的同事，也是"民法案例研习"的骨干教师。

从葛云松的课堂走出去的学生、助教，很多人都很怀念那些艰难又充满激情的时光。很多担任律师、法官的毕业生，很感念葛云松的课程对他们进行的扎实训练。很多毕业后从教的学生，把葛云松采用的教学理念和方法带到了中国人民大学、中央财经大学、中国政法大学等高校。例如，茅少伟是葛云松2006年改革"债权法"课程教学方法时的本科生、2012年首次开设"民法案例研习"课程时的助教（他当时是博士生），现已担任北大国际法学院（深圳）副院长，他把民法基础课以及"民法案例研习"的教学方法带入国际法学院，并且又有很多发展、创新，在国内已经产生重要影响。

十几年的努力，已经慢慢开花结果。

葛云松和学生茅少伟

▌ 认真负责，上下求索

葛云松有扎实的教学基本功和丰富的教学经验，在教学方法上精益求精。

民法基础课的期末开卷考试，对出卷、评卷提出了更高的要求。这意味着考试的重点不在于对知识的记忆，而是考查学生运用知识进行分析问题和解决问题的能力，从而让同学们充分展现在理论上的想象力。因此，每年的期末试卷都必须完全重新出，案例情节应当服务于要考察的法律问题，但案件事实也应当是一个丰满、完整的故事，细节上要合理，可能还需要有意地留一些想象空间。这些"故事"往往要经历与助教的数轮讨论、打磨，作为教师的责任感，就在这个反复打磨的过程中传递给自己的学生。忆及葛云松对自己的深远影响，求学时多次担任他的课程助教的人大法学院副教授金印说："我是逐渐真正理解葛老师的，那就是尊重教学科研本职的长远意义。"

除了认真负责与专业能力之外，更为难能可贵的是葛云松在教学上的探索精神。他始终认为，教学的过程是一个不断探索、不断反思、不断进步的过程。他说："教学之道，如同逆水行舟，不进则退，需要不断反思、不断探索。"

当前，葛云松在认真考虑写教材的事情。"从我自己的教学理念和方法来看，市面上的各种教材、各种著作都不是很理想。它们大多是依照传统教材写作的方式，根据一个成熟的学科知识体系来编排。这当然有其原因、有其优点，但是它们都没有考虑到学习者渐进的学习过程，尤其是初学者。"

基于此，葛云松希望有一套"以学生为中心"的教材，可以引导学生从生活经验出发，从易到难、由浅入深，同时引导其思维模式从散漫飘忽到严谨成熟。这样的教材什么时候可以写出来？葛云松不知道，但是他不断思考着，也在准备着。

葛云松多年前的一位学生送给他一句话："最像老师的学生，最像学生的老师。"他把这句话作为最高的褒奖，也是最大的鞭策。葛云松说："教，然后知不足"，教学工作永无止境。他期待着继续和学生共同成长，彼此成就，不要辜负了师生之间的奇妙缘分。

学生评价

- 葛老师教学理念独特，法学见解深刻，授课深入浅出，老师的思想给我很大启发。
- 初入法学之门，老师开设的课程有助于打下扎实的基础，读完每周布置的材料也很有收获！
- 老师讲课逻辑条理清晰，针对性强，不愧是大师。
- 非常喜欢葛老师循循善诱苏格拉底式的教学，葛老师布置作业也是从激发思考和探究的角度出发的。

（董开妍、马骁）

以培养"长宽高"人才为己任

— 郑 伟 —

　　郑伟，北京大学 2018 年教学卓越奖获得者，经济学院风险管理与保险学系教授。教学和研究领域包括保险、社会保障等。主要讲授"保险学原理""经济发展与社会保障""社会保险理论与实践""保险法律与监管"等课程，主持编写《保险法》《中国保险业发展报告》等教材或专著，主持"全球卓越保险学科"国际认证教改项目。曾获得国家级精品课程奖、宝钢教育基金优秀教师奖、北京市高等教育教学成果一等奖、北京高校优质本科课程奖。

教学是一个良心活，一要专业，二要敬业。

陈岱孙先生曾说，在培养学生的过程当中，

要帮助学生长知识、长智慧、长道义。

—— 郑伟

结缘北大，邂逅风险管理与保险学

1990 年，郑伟收到了北京大学录取通知书，从福建南平一路北上，先到石家庄陆军学院完成一年军政训练，然后来到燕园，从此开启了他的"北大学缘"。

北大的"风险管理与保险学"学科有着非常悠久的历史，最早可追溯至 1912 年北京大学保险学门。一百多年前，马寅初先生从哥伦比亚大学获得博士学位后回到北大任教，就曾担任"保险学"课程的主讲教师。郑伟的本科专业为国际经济，硕士专业是国际金融，之所以会选择"风险管理与保险学"为事业上"安身立命"的领域，要从一门课说起。

读硕士期间，郑伟选修了当时刚从美国访学回来的孙祁祥老师开设的一门英文课程——"Risk Management and Insurance"（风险管理与保险学）。这门课为他打开了一扇窗，让他看到了一个引人入胜的经济学分支领域。在郑伟看来，"人不独亲其亲，不独子其子，使老有所终，壮有所用，幼有所长，鳏、寡、孤、独、废疾者皆有所养"的大同社会，离不开完善的保险制度，保险让个体面临的不确定性由社会共同分担，对经济安全和社会和谐具有特殊价值。从这个意义上说，保险是人类社会的一项伟大的制度发明。由于他在课程中表现出色，孙老师邀请他在研究生毕业之后留校任教，加入当时刚成立不久的风险管理与保险学系。

郑伟原来从未想过留校当老师，但是孙老师的邀请点燃了他内心深处的职业热情。他猛然发现，出身教师家庭的自己，对于这份职业有着深深的感情，于是便选择了留校任教。

除了学业，郑伟的学生时代还留下许多"匆匆那年"的深刻记忆：大一时，一行十位同学结伴从北大出发，骑自行车往返天津和北京，这在当时算是一个小小的"壮举"；大二参加由班级团支书牵头组织的"寻访老北大"活动，拜访了丁石孙、张中行等老北大人，体悟"精神的魅力"；大二暑假，几位不同院系同学去湖南怀化参加社会调研，之后去张家界旅行，突遇大雨和泥石流，在武陵源山区一路逃命，从此结下"革命友谊"；读硕士期间，由政治学系同学牵头，一起创办了"北京大学学生国际交流协会"（SICA），当年的小新社团如今已经成长为北大品牌社团……

"北大对于我，是一个可以安放灵魂的地方。"与北大结缘数十载，郑伟从青葱的学生成长为卓越的教师。

▌对"北大教师"的身份永远深怀敬畏

"我对'北大教师'这几个字永远深怀敬畏。"带着身为北大教师的责任感，郑伟在教学工作中不断探索。二十多年前，郑伟第一次上课便对学生们说："我对自己的要求是'不误人子弟'。"也许有人认为这是一个不高，甚至很低的标准，但在郑伟看来，在北大当老师，面对众多全世界最优秀的年轻人，做到"不误人子弟"并非易事。

风险管理与保险学作为一门严谨且与现实世界紧密相连的学科，需要兼顾理论与现实，而郑伟真

郑伟给本科生上课（2011年）

正做到了这一点。上课时，他不仅详细讲解风险管理与保险学的重要理论与前沿发展，更将经济学的直觉贯穿课程。他带领学生运用更高的视角审视问题，而这让他们深刻地感受到，风险管理与保险学绝不是冰冷的计算与抽象概念的累积，并敬服于郑老师作为一个学者的责任感。

郑伟教学之严谨在学生中有口皆碑，当时担任"保险学原理"课程助教的博士生吕有吉曾在周末晚上去办公室找老师，发现老师在一字一句地修改课件，为下周的课程做准备。对待讲授多年的课程，郑伟依旧如此一丝不苟，吕有吉当时便对老师这份严谨的态度倍感钦佩。而已经工作的林山君也记得自己担任助教时，每一年的课件，老师都会补充最新的数据、案例与资讯，在夯实同学们理论基础的同时，又能让同学们学以致用、结合现实。

在教学中，郑伟注重培养学生以经济学框架思考"风险管理与保险学"问题的思维，让学生撰写小组报告、评选优秀小组做展示并逐篇点评，激发学生的学术研究热情。他利用多媒体课件、北大教学网、新闻视频、课程微信群等资源和平台，将课程讲义、补充阅读材料等内容及时发给学生，引导学生关注与课程相关的基础性和热点性问题。学生有任何疑问，可随时通过电子邮件、微信群，或在每周固定答疑时间线下与他或助教进行咨询讨论。

在课堂之外，郑伟还开设并指导了主要面向博士生的"RMI"（Risk Management and Insurance）读书讨论会。他希望博士生通过研读经典、思辨讨论，提升批判性思维能力，做有思想的学术。RMI读书会至今已举办150多次。只要时间不冲突，他都会尽量参加每次的读书讨论会。

郑伟认为，大学老师首先是从事教学的老师，然后才是从事科研的学者，如何把课教好，是首先要琢磨的事。当然，从长期来看，二者实际上是相互促进的关系：科研做得好，课程才会更有深度；课程讲得好，才能进一步激发自己和学生去研究更有价值的问题。

▍ 培养"长宽高"人才

从事教学工作二十多年来，郑伟慢慢形成了一套自己的教育理念：要培养"素质高、基础宽、有专长"的人才，并将其概括为"长宽高"人才。

一开始，郑伟觉得"有专长"在学生培养过程中尤为重要，所以更注重对学生在保险、风险管理、精算和社会保障等专业领域的训练；一段时间的教学实践后他发现，想要走得远，光有专长还不够，还必须有宽厚的经济学、金融学和文理相关领域的知识基础，只有"基础宽"才会有发展后劲；再后来，他逐渐体会到，除了"基础宽"和"有专长"外，最根本的还是要"素质高"，即要有高尚的人格、高度的责任感和使命感，以及良好的团队合作精神。他希望通过培养符合"长宽高"标准的人才，努力实现北大提出的"培养引领未来的人"的目标。

郑伟希望自己的学生能在大学生涯中处理好三个关系：第一个是理想与现实的关系，既仰望星空，秉持经世济民的理想情怀；又脚踏实地，关

郑伟与师生到云南大理州弥渡县贫困户家中调研（2017年）

注人间的万家灯火。第二个是理论与实践的关系，既读万卷书，构筑坚实的理论基础；又行万里路，投身丰富的社会实践。第三个是理性人与复杂人的关系，既坚定学科自信，理解作为经济学基础的理性人假设；又正视学科局限，对由复杂人构成的真实世界心存敬畏。郑伟认为，如果学生们能够较好地处理这三个关系，那么距离成为"长宽高"人才也就不远了。

郑伟曾赠予学生一句话："一个好学生（a good student）关注 GPA（平均绩点），一个杰出学生（a great student）关注'GDP'（Gross Development Potential，综合发展潜力），风物长宜放眼量！"他希望学生们能够仰望星空，不囿于眼前的点点得失，不局限于固有的评价体系，而是将目光放在更为长远的时段中、更为宏大的事业上。郑伟曾在经济学院开学典礼上对新同学说："'珍惜最美年华，升华人生境界'固然重要，但这不是简单说说就能做到的，只有通过付出艰辛努力，通过'奔赴险远之地，探索非常之观'，才能实现人生境界的升华；同时，在现实中，并非所有的付出都必然会在当下带来令人满意的回报，这时就特别需要强调'摆正得失心态，享受豁达阳光'。"郑伟的谆谆教导给了学生很大启发，2015级本科生郭奕对他的名言颇有感悟："优秀的学生绝不应只顾提升绩点，更要做到个人的全面发展，这依旧是我今后努力的方向。"而吕有吉在跟随老师学习的过程中也逐渐体悟到学术积累的重要价值，唯有绵绵用力、久久为功，方能在学术道路上行稳致远。

立于高山，行于海底，高阔的理念结合踏实的行动，郑伟希望未来能在教学上写出一两本好教材，在科研上为中国多层次社会保障体系建设做出一些有价值的研究成果。

▌ 俯身探世引路人

"一个俯身探世的巨人。"在被问及老师在自己心目中的形象时，吕有吉这么说。在吕有吉眼中，无论是学术研究方面，还是为人处世上，郑老师都是当之无愧的巨人——俯身探世，温和儒雅。而作为导师，他更是一名宝贵的引路人。

回忆起读博的第一年，吕有吉坦言自己会陷入焦虑，也会迷茫，但郑老师总能够让他感到平静，从而认真思考自己的未来，鼓起勇气面对人生新的阶段。他称这是种奇特的魔力。与吕有吉一样，大二分专业时，许多同学都提到了郑老师对他们的影响。"老师上课绝不是单向地讲授，而是不断地提问、启发。"学生郭奕认为，这是郑老师讲课的独特之处，也是魅力所在。

在学术上，郑伟对待学生温和又严格，每次学生提交的论文乃至读书报告他都会反复推敲改正，注重细节与思维，即使是问答形式的作业，也要求他们遵守学术规范，标明参考文献与数据来源；而在学术之外，他会在闲暇时与学生谈及自己的人生感悟与为人处世的经验，会告诉他们"板凳要坐十年冷"，任何事都无须刻意追求，只需努力用心。授业并传道，这让学生们觉得，导师一词不再局限于学术，而是融入生活的各个方面，帮助他们完成蜕变与成长。

郭奕记得，自己保研时因个人失误，直到提交材料的最后一天才找到老师签字，并且材料中出现多处错误。而郑老师将那近十处的错误，从内容到格式，均一一修订出来。后来时间紧迫，郑老师还从正在进行的会议中抽身离开，为他签字，并不断加以鼓励与安慰。这件事在他心中留下了难以磨灭的印记，每每提起，都深怀感激。

"教学是一个良心活，一要专业，二要敬业。陈岱孙先生曾说，在培养学生的过程当中，要帮助学生长知识、长智慧、长道义。"郑伟深深明白，教师承载的不仅是知识的传递，更是对灵魂的塑造和对学生未来的启迪。带着这份对教师身份的敬畏，郑伟在教学的道路上不断打磨，为一届届学生引航。

学生评价

- 强烈建议每一个想来风险管理与保险学系的同学在大二选这门课，强烈不建议任何人拿这门课凑学分，因为他的任务量实在是太大了……这门课的听感极佳，郑伟老师娓娓道来的声音、充实又富有逻辑的PPT、细致的讲解都是无敌的，助教学姐也十分负责，会认真批改和讲解点评每一篇论文和每一道题。当初分系的时候我也没有想好去哪个系，问了很多学长和老师后还是在纠结，直到听了一节"保险学原理"后就坚定地选择了风险管理与保险学系。

- 郑老师讲课条理清晰、框架完善。他讲的课是很好的保险学入门课程，并且配备时事内容，让人受益匪浅。

- 郑老师由浅入深，用一些简单的事例为初学者们讲解宏观经济的相关知识，并且他为我们补充了很多经济学领域的相关常识，非常有用，让我们每一位同学都获得了对经济学更新的认识。

（刘润东、何楷篁、王英泽）

厚道，博雅，创新

— 张卫光 —

张卫光，北京大学 2018 年教学卓越奖获得者，基础医学院教授。研究领域为脂质代谢、血管的临床解剖学和遗体防腐保护，主要讲授"系统解剖学""局部解剖学""神经解剖学"等课程，主编了《临床实地局部解剖学》《局部解剖学》《系统解剖学》《绘涂局部解剖学》《人体解剖学应试指南》《肌骨关节系统超声检查规范》等 20 多部教材或专著，主持了首批国家级线下一流本科课程、国家级精品课程、国家级精品共享课程"人体解剖学"和教育部双语教学示范课程"局部解剖学"。曾获得北京市高等学校教学名师、北京市高校青教赛优秀指导教师、教育部课程思政教学名师等多项表彰。

> 选择成为一名老师，我一直秉承的理念是：
>
> 干一行就要爱一行，要喜欢一行。
>
> 学科已经深深地扎根到了我的心里，
>
> 我希望教出来的学生要比我强。
>
> —— 张卫光

▌ "网红"老师的多面魅力

张卫光，一位备受欢迎的"网红"老师，以其丰富的表情包和独特的教学风格深受学生喜爱。他幽默活泼的课堂风格、和学生亦师亦友的相处方式，让一届又一届学生亲切地称呼他为"光哥"。

"光哥"承担着"人体解剖学""局部解剖学""神经解剖学"等多门课程的教学重任。"解剖学"作为所有北医学生的必修课，是学生们都要走过的、连接其他课程的一座"桥"，"光哥"的课堂已经成为他们身上一个抹不掉的印记。

尽管大多数学生只与"光哥"共度了有限的课堂时光，但他的影响却深深地烙印在他们的心中。基础医学院 2014 级本科生何渼波回忆道："神经系统最难，学习难度颇高，但在'光哥'的课堂上，我却学得格外清楚。我是在大学一年级上的解剖课，'光哥'课上提到的一个医患案例，我至今仍记忆犹新。"

生动、活泼、有趣，是学生对张卫光课堂的一致评价。为了更加生动地讲解脑干的结构，张卫光在课堂上找了一名学生充当教学模特，把学生身体的各个部位和脑干的结构一一对应。课后，这位"真人教具"——2017 级临床三班的杨煜焯说："我永远都忘不了脑干的结构，'光哥'将书中的知识生动地呈现在我身上，我们听得格外投入。"

在课堂上，张卫光不仅传授知识，还会分享自己的科研进展，让学生们感受到解剖学这一学科的蓬勃生命力。讲到被拒稿的经历，张卫光说："他们说我想得太超前了，可是没有想象就没有科学的进步。要敢想还要敢干，干成了，别人承不承认，是他们的事。也许哪一天 Nature 开眼了，就给发表了。"然而，玩笑过后，他严肃地强调："科研的真正意义远不止于发表文章。"

让学生在轻松愉快的氛围中接受教育是张卫光一贯坚持的教学理念。但在愉快的氛围之外，他同样注重对学生人文素质的培养。"我会在课堂中穿插一些人文、历史的东西，引导学生们关注社会、关注前沿。对学生来说也可以放松一下、换换脑子，这也符合记忆和学习的规律。"

在一次讲解神经系统损伤的课堂上，张卫光选择了帕金森综合征作为案例。他生动地模仿了患者的临床表现，如静止性震颤、运动迟缓等。尽管夸张的动作引发了一些笑声，但他立即严肃地告诫学生们："这是一种很常见的老年病，病人是很痛苦的。你是大夫，在诊断的时候让病人做这些动作，很容易发生摔倒骨折，一定要有安全意识，一定要敬老。医生永远是患者的靠背和依靠。"

张卫光在解剖课堂

慈祥的严师

在学生的眼中，"光哥"不仅是一位知识渊博的老师，更是一位特别关心学生成长的引路人。无论学生面临的是人生选择、职业规划的重大抉择，还是生活中的琐碎事务和兴趣爱好的疑问，他总是耐心倾听、悉心指导，倾囊相授、热心相商。

张卫光对待学生慈祥温暖，然而他并不是在任何事情上都好商量的"好好先生"。张卫光负责解剖学相关课程，而对某些专业而言，"系统解剖学"曾经是北医所有课程中挂科率较高的课。开学的时候，张卫光会提醒学生："我这门课很难通过，需要大家投入时间和精力。"考试的时候，他更是强调："解剖学从来不划重点，因为未来在临床实践中，病人不会按照你的重点来生病。"多年过去了，临床医学等专业的优秀率有时会接近50%，共同的努力结出了硕果。

这种严格要求的背后，是张卫光对生命的敬畏和尊重。他常说："咱们学医的不允许开玩笑，我们以后的服务对象是人，因此一定要打好基础，从每一门专业课开始把关。这是对学生好，也是对患者好、对社会好，对我们的将来也好，所以我现在必须严格要求。"在张卫光的悉心教导下，许多学生即使初次接触解剖学时成绩不甚理想，也能逐渐领悟到其重要性，从而更加刻苦钻研，踏上了成为学霸的征程。

张卫光清楚地记得，有一名来自口腔专业的学生，自觉考试情况不太理想，在考后找到张卫光，郑重承诺："老师，我这次如果不及格，以后一定会把解剖补到最好。"成绩出来之后，这名同学及格了，只是分数不高，仅有60多分，他甚至还来找张卫光询问："我是否有机会重修这门课？我想重新学习，弥补之前的不足。"

对此，张卫光深有感触地说："人不是为了及格而学习，而是为了真正掌握知识。只要有心，一切都不晚。我认识好多这样的孩子，他们在'系统解剖学'上可能表现平平，但到了学习'局部解剖学'时，却取得了优异的成绩。"

▎育感恩之心，奉献中传承大爱

在解剖课上，学生们所使用的每一具人体标本都源于那些无私的遗体捐献者。他们以自己的身躯为医学教育贡献出最后的力量，助学生们揭开人体的奥秘。他们的慷慨与奉献，让一批又一批的学子深受触动，被尊称为"大体老师"和"无言良师"。

从第一堂解剖课开始，张卫光就向学生们传递着对大体老师的感恩之情——播放纪念大体老师的纪录片、介绍大体老师的生平和捐献故事、默哀鞠躬、向大体老师献花、强调课堂纪律，课程结束之后遗体复位，组织捐献盒上墙等活动……这些庄严肃穆的仪式，给学生们留下了深刻的印象。张卫光对生命的尊重、对患者的感恩，以及"每一位患者都是我们的老师"的理念，从此也深深地扎根在同学们的心中。

张卫光在解剖课实验室，与学生们一起向"大体老师"鞠躬致敬

一位同学在给"无言良师"的一封信中这样写道："当我们上完最后一课，最后一次将您的身体整理好，用洁白的巾单将您缓缓覆盖，深深地久

久地鞠躬，盖上盖子，转身离去时，我知道，您最后的愿望完成了。走的时候，我在心里默默地说：'谢谢爷爷，谢谢老师。'"

张卫光认为："让学生们学会感恩、回报社会，对于他们以后进入临床工作是非常重要的。我们的目标是，北医要培养出不一样的医生，不是说技术上有高低，而是一定要有爱心。"

张卫光所教授的"系统解剖学"和"局部解剖学"课程，分别是临床医学生来到北医的第一堂课和进入临床前的最后一堂课。可以说，解剖学贯穿了医学生的学习生涯，因此，在解剖课中接受的感恩教育也将陪伴他们终生。

作为北医遗体接收站的负责人，张卫光教授深知每一位"无言良师"的珍贵。2011年设立在北京大学医学部解剖楼西侧的遗体告别厅是1000名"无言良师"最后的家。每年清明节，同学们都会在老师的带领下，为"无言良师"们擦拭纪念盒，同时也会邀请逝者家属来到现场，缅怀哀思。

长青园扫墓、大体老师追思会、遗体捐献者家属家访、纪念墙悼念、医学部主干道纪念活动……感恩"无言良师"系列活动，已成为基础医学院的年度惯例，受到校内外广泛关注，并多次被媒体报道。

2010级临床专业八年制学生张馨雨曾参与活动组织和家访，并协助北京卫视《好人故事》栏目拍摄了"感恩无言良师"专题片。"在医学生中，对大体老师的认同感和崇敬感都是比较高的，因此我想借这个机会给大家一个表达的窗口，同时也希望能够在社会上进行宣传，让更多的人认同这件事。"之后的半年里，北医遗体捐献站的登记数量达到了一个小高峰。

在胡传揆、马旭、王嘉德等北医老前辈的感召下，更多的人决定捐献遗体。这不仅影响了许多学生，也激发了他们加入遗体捐献志愿服务者的队伍。临床专业八年制学生文文就是其中的一员。

起初，文文同学对于遗体捐献工作持有一定的抵触心理。但在参与多次纪念活动后，他的想法发生了转变。他表示："我觉得医护是一个重奉献的行业，大体老师也是一群奉献大爱的人。医学生享受了奉献成果的同时，要把这大爱传递。"

张卫光深情地说："大体老师把遗体捐给了我们，实际上是把爱心传递给了医学生。这份爱心通过我们的学生，再传递给病患，甚至可能激励他们身边的人成为下一位遗体捐献者。这样的社会风气正是我们所需要的。"

▌ 著书立说，弘扬北医解剖理念

张卫光深谙书卷之韵，尤其对与解剖学相关的古籍旧书情有独钟。步入他的办公室，仿佛置身于一个历史的长廊，四周满是他精心收集的"珍宝"，这些书籍记录着国内解剖学研究近百年的变迁。书架上的每一册书，对于张卫光而言都弥足珍贵，而其中一本新书却不一样。

这便是 2018 年由张卫光主编的北医版《系统解剖学》。此前，尽管北医在解剖领域享有崇高的地位和丰富的资源，近年来却未曾拥有一本由本校教师主编的《系统解剖学》教材，这一直是张卫光心中的遗憾。北医版《系统解剖学》的出版，终于弥补了这一缺憾，实现了他长久以来的夙愿。

这部《系统解剖学》充分展现了北医在解剖学教学中的独特风格——注重神经解剖的重要性，将其纳入系统解剖的教学中，占据整个教学内容的三分之一，并要求所有同学深入学习。教材中融入了北医丰富的教学和科研素材，体现了学校的学术积淀和创新精神。

谈及这部教材，张卫光自豪之情溢于言表："同学们应该热爱母校北医，国内神经解剖学的教学和科研就是从北医开始的。"张卫光常常在课堂上穿插北医历史和杰出人物的故事，让那些刚刚踏入北医校门的学生们，真真切切感受到北医的辉煌与荣光，树立他们的爱校之情和自豪之感。

这位被誉为"不老光哥"的教授，依然在他的育人道路上砥砺前行，步履坚定。他坚信："北医出来的人，第一应该博学，我们是百年老校，是名校，我们培养出来的应该是扎扎实实的、专业过硬的人才；第二要博雅，这是对人文素养的要求 —— 仁心、博爱、豁达、感恩；第三要勃发，我们要培养具有创新思维、生机勃勃的医者。"

而他的育人理念，也正在通过他的同事、他的学生，代代相传，生生不息。

学生评价

- 张卫光老师很和蔼，上课知识很完整，而且连贯性很强，每节课都会帮我们回忆上节课的知识，加强我们的学习能力，而且在学习中一直鼓励我们，提高了我们的自信心。
- 老师认真负责，课程讲解清楚、脉络清晰、重点突出、形式多样，课堂气氛活跃，同学们的学习热情高涨，收获颇多，谢谢老师。
- 光哥很有趣，会讲很多故事，课堂趣味性很强，知识点能让人记住。
- 张老师知识渊博，教学过程幽默风趣，教学方法独特，将无趣苦涩的解剖知识讲得易于理解和记忆，对学生热情认真。

（何楷篁、马骁）

只计耕耘莫问收

— 厉以宁 —

　　厉以宁，北京大学 2019 年教学成就奖获得者，光华管理学院教授，获党中央、国务院改革先锋奖章。研究领域为西方经济学、中国宏观经济问题、宏观经济的微观基础和资本主义的起源问题。主要讲授"西方经济学""国民经济学""管理学""教育经济学""环境经济学""宏观经济学说史""西方经济史"等课程，著有《社会主义政治经济学》《国民经济管理学》《教育经济学》等多部教材，出版《体制·目标·人：经济学面临的挑战》《中国经济改革的思路》《非均衡的中国经济》《中国经济改革与股份制》等 50 余部专著，主持起草《中华人民共和国证券法》《中华人民共和国证券投资基金法》。曾获得国家教委科研成果一等奖，并获评"经济体制改革的积极倡导者""全国教育系统劳动模范并授予人民教师奖章"等。

一所好大学能给学生带来什么？
　　首先是做人的道理，
　　第二是丰富的知识，
　　第三是远大的眼光。

—— 厉以宁

此生甘愿做人梯

1951 年，厉以宁考入北京大学经济系求学。20 世纪 50 年代初的北大经济系（现北大经济学院）群星荟萃，陈岱孙、陈振汉、赵迺抟等众多学术大家为厉以宁开启了知识的大门。"如果说我今天多多少少在经济学方面有所收获的话，那么这一切都离不开在北京大学学习期间老师们的教诲……每个人把自己的所长都教给我，我是'踩在巨人的肩膀上'的，他们是我在经济学领域内从事探索的最初引路人。"厉以宁如是说。北大的老师们不仅培养了厉以宁"探索现代经济的规律，服务祖国和人民"的研究志业，也使他确立了成为一名教师的职业理想。1955 年，厉以宁以优异的成绩毕业并留校任教。

"听厉老师讲课是一种享受。"北京大学经济系 1991 级研究生武亚军记得，每次上课，厉以宁必定

1961 年，厉以宁和老师赵迺抟教授

会提前 10 分钟到教室，预先把课程大纲写在黑板上，讲课时则往往开门见山，"非常讲究逻辑和条理，同时又深入浅出，生动形象。他对一个问题的分析往往从大处着手，以逻辑和分析见长，条分缕析，抽丝剥茧，引人入胜"。厉以宁讲课不仅内容丰富，而且形式不拘一格，大多数时间不用讲稿，只是在一张卡片上列出一系列的提纲，讲课时或站、或坐、或走动，脸上溢出轻松的笑容，眼睛闪闪发光。

厉以宁认为，好教员就是让人听过课后有所收益，受到启发。他在介绍"怎样准备新课"时提到，从接受任务到开课，一般要经过四步：第一步，要了解这门课目前开设的情况，校内以至国内的开设情况。第二步，拟提纲。新提纲一开始不必很细，可以只有几条大杠杠，一个大框架，以后再逐步充实。过一段时间，再拟细纲，拟定各章的纲目，再去看书，再往下拟。他在拟定"国民经济管理学"这门课的提纲时，先后用了半年时间。在他看来，拟提纲实际上是阅读、研究的过程，要评价别人体系的长处和短处。第三步，着手充实内容。每堂课都应尽可能做到能给学生新的东西。第四步，准备接受大家的不同意见，准备对体系进行修改。他说，老师要虚心，要把"文章往往是自己的好"这个毛病改掉，所以他会随身带个本子，讲课的时候只要发现问题就马上记下来。

改革开放后，厉以宁的名字日益成为学生们头脑中的"关键词"，他的经济学讲座更成为学生们心中北大风度的代表。每当国家出台重大改革举措，厉以宁都会在学校举办报告会予以解读。北京大学党委书记郝平回忆："我们都特别喜欢听厉先生的报告，那些抽象、专业的经济术语和政策条文，经厉先生深入浅出的讲解，大家豁然开朗。他思路清晰、逻辑缜密、观点新颖、语言生动幽默，至今都给我们留下了深刻而难忘的印象。"

1984 年 12 月，北京大学经济系 1983 级本科生张一弛和几位同学提前 10 分钟到达厉以宁的讲座现场，但他们却被眼前的景象惊呆了。即使礼堂座位逾千，听众的队伍却早已排到了门外，座席区间隔的通道上同样挤满

厉以宁在讲授课程

了听众。那次讲座，厉以宁围绕股份制思想在国有企业改革中的作用讲了十个方面的问题。二十五年后，这一发源于北京大学经济系课堂的国有企业股份制改革理论获"2009年中国经济理论创新奖"。

在学生们的心目中，除了课堂和讲座引人入胜，"厉老师"更是在平时以身垂范、博学求实、认真勤恳。他建议学生在阅读专著或者论文的过程中把它们转化成一篇篇读书笔记，多年积累会成为非常可观的学术资料。他提醒学生，读书报告要用自己的话来概括作者的意思，这本身是一种重新创作的过程。而他自己则长期坚持每天清晨进行三页（1200字）左右的写作，再处理其他事情，这为学生们树立了生动的榜样。

为师多年，若问最大的心愿，厉以宁则说："我最大的心愿是'青出于蓝而胜于蓝'。年轻人要记得：第一，要有自己的梦想；第二，要有坚持的力量，不能半途而废。"他的谆谆教诲不断激励着学生和后辈们从未名湖畔走向五湖四海，在各行各业中不断奋进，创造价值。

▌ 陈规当变终须变

1985 年 5 月 25 日，北京大学经济系整合成为经济学院，下设经济管理系，同时成立的还有北京大学管理科学中心，时任北大校长丁石孙担任主任，厉以宁在担任经济管理系主任的同时也兼任北京大学管理科学中心副主任。在厉以宁的带领下，经济管理系在初创期大胆起用新人，延揽校内外优秀人才；厉以宁对专业建设和教学质量也十分重视，反复叮嘱老师们"备好课、讲好课"，同时让有经验的老教师帮带年轻教师，让教师互相听课、共同商量教学方法；而对于学生培养计划的制订，也充分考虑未来发展对人才知识结构的要求。至 20 世纪 90 年代初，北大经济管理系的教材、课程内容和教学方式等，已经处于全国领先的水平。

在经济管理系迅速成长的同时，管理科学中心也在不断发展。一方面，管理科学中心致力于推动针对复杂问题的跨学科研究，为学生提供跨学科选择未来研究方向的可能性。从 1985 年到 1993 年，管理科学中心培养了近百名硕士生，其中不少已成为国内外学术界、商界乃至政界的佼佼者。另一方面，管理科学中心汇集了很多不同学科背景的学生，又进一步促进了学科的交叉、对话和融合，也推动了教学相长。以厉以宁为代表的光华学者围绕着改革开放的许多重大问题孜孜不倦开展研究，在他们的努力下，许多重大研究成果在管理科学中心酝酿、成形、落地。

1993 年，在原来的经济管理系和管理科学中心的基础上，北京大学工商管理学院正式成立，厉以宁担任首任院长。1994 年 9 月 18 日，北京大学、光华教育基金会正式签署合作协议，北京大学工商管理学院更名为"光华管理学院"，旨在办成"一所世界一流的管理学院"。

在厉以宁看来，衡量一个学院的水平，就要看它能否培养出高质量的人才，产出高水平的成果，"这取决于教学、科研和应用几个方面水平的高低，其中起主导作用的是教师"。因而在光华管理学院建院伊始，他就把加强师资队伍建设作为工作的重点，"我们必须采取各种措施，建立并保持一支高水平、高效率的教师队伍"。师资改革的同时，他还大力发展应用型专业和方向，他曾这样寄语学院师生："中国改革已经取得了举世瞩目的成就，但是在我们面前，还有一系列改革正等待我们去完成。改革已经进行到了攻坚阶段，必须知难而进。光华管理学院应该、也能够在这个过程中发挥自己的作用。希望光华可以培养出更多的人才，为中国的现代化建设贡献自己的力量。"厉以宁的倡导与实践，使光华管理学院一代代师生在精神传统中前后相继，把对国家改革做贡献作为社会责任，自觉担负起"创造管理知识，培养商界领袖，推动社会进步"的使命。

2015 年，在庆祝光华管理学院成立 30 周年时，作为首任院长的厉以宁回忆了光华管理学院与之一道完成的、与国家建设有关的十件大事：呼吁提高了教育支出在国民收入中的比例、奠定产权改革的重要地位、主导《中华人民共和国证券法》的起草、参与起草出台了"非公经济 36 条"和"非公经济新 36 条"、主持贵州毕节扶贫开发、提出"梯队推进战略"的区域发展新思路、参与了股权分置改革、建立符合中国国情又能够适应世界潮流的现代工商管理的教育体系、参加了林业的改革和正在进行中的中国经济的低碳化。作为创始院长，厉以宁见证了学院的初生与成长，光华管理学院也成为他和一代北大经济学家精神的延伸，面向未来，不断丰富和展开。

▎ 广厦城乡大众安

除了德高望重的"厉老师"，对于整个社会来说，厉以宁拥有的更加具有深刻影响的一重身份是"经济学家"。国民经济计划与管理专业 1983 级学生孟万河在《如同漫漫冬夜里的火炬，既明亮，又温暖》一文中写道："厉老师是那个时代里，在北大、在北京，乃至全国经济界、思想界、知识界的一面改革旗帜，一个思想先锋。"

在北京大学就读时，他并未想到毕业后数十年的人生走向会如何，但他始终记得自己身为一个北大人、一个经济学家的初心——探索经济学，为祖国人民服务。"路是人走出来的，学识是一年一年累积起来的，我忘不了大学时期，忘不了培育我的北京大学经济系。"他在经济系的资料室从事编译工作，一干就是二十年。北京大学经济系曾办过一个内部刊物《国外经济学动态》，介绍国外经济学理论的新发展、新动向，每期约三万字，共刊印了30多期，其中近90%的稿件是由厉以宁编写的。20世纪50年代末至60年代初，厉以宁翻译了共200多万字的经济史著作，有些译作后来得以出版。资料室的工作使厉以宁受益匪浅，改革开放后，正是凭借着这些积累，他担起了中国经济学界领路人的重任。

20世纪80年代初，改革开放之初的中国百废待兴。1980年，厉以宁提出，可以组建股份制形式的企业来解决就业问题。从1984年到1986年，年过半百的厉以宁奔走于全国各地，作了很多演讲，写了很多文章，来宣传股份制。从1988年到2003年，厉以宁担任了15年的全国人大常委会委员。他当时最关心的是国有企业改革，包括股份制的推进和《中华人民共和国证券法》的制定。从2003年开始，厉以宁又担任了三届全国政协常委，工作重点转为民营经济的发展、农村土地的确权和扶贫。在此期间，他由于首倡"非公经济36条"，笑称自己为"厉民营"。

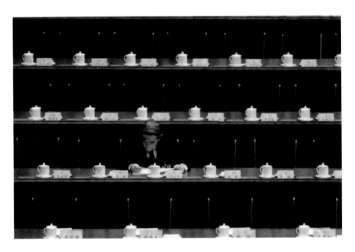

2013年全国两会，厉以宁提前到场阅读材料

2017年6月13日，《光明日报》理论版整版刊发了厉以宁《中国经济学应加强历史研究和教学》一文。厉以宁在文中指出当前"对经济史课程和经济学说史课程的重要性认识不足"的问题，并现身说法，围绕自己的求学、治学和教学经历，说明了学好经济史和经济学说史对自己的积极影响。厉以宁强调"经济学是一门历史的科学"，经济史和经济学说史可以为经济学研究打下扎实的基础，对理解工业化道路、社会主义道路，以及把握西方经济学的局限性等都有着重要价值。

2018年12月18日，庆祝改革开放40周年大会隆重召开。作为经济体制改革的积极倡导者，厉以宁被授予"改革先锋"称号。翌日，厉以宁出席北京大学庆祝改革开放40周年座谈会。他结合参与推动我国产权制度改革，推动经济体制改革和发展，贡献经济发展"中国奇迹"的珍贵经验，分享了他关于投身改革开放、服务国家战略的思考。他说："中国的改革推进后，在经济上发生了巨大的变化。改革的过程中，人的观念也发生了巨大的变化，这是最重要的。中国的变化在全世界是一个样板。"

厉以宁在北京大学庆祝改革开放40周年座谈会上发言

2023年2月27日19点31分，92岁的厉以宁与世长辞。光华管理学院1号楼前，由他亲自题写的"敢当石"旁，摆满了北大师生们自发献上的花束。迢迢长路，送别先生，厉以宁创作的诗词也在人们脑海中久久回荡："此生甘愿做人梯"，抒发不屈不挠的坚定与毕生奉献的赤诚；"陈规当变终须变"，道尽改革的迫切和拳拳爱国情；"广厦城乡大众安"，写尽经世致用的情牵与志业……倾注毕生心血，走在中国城乡土地上；拨动思想密码，将学术科研融入生命中。"兼容并蓄终宽阔，若谷虚怀鱼自游……一生治学当如此，只计耕耘莫问收。"所谓经世而济民，正是他一生的写照。作为中国特色社会主义市场经济理论的重要开拓者、经济体制改革的积极倡导者、深入一线扎实调研躬身践行的探索者，厉以宁的教师风华、学者品格和学术贡献，将永远留在经济学和高等教育学界，留在每个北大人心中。

学生评价

- 课程准备非常充分，课程体系完善，思路清晰，语言生动、旁征博引。
- 授课方式生动有趣，把深刻的经济管理理论用案例清晰阐释，有利于学生充分理解并掌握。
- 经济理论和多年的调研实践、资政建言过程密切结合。
- 注重从经济史和经济思想史的纵深维度传授经济学知识。

（隋雪纯、廖荷映、王英泽）

教研相长，薪火相传

— 张礼和 —

张礼和，北京大学 2019 年教学成就奖获得者，药学院教授、中国科学院院士。研究领域为核酸化学及抗肿瘤、抗病毒药物等方面。主要讲授"有机合成""高等有机化学""核酸化学"等课程，指导的《异核苷及其杂寡核苷酸的合成、性质和生物活性研究》被评为全国优秀博士学位论文。曾获得北京市人民教师、北京大学医学部桃李奖、全国优秀博士学位论文指导教师等奖励。

我的恩师王序教授曾说：

"要给学生一碗水，老师就得积累一桶水。"

所以你要有这么一个积累，才能去教学生。

作为老师，要教给学生怎么获得知识、怎么理解知识、

怎么从旧知识里面发现新问题，提出自己的新想法。

—— 张礼和

▌"为了让一片黑暗变成光明"

自中学时代起，张礼和心中一直有个电气工程师的梦。电影中，特务只要破坏电路，整个城市就会立刻漆黑一片，直到电气工程师来了以后才能把全城重新点亮。年少的张礼和认为这个工作很伟大，便立志长大以后也要做一名能为人民带来光明的电气工程师。但在那个年代，人们普遍认为只有身体素质好的同学才能学电气、机械这些工科专业，张礼和虽然成绩优异，却因体检问题与梦想擦肩而过。

高考填报志愿时，张礼和转而将目光投向药学。因为药学仍属理科，能够用到很多化学方面的知识，也跟人民健康息息相关。1954 年，张礼和以第一志愿考入北京医学院药学系（前身为北京大学中药研究所，2000 年更名为北京大学药学院）。

那时因为贫穷落后，新中国几乎没有自己的药，都是从国外进口。"当时有个消炎药叫消治龙，就是一种进口的磺胺药，我国连最普通的消炎药都不能自己做，中国的制药工业基本上是零。"张礼和觉得，从事药学研究与做一名电气工程师的初衷是相通的，都是为了让一片黑暗变成光明。

在这种使命感的驱动下，动荡年代中从干校重返校园的张礼和坚持

学术研究，即便在并不擅长的中草药领域也潜心耕耘。这段时间的经历使得他不仅真正拥有了中草药研究的背景，而且得到了更多接触临床的机会。

改革开放后，随着国家实力的增长，张礼和得以重返核酸药物研究领域。经过临床时期的耳濡

张礼和院士

目染，张礼和认为，就像人体讲究阴阳平衡一样，正常细胞中某些信号通路平衡的打破使某些基因突变或表达形成肿瘤细胞。于是，他潜心研究合成环磷酸腺苷的方法，使得环磷酸腺苷可以大量用于基础和临床研究，并在华北药厂生产。

"虽然在现在看来那段时期的环境非常不好，但是你要是真有自己的思想，还是可以抓住一些机遇，让你的工作得到延续，甚至可以开辟一个新的方向。要是没有充分准备，即使机遇在你面前，也会很快滑过去。"

人生之路并非总是坦途，在曲折黯淡的道路中坚持信念、坚定理想，在沉潜中不断丰富自我、蕴蓄力量，总会有驶向光明的无限可能。

▍ "要有把冷板凳坐热的信心"

癌症是危害人类健康的第一大"杀手"，千百年来，人们一直对它束手无策。直到20世纪50年代，DNA双螺旋结构的提出为抗肿瘤药物提供了全新的研究思路，也推动核酸化学研究进入高速发展时期。

随着科技的不断进步，化学家们逐渐开始从分子层面认识肿瘤细胞。1981—1983年，张礼和成为国家教委派出的第一批访问学者，前往美国弗

吉尼亚大学化学系，在美国著名的有机化学和生物化学教授 S. M. Hecht 的研究小组工作。Hecht 教授的小组由天然产物研究、有机合成及生物化学三部分组成，是一个多学科合作的团队。张礼和刚到实验室便参与了一个极具挑战的高难度项目 —— 博来霉素 A2 的全合成。

开始，张礼和的分离工作并没有获得成功。他一头扎进实验室，连续两天两夜没离开过实验室，几乎目不转睛地盯着各项实验。经过艰苦的实验，张礼和拿出了别人从来没有做出过的高纯度样品，为博来霉素 A2 及博来霉素苷元全合成的工作提供了标准品。为了进一步研究博来霉素 A2 抗肿瘤作用机制，Hecht 教授又把寡核苷酸合成的工作交给张礼和去做。当时还没有寡核苷酸合成仪，张礼和凭着吃苦耐劳的精神和严谨的科学态度，从自己合成单核苷酸原料做起，再将一个一个单核苷酸连接起来，圆满地合成了一个十二寡聚的核苷酸，为研究博来霉素 A2 断裂 DNA 的机制提供了基础。

在 Hecht 教授组中的研究经历，让张礼和意识到多学科的协作在科研工作中的重要性。尤其是在生命科学领域中，多学科融合大大推动了科学的发展，使新的研究领域不断被挖掘出来。

从那之后，张礼和以一名化学家的思路和方法研究生命现象和生命过程，在分子的层面上为生命科学的研究提供新技术和新理论。这样的跨学科研究也成就了一个新兴的学科 —— 化学生物学。张礼和也成为我国这一领域的领军人物。多年来，他一直致力于药物化学研究，并在肿瘤药物的研究方面做出了重要贡献。

自 1990 年以来，张礼和系统研究了细胞内的信使分子 cAMP 和 cADPR 的结构和生物活性的关系，在此基础上发展了作用于信号传导系统、能诱导分化肿瘤细胞的新抗癌剂；开展了细胞内钙释放机制的化学生物学研究；发展了结构稳定、模拟信号分子活性，并能穿透细胞膜的小分子，成为研究细胞内钙释放机制的有用工具；系统研究了人工修饰的寡核苷酸的合成、性质和对核酸的识别，提出了酶性核酸断裂 RNA 的新机理，发现异核苷掺入的寡核苷酸能与正常 DNA 或 RNA 序列识别同时对各种酶有很好的稳定性，寡聚异鸟嘌呤核苷酸有与正常核酸类似形成平行的四链结构的性质；发现信号肽与反义寡核苷酸缀合后可以引导反义寡核苷酸进入细胞并保持反义寡核苷酸的切断靶 mRNA 的活性；研究了异核苷掺入 siRNA 双链中去对基因沉默的影响，为发展核酸药物提供了一个新途径。

在国家自然科学基金的长期资助下，通过近 20 年的不懈努力，张礼和领导的团队在核酸化学及以核酸为靶的药物研究方面，取得了一系列具有重要影响的研究成果，共发表论文 200 多篇，获得国家专利 3 项，得到国内外同行的认同和大量引用，产生了较大的影响。

一项成果的获得，用了 20 年时间。当被问及该如何看待科学研究的艰辛，张礼和说，搞科研没有捷径可走，必须"要有坐冷板凳的准备，还要有把冷板凳坐热的决心"。

▌"要给学生一碗水，老师就得积累一桶水！"

坐热了实验室的冷板凳，更要在课堂上将温度薪火相传。

本科毕业后，张礼和留在有机化学教研组，王序教授给了他一本从德国带回来的实验教材，他的第一个任务就是花一年时间把其中的实验从头到尾做一遍，同时查阅每个实验的相关文献。张礼和结合自己的从学经历，在药学院反复强调，带实验的老师要做三倍于学生的实验，学生做一个实验老师要做三到五个，这样才有基础去教学生，才能了解学生在实验中可能出现的问题。正如恩师王序教授所说："要给学生一碗水，老师就得积累一桶水！"

1999 年以来，张礼和在北京大学药学院任教授，多年来坚持亲自为研究生开设"有机合成""高等有机化学""核酸化学"等课程。如今年逾八旬的他仍然经常给学生们讲授药学和化学、生物学的最新进展。

"在北大这样的高校，想做一个真正的好老师，必须首先是一个好的研究者。科研是教学的基础，只有科研做得好，才有可能教学教得好。若没有科研工作，老师就不能及时积累新内容，更不能把新内容教给学生，他教的内容，以及启发学生思维的方法，就很可能多年也不进步，一直重复。"

每次看文献、做研究的时候，张礼和都会及时把新的内容记录整理，做一个幻灯片或者写一个摘要保存。等到给研究生讲课的时候，只需要整理一下思路，新鲜的素材就有了，所以他讲课从来都是及时捕捉最新的内容。

"张老师讲课，对自己、对学生要求都很严格。"药学院叶新山教授现在负责的"高等有机化学"课程，就是从张礼和手中接过来的。"当年张老师讲授'高等有机化学'时，虽然身兼管理职务，琐事缠身，但是他仍然认真备课，课程内容很丰富。上午 8 点到 11 点的课，张老师坚持全程站着讲课，从不坐下。他期末考试一向是亲自出题，难度很大，每次都会有一两个同学不及格，求情也没有用，以至于药学院当年形成了特别重视'高等有机化学'的传统。"叶新山说。

张礼和在教学中特别重视培养研究生的批判性思维和提出问题的能力。"老师不只是教知识。因为现在知识爆炸，每天新的内容不断出现，只教知识，一百年也教不完。作为老师，要教给学生怎么获得知识、怎么理解知识、怎么从旧知识里面发现新问题，提出自己的新想法。"这是张礼和教书育人的根本理念。张礼和经常向年轻教师强调，教学中要注意培养学生提出问题的能力，塑造学生自己寻求知识、寻找答案的习惯。他在讲课的时候喜欢讲一些科学发现过程中的故事，从这些故事里面启发学生，如何像先辈学者们那样发现问题。此外，他还会讲一些学科演变的历史，牵涉科学家们不同的发现，启发学生从这些发现中寻找学科发展的动力。

药物行业中有这样的说法：跟随既有成果之后设计出来的药品，叫作"Me too"药物；在模仿改良的基础上效果更好一些，就叫"Me better"；

张礼和教授（左七）和药学院师生参加国际学术会议

难度系数最高的就是"First in class"，这是一款彻底的创新药，是第一个能够治疗某种疾病的药物。对于张礼和来说，"First in class"是不变的追求，因为只有这样才能真正在国际上取得领先。

张礼和清楚地记得，王序教授曾经对自己说："你毕业以后，自己做研究工作的时候不要做我的题目，你必须自己想办法来开辟一条新的道路。"张礼和是这样做的，也是这么要求学生的。他一直告诫自己的研究生，不要一味追踪别人的工作，做研究就要做一些国际上没有做过的内容、没有解决的问题。在这种思想的指导下，张礼和先后有两位博士生的论文获评全国优秀博士学位论文，而且两项工作都在国际上得到了很好的评价。

为了引导学生注重积累，扎实培养做实验的基本功，张礼和特意设立了奖学金，鼓励学生在念本科的时候就到研究组去做实验，加强基本功锻炼，并且及早地了解怎么从实验里面发现问题、解决问题。张礼和殷切嘱托北大学生："同学们今后是科研领域的中坚力量，也是各行各业的中坚力量。国家现在提出源头创新，创新是一个国家发展的根本动力。希望同学们将来能够成为我国创新的主力，使我国的创新战略为实现中国梦发挥驱动作用。"

学生评价

- 张礼和院士在化学生物学的课堂上为我们讲述了化学生物学在国内外发展的历程，既高屋建瓴，以自己的科研生涯故事教育我们如何站在社会需求的角度把握科学研究的前沿，又深入浅出，对该领域研究前沿成果做了深入的解析。

- 张礼和院士讲授的"化学生物学概论"的第一课，让我们全面认识到化学生物学的新兴发展和重要性。老师结合自身科研经历讲述在该领域取得的成绩，老师的这种持之以恒、追求创新、谦虚低调的科研精神让我佩服不已。

- 张院士在化学生物学领域拥有丰富的学术底蕴，他在教学中能够将自己深厚的学术造诣融入课堂教学，为学生提供了全面而深入的学术指导。他善于将前沿的科研成果与教学内容相结合，激发我们的学习热情，培养我们的创新思维和解决问题的能力，进一步帮助我们在学术道路上不断成长。

（佘福玲、廖荷映）

用热情带学生
"走一遍人生"

— 苏彦捷 —

苏彦捷，北京大学 2019 年教学卓越奖获得者，心理与认知科学学院教授、国务院政府特殊津贴专家。研究领域为发展心理学、比较心理学、心理理论、共情、执行功能、动物认知。主要讲授"发展心理学""发展心理学专题"课程，编译《儿童发展心理学》《生理心理学：走进行为神经科学的世界（第九版）》《环境心理学》《生物心理学》《发展心理学：探索人生发展的轨迹》《进化心理学家如是说》等多部著作。曾获得北京市高等学校教学名师奖、北京市教育科学研究优秀成果奖、北京市高等教育教学成果一等奖、曾宪梓优秀教学奖。

每一个学生有每一个学生的特点，
每一个学生有每一个学生的潜能，
让每一个学生在课程当中得到他想要的东西，
帮助他在生活和成长的过程中汲取一些信息、汲取一些能量，
我觉得就挺重要的。

—— 苏彦捷

立志从教，以热情投入教学

成为一名教师是苏彦捷从小的理想。当时她看了一部苏联电影《乡村女教师》，影片中女教师跟学生互动的场景让苏彦捷觉得成为一名教师特别地幸福。苏彦捷在小学的时候，曾经写过一篇以"我的理想"为题的作文，那时她就写下将来要当一名老师，并且要当一名像《乡村女教师》里面描述的那样的老师。

毕业之后留校任教，幼时的理想成为现实。留校工作三十多年来，苏彦捷讲授过很多课程。最近几年，她主要承担了"发展心理学"等课程的教学工作。她说："我觉得做好的老师，热情是很重要的。如果没有热情，教学是一件很耗人的事儿。教学需要花费精力去讲课，更需要在课前课后去琢磨怎样把课讲好。我有时候想，要是教书不去琢磨，就每个星期把这两堂课说了也可以，但如果真去琢磨，它是无底洞。"

苏彦捷愿意去琢磨，她把对教书育人的喜爱迸发为不曾熄灭的职业热情，在立足现实、求新求变的教学之路上，她为自己、也为同样从事心理学教学的老师们提供了极为新锐、可贵的前进方向。她的教学理念及教学方法在清华大学、中山大学、陕西师范大学、北京联合大学等多所高校传播推广。

　　用学生们的话讲，苏老师的"发展心理学"是一门"花样百出"的课。假使你选修了这门课程，那么，潜在的考验从第一堂课就已悄然开启：回溯个人成长经历、评析时事新闻、医院实地观察、设计研究方案、制作科普视频、绘制展示海报……这般异彩纷呈的课程，是苏彦捷在反复琢磨中思路逐渐变得清晰并将之付诸现实的。在苏彦捷看来，学生们的收获就是对自己教学最好的回报与奖励。这也让她以更大的热情投入教学，不断打磨课程，也更加专注于学生的发展与成长。

　　苏彦捷这股一心扑在教学上的热情，和苏彦捷待人接物时不吝于展露的温和笑容一般，对学生有着极为生动的感染力。她曾经收到一封来自学生家长的信，信中坦陈自己孩子在专业学习上的弱势，字里行间难掩对其课堂表现的担忧，最后希望苏老师能够对他多一些关注——这封信让苏彦捷颇为惊讶，因为在她的眼中，那个孩子是一个有潜力、能表现，也富有创造力的学生，完全不存在其父所言的能力不佳、学习吃力等情况。然而，带着家长的恳切嘱托，苏彦捷还是在课堂上留了心。"你看，你想要做好的事情就都能做，特别棒！"诸如此类朴素而直白的赞许，也是苏彦捷发自真心的认可。当它们被另一颗真心接受时，碰撞出的是无限的勇气

苏彦捷在讲授"发展心理学"课程

与热情。在她的"暗中"关注下，随着课程不断深入，这位同学不仅越来越有热情，而且表现得越来越出色。这就是苏彦捷热情的"魔力"，能像阳光一样拂去阴影。

▎求变创新，要把课讲得更好

"我们的课应该怎么上才会更好？"面向刚刚"入门"、专业知识近于"白板"状态的学生，专业知识如何讲授才能更有效果？这是每一位教师都会遇到的一道不可回避而又永无标准答案的开放命题。因材施教、授人以渔、学以致用、个性发展——这是苏彦捷经过多年教学实践总结出来的教学理念。而如果要用一个词来概括，那就是"变化"。"发展心理学"课程在苏彦捷的手中曾几经创新。

第一"变"是将"知识传授"与"知识探索"进行有机结合，将大班教学和小班研讨相结合。为了让学生能够真正探索科学知识的方法路径而非仅仅停留在教科书的纸面上，苏彦捷将整个师门都"动员"起来。"发展心理学"配备四个讨论班，每班有一位主助教带领同学讨论并进行情况评估，还有一位辅助教全程参与讨论，而在课堂上言无不尽的苏彦捷则在讨论班成了一个默默的"倾听者"。每一个班她都去参加，每一种声音她都不愿错过。对于学生们而言，讨论班的任务并不仅仅停留在回顾课堂、解决困惑，在课堂分组后，他们就会来到一个更加高难度的关卡——设计研究以及科学实践。同学们需要随着课程的逐步深入，确定独立的研究主题，通过心理学实验中需要的规范科研方法展开主题。相比于过去以教师讲授为主的教学模式，这样的"发展心理学"能够真正带着同学们领略科研过程，对同学们的提升更大、更实在，但要求也更加严格，以至于学生们纷纷发出"哀嚎"："苏老师，我们太难了，真的太难了！"从学生、助教那里及时获得的反馈给了苏彦捷一个反思的机会——低年级学生科研基础薄弱，怎么做才能让他们既学以致用、体会科研过程，而又不至于"瞎猫捉耗子"呢？面对已经暴露的问题，苏彦捷的革新向来大刀阔斧，从不犹豫。

第二"变"随之而来，在 2019 年春季学期的新探索中，"发展心理学"课程将小组作业从原来的研究设计任务调整为对"经典研究"的重复和阐释，要求学生在精读一篇经典文献的基础上，重复实验过程，并且拍摄一个科普宣传短片。这一次教学改革的成效同样是显著的。在完成作业的过程中，学生们需要对经典文献进行深入细致的研读，细细品味了解经典实验的设计精妙之处，并且自己去重复实验的各个细节。在这一过程中，大家对"发展心理学"的研究方法能够有比较形象、深刻的认识，而重复实验又能让他们进一步积累科研实践的经验。

要求的"放低"，并不意味着质量的"下降"。苏彦捷仍然大力鼓励同学们在"重复"的基础上提出自己的观点。令人惊喜的是，有许多小组在这个过程中进行了自主思考，对原文献的实验进行了大胆改进，真正做到了品读经典和创新探索的有机结合，而这种创新意识在科学研究中恰恰是至关重要的。内容有创新，而形式更是新上加新。拍摄科普短片在很大程度上激发了学生的学习兴趣和

2019 年春季学期"发展心理学"课程作业——科普海报示例

创造力，大家的制作成果呈现得格外精美、生动，兼具科普性和趣味性，以至于关注公众科普的央视纪录片频道编导都对其印象深刻。

"我总是在那儿想，我的课还能再怎么动、怎么变，才能上得更好"，这一追问始终贯穿在苏彦捷的教学实践中，她一直走在不断创新教学内容和教学方式的路上。

▌ 教学相长，带学生"走一遍人生"

苏彦捷曾说，学生是她最好的灵感。"我一直觉得，我教学的那种回报，一方面是学生对我的认可，他得到了他的东西，我也得到了我的东西，我把我知道的东西告诉他们，跟他们有交流，这是一个教学相长的过程。"

在苏彦捷对"发展心理学"课程的改革中，学生的意见、想法发挥了极其重要的作用。"原来学生老说他们负担重。我就会想，为什么他们会觉得负担重？我老问他们，还问助教，如果助教原来上过这门课，他就会更有体会，能给我好多的建议。这也是一种磨合，我觉得特别好。其实老师上课也是在学习，也是在不断地想如何能够更好地将我们要讲的内容传递给学生。"

苏彦捷每次对课程进行设计和调整后，都会倾听学生的感受和反馈。"我蛮在意他们的想法、他们的反馈。因为这种在意，让我有动力不断地做一些调整。比如说，我有一些想法，我可能想得挺好，但是学生不一定感受得到，对吧？我就听听学生觉得这样是不是可以，我们应该寻找一些方法，让学生能够比较愿意接受我们的设计。"

"'发展心理学'这门课我确实做了很多的尝试"，苏彦捷介绍，一开始的小组作业是做研究——提出问题、找到解决方案、做一些案例出来。后来为了提高同学们的学习兴趣，苏彦捷将小组作业设计为"养育一个孩子"，从"这个孩子"的孕育、出生到逐渐长大，每一个成长阶段都有其特点，都会面临不同的问题。小组中的"养育者们"遇到问题时要去查阅文献，了解这个问题所涉及领域的经典理论和最新研究进展，查阅这些问题应该怎么解决，以及这些问题又会对其他方面有什么影响。

苏彦捷用这种别具一格的形式，让学生们通过这样一个主题将发展心理学的知识点全部串联起来，并且把生活中遇到的问题与学到的知识结合起来，更重要的是，还能对学生将来的生活有帮助。"每一个个体都会有一个发展的过程，让他们自己在梳理的过程中，将一生的每个发展阶段的任务、特点运用进来"，苏彦捷这样介绍自己设计小组作业的初衷。而在完成小组作业的过程中，学生们非常投入，还会把自己的成长经历纳入，这一过程也使苏彦捷对年轻人有了更多的了解，可以"从他们的角度去了解现在的孩子是什么样子"。

面对正当少年的学生们，苏彦捷对于生命的展开常常带着一种肃穆与温柔并存的使命感，让各种生命的样态都在"发展心理学"的课程中得到关注。为了让教学效果更生动、印象更深刻，苏彦捷联系了北大国际医院，带着学生去那里观察真正的新生儿。在过往的参访经历中，同学们发出最多的感叹竟然是："刚出生的婴儿原来只有这么小！"不同于课堂投影屏幕

学生观察新生儿

上比例放大后的照片，眼见为实的效果深深震动了每一个人。

除了带学生审视自己与身边人的人生，苏彦捷还谈道："这个世界上还有一些非典型发展的孩子，存在着比如孤独症、唐氏综合征、多动症、心

智发育迟缓等情况，我就会带大家到海淀培智学校去看看这些孩子的状态是什么样子。"

心理学是一门实用性极强的学科。从婴儿呱呱坠地那一刻起，名为"人生"的秩序就开始安置着每一个个体，然而在万千众生身上展开的方式却又如此纷繁。这些纷繁的人生背后又有哪些共同的必经环节？苏彦捷在"发展心理学"的课堂上，带着同学们思考这些问题，同时也用这种方式带着学生们"走一遍人生"。当学生们毕业多年、步入人生的下一个阶段，面临养儿育女的人生责任，在如何看待和引导子女自我发展的问题上遇到困惑时，再翻出当时的"发展心理学"笔记，课堂讨论的情景仍历历在目，这大概就是教学的价值所在。

学生评价

- 苏老师的课程设计和教学安排非常成熟，堪称完美。学普通心理学的时候就对苏老师的授课印象深刻，她是所有老师里课讲得最好的！理论与实践结合，还有平时的小测，督促学生们复习和看书，超赞！
- 苏老师的课堂很生动，作业讲解也很严谨。从中我学到了学术规范方面的内容，让论文格式更加规范，逻辑更为清晰。
- 苏老师学识渊博，知识讲解系统而有条理，同时补充最新研究成果，保证了课堂讲授的质量，趣味性也比较强。

（郭弄舟、刘璇）

"呆呆老师"的
成长与突围

— 陈 江 —

陈江，北京大学 2019 年教学卓越奖获得者，信息科学技术学院教授。主要研究领域为无线通信中的信号处理、电路系统与应用。主要讲授"电子线路""文科计算机专题""电路分析原理"（北京市精品课程）、"创新工程实践"（国家精品在线课程）等课程。曾获得高等教育国家级教学成果奖、北京大学教学优秀奖、北京大学多媒体和微课比赛一等奖，北京大学"十佳教师"、"北大未名风云人物"等荣誉称号。

如果要说最大的感受和体会的话，我的感觉是教无止境。

对于老师来说，要打磨自己教学的技能、

打磨自己教学的素养，这件事情是没有尽头的。

—— 陈江

▌ 从师兄到老师的"华丽转身"

"呆呆老师"是陈江的昵称。这源自陈江做本科科研时，在实验室内部网络上自己设的账号"idiot"—— 翻译成中文就是"呆呆"。

自 2002 年留校任教，"呆呆"从学生身份转变为教师身份，已经整整 22 年。陈江依旧把"与学生同行"视为"收获的最大快乐"。"每天和年轻人混在一起，而且坚持不去照镜子的话，真的不太会感觉到自己已经变老了。"

不过，回想初登讲台的经历，却并不轻松顺利："脑袋里当真一片空白——不知道自己正在说什么，也不知道下一句该说什么。"2002 年第一次讲课是在"电路分析"课堂上，那份紧张和恐惧令陈江记忆犹新："讲完后发现自己一身大汗，过了半响才缓过神来。"

初出茅庐的陈江认为自己"讲得很渣"，直到期末看到课程评估里的学生留言："老师讲课很热情、很有激情"，这无疑是极大的勉励。他也忽而满血复活，有了足够的勇气。可以说，这几句话激励着他继续走下去，直到柳暗花明。

"不管教学的胆量还是能力，都要慢慢熬，才能锻炼出来，但这需要适合的温床。"陈江对此表示庆幸："北大的同学们对老师很包容—— 只要老师认真，学生也都会投入；哪怕一开始讲得不好，同学们也有足够的自学能力而不落下，这样老师才能积累起信心吧。说起来，燕园真是个培养老师的福地。"

　　一学期后，陈江开始教授实验课；第二年，他和其他老师合开了一门新的课程；第三年，他开始单独讲主干基础课；第四年，他的课程评估开始名列前茅；第七年，他开始开设选修课……到后来，在学院按年度总结的教学任务统计表里，他的名字竟然出现了十次。如今，陈江已经成为北大开课最多的老师之一。

　　就这样在年复一年中，陈江"诚惶诚恐"地锻炼着自己，唯恐让同学们失望；而同学们对他的赞许，也从教学的态度扩展到课程的内容、教学的水平、讲课的风格。"现在肚子里慢慢有货，讲课

陈江在备课

就舒服多了。"陈江笑着说。经年累月讲课的经验、学识、信心累积起来，在课堂上便化为外在的风度——"要怎样才能泰然自若地在教室踱着步，即兴找个话题就能讲得头头是道？无非需要一肚子的货。"陈江甚至感觉有些课讲起来是一种享受了。"毕竟，只有当一个老师确实相信自己能讲好课，才能获得学生们的信赖，而他讲课的语气才能让学生们全神贯注。"

　　陈江认为，自己讲课水平的进步还与每年受邀做二十多场校内外的讲座有关。因为每次准备同一个主题的讲座时，他都会对演示的内容进行反复的推敲。有的内容几年下来已经讲了三四十次，当真是熟能生巧。在信心不断累积的同时，他渐渐有些庖丁解牛的感觉，以至于有闲暇去捕捉听众的现场反应，并用有趣的方式来应对。

　　在陈江心里，他之于学生，就像搭载他们走过人生一小段旅程的巴士；而学生之于他，则是他能够充分利用自己的技能对世界实现价值的最重要的窗口。二十余载教学生涯，陈江不断地打磨课程，而课程也不断地打磨着他。

陈江的讲座

▍"PPT 大神"养成记

陈江在注重教学的本质的同时，也非常注重教学的技能。信科学生谈起陈江课上的教学课件，无不予以"极赞""必须收藏""过于实用"一类的高度赞赏。"PPT 大神"之称，至此不胫而走。而事实上，陈江的 PPT 修炼史谈不上一帆风顺，其间遭逢的挫败与失落，甚至令他至今都心有余悸。

陈江接触 PPT 技术要比同龄人早许多。1994 年，当身边的同学还在考虑 DOS 版的 WPS 和 windows 版的 WORD 如何选择时，在 IBM 的兼职经历已为他打开通向新世界的大门，使他成为校园里最早掌握 PPT 技术的一批人。面对同伴的惊叹以及在师生中的轰动，陈江心中自然并非毫无波澜。他坦言，尽管只是在技术层面占据些许优势，却也委实让他小小骄傲了一把。"好比别人还站在平原上，我已抵达了一座小山丘。"在把这项技术辐射给周围人的同时，陈江也在 PPT 的技巧上投入更多反思和改良。当陈江以为一切都开始渐入佳境时，却冷不丁遭遇了一次打击。

十五六年前的一个深秋早晨，奋战通宵备课的陈江走进阶梯教室，却发现教室里的投影机坏了，他只能硬着头皮用黑板讲了两小时课。下课后，后排的两名学生向他提出这样的请求："陈老师，以后还用黑板上课好不好？"那一刻，陈江的心情跌落谷底。他引以为豪的独门绝技瞬间被消解了意义。

技术应当成为教学的助力而不是羁绊。"在早先的几年，我孜孜追求PPT的花哨、酷炫，但毕竟还是有一天，转而追求返璞归真。任何技术引入教学的时候，要能真正触动教学本身的品质或效率，而不是为了要做教学的改革本身而已。"在经历短暂的迷思之后，陈江尝试换位思考，试图找出从黑板到多媒体的教学转换时可能带给学生的困扰和不适——PPT的翻页就是一个显而易见的问题。

"想必多数学生都经历过，上一页课件的笔记还没记完，老师就已经翻页的场景。教师把控不好PPT页面和页面之间的间断点，学生就要承受情绪上的挫败与无力感。"

面对这一问题，陈江尝试了若干手段之后，终于找到了最优的解决方案——上课前给同学们发PPT打印稿，既节省了记笔记的时间，也极大缓解了PPT翻页时学生们瞻前顾后的为难。在实施过程中，他也不断优化细节，譬如，打印版和上课使用的版本略有区别、把重叠遮挡的图文并排展开、去除不必要的背景色、删除影响清晰度的阴影和发光、适度地留白以便做笔记等。最近几年，随着越来越多的学生习惯使用平板电脑做笔记，陈江在课前还会再发一份"彩色无遮版"的PDF文件到微信课程群。

而在教室里实际运用的时候，陈江发现，最初不起眼的一个"小花招"竟然收到了奇效——每次讲完一张PPT页面，在翻页前先用半句话概括这一页的内容，然后用半句话串起下一页PPT和刚才这一页PPT的关系，与此同时用翻页笔翻页。熟练之后，陈江又把这个"小花招"用到了PPT页面内的行与行之间。学生们的反响是立竿见影的，学期末的课程评价中出现"老师讲课一气呵成""超级流畅"之类的评语。短短两三年，对他的课程评估直接从中游偏上攀升到前段。多年后，当他在为新课"电子游戏通论"中"游戏玩家之心理"章节搜集资料时，他突然有了一种醍醐灌顶的感觉——游戏开发者会精心思考如何在游戏中构建起玩家的心理共鸣，而在课堂上，教师其实也应当借助激励、安慰、记忆巩固机制来强化听者的记忆，加深其理解，并在此过程中使学生产生欣喜的感觉，这其实与设计游戏的原理如出一辙。

2019 年后，陈江一直担任教师教学发展中心的培训专家，每年青年教师的培训讲座都少不了他的身影。他最受欢迎的讲座主题之一是"课件的品质与效率"。品质的重要性自不待言，精致美观也只是其中的目标之一。品质中更高的目标则是既能提供一览无余的全局感，也能在视觉效果上呈现出与课程内容相匹配的详略分布和逻辑层次。效率则意味着在备课时间和上课时间的硬性约束下，更有效率地运用技术手段，让课程内容能"入图、入眼、入脑"。

陈江不是技术决定论者，但是他也毫不怀疑教学技术是决定能否讲好课程的一个关键因素。"通向山腰的路径不胜其数，留给登顶者的选择却并不多。如果教师在学识、思维、内容、口才这几方面里有一两项出类拔萃，就能获得还不错的讲课效果；但要想达到精彩出色的课程效果，教学技术也必须非常精湛。"谈及近年来的线上直播课和最近涌现的基于 AI 的教学技术，陈江坦言它们确实带给教师不小的挑战和竞争压力。同时，他也深知技术革新的快车不会放缓。如何适应潮流并形成自身的核心竞争力，是每一位教师必须思考的问题。

▎道与术之间，追求"教无止境"

信息技术渗入教学领域有过六七次大的影响：电视大学、多媒体光盘、PPT 投影、互联网发展之初的国家精品课、慕课和微课、线上直播课以及现在的 AI 教学技术。"在意职业生涯的老师不可能对此无动于衷，不可能感受不到丝毫危机和忧虑。"教师的危机感和焦灼感在慕课盛行之际曾经达到一个高峰，以至于当时所有的教学研讨和培训都在探讨慕课、SPOC、微课和翻转课堂。而在新冠疫情期间兴起的直播课又一度掀起高潮。

尽管多数教师对线上教学的成效颇有微词，但在陈江看来，线上直播课除了消除空间隔阂之外，还有一个明显的优点：在直播时可以进行高自由度的场景设定，从而引入线下授课无法运用的一些工具，譬如，"聊天室"就是一个绝佳的例证。

在感受到聊天室的妙处之前，陈江一直以为投票、选择题可能是直播授课最好的互动工具。但他很快意识到，此类工具带出的频繁弹窗容易影响教学的节奏，而在直播时等待大部分学生及时回应是一个低效的操作。同时，它们只能是教师主动发起的，而聊天室则没有这些缺陷。"聊天室没有那么严肃，学生在聊天室里敲字、看别人回应，本身就能形成直播课的一种强大黏性。"一方面，屏幕后的学生可以字斟句酌地凝练自己的想法和疑问，不必担心发言会干扰课堂秩序，中断教师授课；另一方面，教师可以对学生的提问进行筛选、斟酌，确定这些问题的优先级。当师生双方都不会忧虑聊天室的发言对教学秩序造成中断时，课堂互动才能真正实现正向反馈，形成良性循环。

在陈江的基本判断中，线上直播不仅是"情急之下"的选择，其实也昭示着未来大学的发展方向之一。他敏锐地感受到，直播授课也是不断撼动校园围墙的力量之一 —— 当所有老师被置于同一个赛道进行比拼时，优质课程的讲授者会脱颖而出。"竞争会在本质上提升教学品质，淘汰水课，让优质课程的讲授者获得更大的讲课舞台，这不就是当下高校改革的目的所在吗？"

在被称为"中国慕课元年"的 2013 年，北京大学开设了第一批慕课，其中有陈江的一门课程；2020 年，新冠疫情突发，上网课成为"停课不停学"的不二选择，他率先采用"同框式授课"、绿幕抠像技术等，被称为"教科书级别"的网课；2022 年，《中国教师报》将"未来教师"这一荣誉颁给陈江，致敬他在教育信息化浪潮中始终敢为人先。

而自 ChatGPT 等 AI 技术的崛起，教师们真正的挑战终于来临。只不过，这次是和大多数行业一起面临这一轮新技术的冲击。在短短一年的时间里，陈江已经尝试探索在课前、课堂上、课后运用 AI 技术的各种效能，并在几十场讲座中和众多教师们分享。

无论技术如何迭代，最重要的仍是"教无止境"的一颗初心。而做个顶级的好老师，又谈何容易？呆呆老师笑着说："至少，无论如何要保住一个底线，再努力去追求两个层次。"所谓的底线，就是永远以乐于倾听和乐于交流的开放姿态对待学生，与学生之间不存在隔阂与代沟，让学生能够毫无顾忌地和自己交谈。这也是呆呆老师这些年来贯彻的原则。至于教书的两层追求，一是术，二是道。术的层面，是学识，是经验，是技巧。作为教师，要明理而善讲，要知心而服人；要能够面对百十个同学的时候，高效地传授学识；面对单个的学生的时候，也能助其对未来有更好的把控。至于道的层面，则是胸怀，是理想，是境界。作为教师，要能够高瞻远瞩地努力去构建育人的体系，要把传道授业解惑升华到树人和为国立本的层次。

学生评价

- 老师上课幽默风趣，为我们讲述了许多关于微电子的课外知识，是一位好老师。

- 陈老师非常好，水平很高，而且能把很难的知识用学生能听懂的方式讲出来，课件做的很好，也会认真负责地回答同学们的问题，并经常与学生讨论。

- 老师讲课风趣，和同学们互动多。他的教学内容对做 pre 很有帮助，涉及 PPT 准备、现场报告注意事项等方方面面。认真听并实践真的能学到很多知识。

（隋雪纯、刘璇）

启智润心，育人及己

— 李 康 —

李康，北京大学 2019 年教学卓越奖获得者，社会学系教授。研究领域为西方社会学理论、历史社会学、文化社会学。主要讲授"国外社会学学说（上、下）""历史社会学""社会学理论""身体与社会"等课程，出版《置身时代的社会理论》《社会学的想象力》《教育思想的演进》《历史学与社会理论》等 30 余部译著。多次获得北京大学教学优秀奖、北京大学人文社会科学研究优秀成果奖。

教书育人，不仅是在培育学生，

同时也是在自我养育、自我培育。

未名湖里的每一滴水都应该有被照耀到的权利，

正如北大校园里的每一位普通老师和学生。

作为教师，倾听并关怀每一位学生，

同时自己被人倾听和照耀，很幸福，也很幸运。

——李康

▎ 广开脑洞，灵活考核

上过"国外社会学学说"的同学们或多或少都体验过作业被全篇纠正错字与标点符号的经历，也大都会铭记被期末试卷上一连串社会学家名字所支配的恐惧。在这门课上，除了李康"强迫症"与不按套路出牌的标签之外，他那"于虚无处坚守，向平凡中证成"的名言，以及对帕森斯、涂尔干等学术经典人物的调侃同样深深烙印在同学们的脑海中。独树一帜的教学特色、集幽默与严谨于一身的个人风格，使李康成了北大备受学生喜爱、极具人格魅力的名师之一。

分两个学期的"国外社会学学说（上、下）"是李康面向本科生开设的基础课，是社会学系的必修课和多个院系的学科基础课，并被列入全校通识核心课。他从杨善华、李猛等教授手中接过此课已有十八年，始终致力于将西方重要的社会学理论以生动、有趣的方式呈现给学生。面对数百人规模的课堂，如何在确保知识传授效果的同时，提高课堂的灵活性和生动性，是李康一直思考的问题。为此，他选择从传统的闭卷考题形式做出改变，摒弃了传统的"名词解释"等客观考察方式，开始设计"开脑洞、灵活、有趣"的考题。他设计了诸如"请从以下几十位社会理论家中选择几位分别组成两队，并结合选题为他们撰写正反两方辩词"以及"假设你需要编一部《社会学理论十五讲》，你会如何设计篇章结构"等富有创意的题目。这些题目初看之下貌似"创意写作"，可能让学生感到困惑，但在实际作答的过程中，学生们却能从中找到乐趣并深入思考，将所学知识与现实生活相结合，进而实现对社会学理论知识的深入理解和灵活运用。如此"灵活"的考查方式不仅有助于激发学生的学习兴趣，来自学生的多样化答案也能为老师带来"比较好玩"的阅卷体验。

这一变革背后蕴含着李康对于社会学领域人才培养的深刻思考。社会学相关理论都有其独特的视角和解释框架，需要让学生理解那些经典人物是如何结合自己的现实处境进行抽象的学术思考，也需要引导学生理解这些经典理论又如何帮助我们应对现实生活中的问题。这里的"现实"不仅包括宏观的制度性现实，也涵盖了学生日常生活中的点滴细节。"要让同学体会处在当代情境中的经典人物是如何思考的，也要把经典人物带回到当下的情境里思考。比如，用戈夫曼的视角来看新媒体，用托克维尔的视角分析网络民主。如此的'来回穿越'就可以把我们阅读的文本、看到的理论和进行的思考与社会变迁的背景结合起来，"李康如是说，"这种'历史感'是社会学、人类学领域所需要具备的能力。"

▌ 个性反馈，正向激励

除了灵活的期末考试题目以外，李康还有另一个被同学津津乐道的特点，那就是亲自批改每一位同学的读书报告并撰写个性化评语。这一做法并非一开始就存在，而是源于一次偶然的契机。

2013 年，有一位同学向李康表达了她的困惑："我对您这门课程非常用心，但我写字慢，期末笔试时难以充分发挥，能不能考虑将考核方式改为平时的读书报告呢？"由于理论课程特别强调对经典原著的阅读，李康接受了这一建议。在批改作业时，他不仅关注内容的深度与准确性，还细心地纠正了每一个标点符号。

然而，批改作业后引起的学生反响之强烈却超出了李康的预期。谈及初次为学生读书报告写评语的感受，李康深有感触地表示："有两点给我留下了深刻印象。第一，有些同学会在报告中巧妙地设置陷阱。比如，在报告的某一页中间，突然提出一个问题，以检验老师是否认真阅读。如果老师没有仔细阅读，很容易错过这一点。第二，当我完成批改并写下评语后，有些学生会专门发邮件表示感谢。这让我深切地体会到，有很多学生非常渴望得到来自教师的个性化点评与反馈。"自此以后，李康便将对每份作业进行批改并反馈作为一项传统延续至今。

李康深信："未名湖里的每一滴水都应该有被照耀到的权利，正如北大校园里的每一位普通老师和学生。"他坚持"个性化"的评价方式，从不设立单一的评价标准。他会努力去理解学生的思考逻辑，"有些理论和风格，其实我自己不是很喜欢，但是如果学生充分展示了自己的立意和分析过程，照样有可能得到满分"。他也会鼓励学生去尝试不同的写作风格，通过挑战不同类型的文本，以提升自己的综合能力。他明白，学生们在完

李康与本科生交流读书方法

成考试或论文后，仅仅得到一个分数可能会让他们感到失落。因此，他坚持为每一份作业写下详细的评语，以此给予学生反馈和鼓励，让每一滴水都能感受到阳光的照耀。

李康还特别重视激励优秀学生。他会在每次读书报告批改中，综合考虑专业分布，给予大约10%的学生最优分数，并当堂提名表扬，向最出色的四名同学赠送书籍。这种激励方式虽然看似简单，却能极大地激发学生的学习热情。

李康对学生的答卷和作业都极为珍视，用心程度甚至超过学生自己。他曾在考试后挑选出综合水平最高的答卷复印下来，在学生毕业时送给他们作为纪念。这些答卷不仅是学生学术成果的体现，更是他们大学生活中宝贵的回忆，每一份都闪烁着独特的光芒。"自己看到那个阶段的表现，会觉得这种学习、读书所带来的满足感不是一个单纯的GPA能够换来的。"

对于学生的优秀表现，李康从不吝啬赞赏之词。他常常表示，那些获得最优分数的读书报告展现了学生卓越的学术阅读能力和文辞布局功底，连他自己都感到佩服。同时，他也非常重视与学生的每一次交流，无论是课堂上的讲解还是课下的对话，他都会用心倾听、理解并吸纳进自己的教学中，让"每一滴水"的声音都能被听见和被珍视。

▌ 心心相通，教学相长

一个幽默风趣的老师对学生的吸引力无疑是巨大的。除了上课听讲外，许多同学还会主动在课下找李康交流。无论是关于教学内容的疑惑，还是对未来学习方向的迷茫，甚至是就业规划的指导，李康都乐于与学生们进行深入的探讨。

在互联网时代，当代年轻人的话语体系发生了巨大的变化。作为一位70后（差一点就是60后）的教师，李康却能轻松与学生进行无障碍的沟通。在他看来，这并不需要刻意去了解现在学生的生活，只需保持细心敏感和开放包容的心态即可。他能够敏锐地捕捉到学生在对话时微小的反应，包容并理解双方的用语差距和思维习惯差距。他也始终保持开放的心态，愿意与学生们一起面对新时代的挑战，共同探索解决问题的方法。

在李康看来，与学生交流就像进行一场深入的田野调查。他遇到的学生类型各异，听到的意见也各不相同，但他始终坚信，作为教师应首先扮演好倾听者的角色，关注学生的思考出发点。"教师也需要有'历史感'，要去理解现在年轻人所面临的困境和焦虑与我们当年是完全不一样的。"

在指导学生进行研究活动的过程中，李康对学生兴趣和意愿的尊重体现得尤为明显。他并不认为短期的读书或研究就能决定学生的学术道路，而认为"读书更多地改变的是人的气质和思想格局"。当遇到对特定问题充满兴趣的学生时，他会尽可能帮助他们将想法转化为学术实践，因为这样的实践对学生来说不仅是找到个人兴趣和学科学术间转化渠道的重要途径，同时也是培养自信心、敏感度、反思力的关键体验。

李康成功指导了众多学生进行学术体验。他能帮助学生将模糊的念头和朦胧的想法逐渐具体化，也会引导学生将生活化的问题与困惑转变为学术研究问题。同时，他也会帮助过于自信以致选题过大的学生缩小研究范围，使得研究更具操作性。由于展现出"不严肃"的独特气质，学生们找他做指导老师的题目也是五花八门，既有诸如北大女足、深圳大芬村、中核404厂、后海音乐小现场之类看似天南海北、实则凸显文化生产或历史记忆等理论脉络的边缘话题，也有类似"丰胸手术维权""虚拟亲密关系""无性别卫生间""女性单口喜剧"等凸显社会现象的新鲜主题。对这些看似新奇的研究方向，李康总能引领学生将其与学术脉络和理论关怀相结合。他不仅指导过多篇本科生科研论文斩获"挑战杯"特等奖和一等奖，还曾两次获得北京市高校优秀本科生毕业论文优秀指导教师的荣誉称号。

李康还连续多年参加了学校的招生活动，并一直保持着高度的热情。李康认为，无论是面试考官，还是一线招生，经历都是非常珍贵的。因为这不仅仅是为学校吸引人才，更是了解学生的一个重要窗口。"我觉得一定要去了解学生的背景和起点，包括家庭背景、地域背景，也包括学生的中学教育是什么样子的。"他担心长期在象牙塔中任教可能会忽略当今中学教育的情况，从而影响对学生已有知识结构和未来道路选择的准确判断。在李康眼里，大学教育应该刷新学生对世界的固有看法，但"有破，就必须得有立"，了解学生的"前世"，才能与学生讨论"今生"。又或者说，不能简单地以教师本人当年求学的"过往"，来比照学生置身的"当下"。

李康在贵阳一中宣讲北大办学理念

李康认为，把学生当作一个完整的人来看待是教学的前提。他强调，教学特别是本科教学，应重视对"人"的培养，而不仅仅是追求量化的外在指标。他主张"全过程培养"，这就需要将学生的培养视作一个整体——在教学过程中要了解学生所处的环境，包括学习、娱乐等各个方面，并注重培养整体的人。

李康始终保持着对教育教学的谦逊态度。他坚信，教育不仅是育人，更是育己。他强调，教书育人不仅是在培育学生，同时也是在自我养育、自我培育。在与学生的共同学习和交流中，李康深切地体会到，自己也是被人倾听和照耀的对象。此外，他还提到，每一年面对的不同学生，总能给他带来新鲜的激励，促使他发现新的研究主题，并产生新的阅读动力，从而推动自己不断进步和发展。这种持续的学习状态使李康始终保持年轻的心态，并坚信教书育人是一个永不停歇的旅程。

学生评价

- 李康老师的课程内容一如既往的高质量，注重专业学养的同时也富有人文关怀。他在专业知识讲授的过程中同时进行价值观的培育，对我的引导是全方位的，对我的人生观也有很大启发。
- 李老师专业学养深厚，对国外社会学学说介绍得系统、深入，有大家风范！
- 每次上李老师的课都感觉心潮澎湃，这是我们每周都很期待的时刻。
- 李康老师一直在为选课学生考虑，不管是内容设计，还是任务设置都无比贴合课程要求，真的很感激李康老师！

（何楷篁、廖荷映）

永远坚持探索真理的勇气

— 刘 怡 —

刘怡，北京大学 2019 年教学卓越奖获得者，经济学院教授。主要研究领域是公共财政与税收。主要讲授"财政学""国际税收""税收理论与政策"等课程。先后主持国家自然科学基金、国家社科基金、教育部人文社科基金、国家发展改革委、财政部、国家税务总局、北京市和广东省等 30 余项课题。曾获教育部高等学校科学研究优秀成果二等奖、北京市哲学社会科学优秀成果一等奖、北京大学教学成果一等奖、北京大学人文社会科学研究优秀成果一等奖、陈岱孙教学奖、邓子基财经学术论文一等奖等，入选教育部"新世纪优秀人才支持计划"、北京市高等学校教学名师。

我希望学生不固守书本上的知识。

知识不断演进，日新月异，

我们探索真理的热情和勇气应永远坚持。

—— 刘怡

▌ 用知识书写立德树人的师者

略带花白的短发干净利落地直直垂落，略显匆忙的脚步，仿佛要把时间远远甩在身后。"毕业时，我是班里唯一选择做教师的人，我从来没有后悔当年的这个选择。"刘怡带着谦和的笑容，娓娓道来。

自 1993 年在北大经济学院任教以来，刘怡一直努力践行认识真理与实现价值的统一，积极探索适合中国财政学发展的教学模式，不断优化教学方案，将创新能力培养渗透到教学之中，由此引导学生探索并突破理论框架的边界。她长期担任"财政学""国际税收"课程的主讲教师，通过多年的积累和探求，形成了独特的课堂生态。"我非常愿意将书本上的内容，学术前沿的争鸣，包括个人的研究，在课堂上分享给学生，引导他们积极面对新问题的探索，从新的角度看待并解决问题。"在刘怡的教学实践中，她始终坚持理论与实际相结合的原则，在系统讲授财政理论的同时，密切联系实际，分析和探讨前沿的财政现象。她还精心设计讨论和研究题目，激发同学们的问题意识、学习热情。

授人以渔，为的是让学生更有自主判断力，更有成长潜能，更有责任担当。为了让学生在掌握经济学原理的同时还能深入了解中国的经济实景，她在课堂上引入大量的案例和专题讨论，如税收案例分析、专题辩论、专家访谈、课堂模拟国债发行等教研活动，拓宽学生知识面，调动学生课堂参与的积极性，增强学生解决实际问题的能力。例如，在模拟国债发行活动中，学生们被分成不同的角色，包括政府、银行、投资者等，通过模拟真实的国债发行过程，学生不仅学到了理论知识，还体验了实际操作的复杂性和挑战性。"公民税收意识调查"旨在引领学生感受与日常生活息息相关的税收问题，重塑税收意识。"法律上销售货物的人是纳税人，消费者没有意识到自己承担税收，不认为自己交税了，但其实每一笔支出都含税。"她组织学生去麦德龙，实地考察产品的含税价和不含税价，引导学生进一步了解产生财政幻觉的基础，树立监督意识。"缺乏税收意识，就不可能产生对支出的监督意识。"同时，刘怡邀请长期参与立法的专业人士进行专题讲座，讲座内容包括各省针对地方财政的冲突触发点、中央与地方关系、分税制产生的背景等，把握国家治理现代化的丰富内涵，每每让学生大开眼界。

2018 年 12 月 17 日，刘怡于经济学院北美论坛演讲

"我们要培养学生挑战理论框架的能力，这样他们才可能会成为创新型人才，学术才能繁荣，社会才能进步。"课堂专题论坛结合所学专业知识，紧扣当下热门财政话题，分别代表不同立场发声，围绕现有财税体制是否合理的讨论，引导学生挑战惯例，培养国际视野、本土意识，使学生学会在复杂处境下倾听并权衡异见。论辩中的思维碰撞是每一位选课学生心中最璀璨的火光。这些课堂经历教给学生们的，是在更长远的未来保持质疑能力并寻找新的可能。

谈到与学生之间的关系，刘怡曾说："我一直认为教学相长是必要的。学生会提出很多观点，尽管有时候可能有些幼稚，但仍然具有非常好的启发性。例如，他们了解数字经济中的新业态，并且每天都在进行尝试。学生对新事物的探索和建议非常有价值，很有参考意义。每次给他们讲课也促使自己进步。"在教学活动中，刘怡是严师，也是益友，在发挥主导作用的同时，平等对话、交流，呵护学生的想法，从不轻易否定学生。刘怡介绍，她所在的经济学院有着优良的教书育人氛围。她认为，现代教育不应是知识的单向度灌输，而应以学生为中心，调动学生的主动性，提高学生的参与度，在互动中促进教学创新，实现教育目标。教师的职责不仅在于教书，更在于育人，要培养学生的家国情怀和社会责任感，潜移默化地引导学生胸怀天下，关心经济社会发展、民生改善。

在刘怡看来，良好的师生关系应该是平等的，尊重学生是她固守的教学原则。这种尊重，不仅是对学生基本人格的尊重，背后更是一种深深的理解，是真正尊重每个学生的特长和兴趣，尊重他们选择的自由。刘怡总是说："你能做到的事，才让学生去做。你自己都做不到的事，就不要去要求学生。""每个学生都有他的特长和追求，我们鼓励学生发现自己的特长，做自己想做的事，而不是按我们希望的方向、或者别人认为好的方向去发展。"

令不少学生感动的是即使他们已经毕业多年，刘怡依然清晰地记得学生的名字，说起他们当年在校的趣事时就如还在眼前般清晰。在北大经院的讲坛耕耘三十余年，她依然能准确追溯从第一届毕业生以来的几乎每一位财政系学子的经历和现状。她还保留着学生们的联系方式，就如一根根看不见的丝线，将分布在五湖四海的财政系学子紧密地联系在一起。

"热爱是最好的老师。我希望学生能够用热爱寻找到自己认识世界的方式，进而以奋斗创造幸福。"刘怡如是说。"热爱自己事业的人一定是快乐的，会有专注力，有自己观察世界的视角；独立性也非常关键，以独立的视角看待这个世界，有独立的观点和判断，不轻信、不迷信。我希望学生在这个过程中实现自己的价值。"

熟悉刘怡的学生都知道，她有一个习惯，就是在做每个课题前，都要先深入相关领域的一线开展调查研究，听取来自一线的各种意见，获得大量的一手资料，追本溯源、实事求是，而不是单纯依靠理论和公式说服听众。科研，在刘怡看来，应该是落地的，应该在实践中得到检验和认可。

▎ 用行动诠释家国情怀的志者

"我一直跟学生讲，你所有帮别人的过程都是在帮自己。在这个过程中，你的能力是实实在在地提升的。比如，讲课，在教与学的过程中，还有境界的升华，你还收获了理解和感动。"

教书育人的同时，刘怡一直积极投身社会服务，用实际行动践行经世济民的家国情怀。她的学术研究成果已经在一些领域服务于中国税收制度的改革。"我们还希望推动互联网平台企业的税收，由原来生产地得到税收，调整为消费地得到税收，这是我的学术梦想。"这份潜心耕耘数十载的学术梦想，出发点是为国家的经济和社会增加更大的价值。刘怡密切关注着中国当前经济现状和未来财税改革的方向，致力于在中国倡导并推行按消费地原则重新构建增值税分享机制。在她看来，中国当前的税种以增值税为主，而中国的增值税征收和归属以企业注册地为标准，必然导致地方在招商引资上的激烈竞争，引发区域间税收分配的不均衡和不公平现象。

"地方政府的激励机制完全变化，原来采取各种优惠政策争抢企业驻扎，但现在最重要的是谁来买东西。这样一来，财政支出的绩效会大幅度提高。根据消费者需求的生产才是有价值的，而且现在很多产品小规模定制，随着人们收入水平提高出现消费升级等变化，财政制度的改革能带来很大的价值。"

她深刻地认识到，当代中国的经济学基本原理和学术框架大多来自西方成型的理论体系，但中国有着独特的社会形态和悠久的历史背景。她强调学术本土化的重要性，用鲜活的案例和可信的数据引导学生，通过言传身教，培养学生的责任意识，帮助他们正确认识世界和中国的发展大势，深刻理解中国发展的独特性及其时代意义。

刘怡致力于编写一本不但能阐述基本财政学原理，更能结合中国制度背景、分析中国财政实践的教材，希望学生能在课程中不单看到抽象难解的经济学原理，更能看到广袤的中国经济实际。她编著的《财政学》成为北京大学首次评出的 100 部优秀教材之一。刘怡讲授的"财政学"课程也被评为国家级网络精品课程。

每年暑假，刘怡和同事们会招募学生志愿者们去偏远山区进行中小学支教和扶贫调研。"每次外出，离开学校的熟悉环境，就能学到很多东西。志愿者们驾驭课堂、传递知识都是需要自己思考和设计的，需要内心的热情。"除了能力的培养，志愿者们会领悟到"生活中不只是钱重要，还有很多值得感动的东西"，从而从价值、伦理、社会进步的角度思考经济学中的财政问题。刘怡期望学生意识到"满足是多元的，生命中很多事物会带来快乐，社会责任感和担当可能会带来更多的快乐"，进而更多地思考如何回馈社会，在回馈中体现自己的价值，寻找自己的热爱。她希望学生不要孤坐象牙塔、两耳不闻窗外事，而是亲身参与公益活动。因为这不仅能锻炼学生的知识和技能，而且能在帮助别人、回报社会的过程中，收获认识和成长。

刘怡长期参与北京市人大预算监督工作，参与财政部、国家税务总局、北京市、广东省等中央和地方政府的财政税收改革政策咨询，为个人所得税、增值税改革、政府支出绩效以及地区间收入分享制度的改革和政策制定做出了贡献。这些工作为政府决策提供了科学依据，推动中国税收制度的现代化和公平化再上新台阶。

▌ 用知行合一践行创新理念

"我们所处的时代为学生成长提供了丰厚的教育资源，如果我们培养不出创新的人才，那将是很遗憾的。"刘怡在教学和研究工作中始终践行着创新理念。

她主持了多项国家级研究课题，通过对现实经济问题的深入分析，提出了一些创新性的解决方案。在北京大学本科教学改革实践育人项目"财税大数据"中，刘怡通过实地调研和数据分析，研究数字经济对税收制度的影响。这一项目不仅促进了学术研究的深入，也为国家税收制度的改革提供了重要的理论支持。刘怡带领团队在科研方面取得了突出的成就，多次在核心期刊发表学术论文。她发起并推动北京大学联合中国人民大学、厦门大学、上海财经大学、武汉大学，创建了"中国财政学论坛"。

她认为，作为北大学生，要敢于接受挑战，有恒心、有毅力，顶天立地，才可能成就卓越。"学生如果什么都想要四平八稳，过分在意绩点，连选课时间都费心耗时地策划，很难有大的成就。勇敢才能创新，创新才有精彩。"所以，她鼓励学生积极参与科研项目，通过实际研究培养学术兴趣、锻炼研究能力。

2016 年 4 月 8 日，刘怡带领学生在天津蓟县调研

1999—2000 学年和 2012—2013 学年，刘怡先后在牛津大学和哈佛大学两所名校访学，中外教育教学理念及随之导致的学生性格、能力、追求等各方面的差异引发了她深深的思考。她希望以创建世界一流大学为目标

的北京大学所培养的学生能以更昂扬的主体意识走向世界，拥抱未来。

刘怡注重引导学生走出书本，胸怀天下，深入基层，在服务国家战略的社会实践中受教育、长才干、做贡献。她一直坚持组织学生在暑期开展"财政与当代中国"系列社会实践活动，使财政学的课堂延伸至甘肃宕昌、定西，贵州湄潭，重庆，山西太原，浙江义乌、萧山、开化等地，学生通过深入的调查研究，深刻理解了中国和西方拥有不同的税制和基础，不能机械地移植外国制度，也理解了制度差异形成的原因，加深了对经世济民情怀的理解。她的这种教学与科研相结合的模式，不仅提高了学生的学术水平，也推动了学科的发展和创新。

为毕业季准备的明信片，有刘怡拍摄的燕园四时风物。对生活的热爱常常在点点滴滴之间，润物无声。时光可以见证，唯有知行合一才可以长久承载更重的使命，这样的过程并不容易。潜心耕耘，敏锐批判，热忱回馈，正是刘怡带给我们的解答。

学生评价

• 刘怡老师非常重视同学的学习情况，尊重同学的想法，激发同学思考，引导同学把课内所学与实际应用良好结合，上老师的课非常有收获。

• 刘老师上课非常注重激发我们的思考，而且让我了解了很多与财政、税收有关的时事，课堂非常有意义。

• 上刘老师的课真的非常有收获，老师上课不仅会讲书本上的基础知识，还会讲很多现实生活中的案例，这对自己的思维方式有很大的帮助！

• 刘老师非常和蔼，对我们很关心，所以我们也很喜欢老师。而且老师讲课非常认真、热情，责任心也很强，所以实在是不能不喜欢这位老师。

（赵凌、何楷箐）

为国家培养"顶天立地"
的临床科学家

—— 赵明辉 ——

赵明辉，北京大学 2019 年教学卓越奖获得者，北京大学第一临床医学院教授、获国务院政府特殊津贴。研究领域为疑难危重的自身免疫性肾脏病，包括 ANCA 相关小血管炎、抗 GBM 病、狼疮肾炎和血栓性微血管病。主要讲授"泌尿系统学科总论""抗肾小球基底膜（GBM）病与转化医学研究""临床医学与科学研究""临床学科建设与人才培养的体会"等课程，出版研究生教材《肾内科学（第三版）》，参与本科生全国统编教材、卫健委住院医师规范化培训教材编写工作。曾获得国家科技进步二等奖、中国青年科技奖、吴杨奖和法国国家医学科学院赛维雅奖。

北京大学的医学院应该做"顶天"和"立地"的事情，

在国际上做到先进。

我们带的学生，应该是这个过程中的一分子，

经过精心培养，成为下一代更先进、水平更高的临床科学家。

——赵明辉

▌ 延续年轻梦想的师者

"我认为一个好的老师，要有爱心，关心学生的成长；要有足够深厚的内涵，引领我们的学生；更要能容纳同学，让他们快乐地成长。"赵明辉如是说。

作为临床科学家，经过数十年的努力，赵明辉交出了一份非常耀眼的成绩单，而他的身份，远不止于此。执教 37 年，作为师者，赵明辉同样拿出了一串令人惊叹的成绩：培养了多名长江学者特聘教授、国家杰青和教育部新世纪人才，指导的研究生连续获得北京大学优秀博士论文奖。在赵明辉看来，作为一名医生，同时又是一名教师，除了练就精湛的医疗技术之外，还需要有人文方面的基础知识背景。亦如经过多年的磨炼，面对患者能够在短时间内了解病情及需求，对待学生，他更是从学习、科研、生活状态、经济情况等方面多方位了解学生，尽可能给学生提供帮助。他会规定固定的组会时间，主动和每个小组、每个学生定点交流；他掌握同学们的工作进度，但并不强制工位打卡。"作为老师，我们的成功不只在于讲课讲得多好，最重要的是学生喜欢和认可。"

在赵明辉的眼中，每个学生都是一个独立的个体，因生活环境、学习经历、能力不同而存在着较大的差异性。怀着对学生充分的尊重与信任，赵明辉的"教授"更多着眼于因材施教。"同学们来自不同的省份，来自

不同的本科学校，有着不同的身体情况，对学业也有不同理解，我们要在多数的情况下缓解同学面临的困难，让他更顺利地前进。每个学生的课题是不可能一样的，这都需要导师做出相应的调整。"赵明辉深信年轻的学生都是怀揣着梦想来到北大学

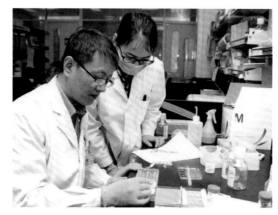

赵明辉与学生在实验室中

习，而导师最重要的工作就是将学生的梦想延续下去。"我们要相信我们的学生。每个人都想完成自己的学业，多数人考了研究生，不是来混的。只要你把他的热情激发出来，他是想做一个科学家，想做一些新的发现的。热爱是最好的老师，不需要你催促，他就会努力地前行。总之一点，就是要想办法让我们的同学能热爱他所从事的事业。"

▎伫立天与地间的桥梁

自 1981 年考入北京医科大学，到 1987 年毕业留校担任北大医院内科学的住院医师，赵明辉自此开启了他志在培养更先进、水平更高的临床科学家的教学生涯。

赵明辉的博士生导师是我国著名的内科及肾脏内科疾病专家王海燕教授。据赵明辉回忆，早在 20 世纪 80 年代，王海燕教授带领的肾科就坚持以"学术第一"的态度培养学生，一切为学术创造条件。在赵明辉完成北医的住院医师培养和临床博士研究生培训后，经王海燕教授推荐，他前往剑桥大学进一步学习临床免疫学。回国后，赵明辉继续在北大医院肾脏内科开展医疗、教学和科研工作，并将工作重点放在危重肾脏病、自身免疫

2006年，赵明辉（中）与导师王海燕教授（右）、同门张宏参加国际会议

性疾病引起的肾脏的损害方向。

成为一名教师，对于赵明辉而言，是一件自然而然的事情。从最初的基础医学过渡到临床医学，再到诊断学、症状学，进入内科、外科等，求学之路中不同阶段老师们各具特色的讲授，让赵明辉深刻地体会到了北大医院浓郁的教学氛围。追随恩师的脚步，赓续北大医学人一代又一代的传承——"把知识传授给下一代，这是最重要的事情"。回想起自己的心路历程，赵明辉认为自己始终肩负着成为一名优秀引路人的责任。

在多年的教学实践中，赵明辉始终坚持将科学研究和教学相融合。他认为，从临床科学研究的层面出发，将在工作中发现的问题凝炼总结成科学问题，然后进入实验室开展相关研究，是教学中需要重点讲解的方面。"在这样一个闭环中引导学生善于发现问题，有能力解决问题，让自己成为一个亲历者是极其重要的。"

在课堂讲授中，赵明辉会很用心地向同学们介绍目前中国面临的主要问题、所研究的疾病在全球的发展趋势、中国的相关研究在国际上所处的位置以及与他国的差距、中国患者的优势在哪里以及如何利用这种优势等一系列细致的前沿问题。他尽力去点燃同学们的思想火花，并鼓励他们尝试将其用于实践。而进入具体疾病的讨论，则常常会出现整个基础医学院，或者多个学科的多位老师通力合作为学生勾勒出一份相对完整的疾病运行乃至可能的治疗图谱的情况。流行病学、统计学、免疫学、生化……赵明辉致力于从进入研究的开端，就为学生夯实基础。

"北京大学的附属医院，承载着国家赋予的责任，有其必须解决的任务。重视科学研究的同时，医学院要重点甄选、培养临床科学家。"赵明辉认为，北京大学的医学院应该做"顶天"和"立地"的事情。顶天是要研究我们在疾病上面临的困难，通过科学研究来解决问题，在国际上发表领先的创新成果，这也是北京大学附属医院的临床科学家要完成的任务。立地，是要将解决的问题转化为实践，指导疾病的预防、诊断及治疗。"我们带的学生，应该是这个过程中的一分子，经过精心培养，成为下一代更先进、水平更高的临床科学家。每个人都拥有各自不同的发展方向，怀抱一起，共同拓展北大医学的前沿边界。"在这"顶天"与"立地"间，需要一代又一代赵明辉这样的坚实桥梁，倾医学人的传承之力，托举起临床科学家们的未来。

▎追求创新的开拓者

从踏上科研之路伊始，赵明辉就把创新当作坚守的准则。他认为，创新是一个科室、一个研究者不断发展的灵魂和根基。所谓的"创新"，是探索别人未曾涉足的问题，并努力寻求解决方案。他特别强调，在临床医院开展创新性研究，不仅需要研究者从临床工作中敏锐地发现问题，还要善于思考如何高效地利用手中的临床资源。能否在日常的临床工作中发现科学问题的基础，在于研究者是否具备扎实的临床工作经验和科研素养，以及广博的知识背景。只有拥有开阔的视野，加上寻根究底、不放过任何细节的精神，研究者才能不断地提出科学问题。

早在 20 世纪 80 年代，肾脏内科就已经开始建设肾脏疾病的资源库，其中包括患者的组织、体液和核酸标本。新世纪以来，肾脏内科又注意添加了临床（包括长期随访）资料，由此为生物标本赋予了新的生命力，成为"有效的临床资源"。赵明辉领导的团队充分利用这份"有效的临床资源"，借助标本数据，不断探求治疗方案的可行性，持续修正判断。在赵明辉看来，这些标本中隐藏着疾病的病因与发病机制，也隐藏着新的治疗靶点，只是还在等待着研究者的继续挖掘。

赵明辉与学生们是资源库的使用者，也是资源库的建设者。他们将新的疾病、不同的资源不断补充进去，使标准库持续更新换代，为后来者的研究提供更多的可能性。

多年走在创新这条路上，赵明辉始终支持学生们去试错，并且和他们一起纠错，最终走向正确的方向。在这个过程中，赵明辉也总结了人才培养的核心要素。他认为，人才培养就像种花种草，"人才培养有土壤、有种子，还有环境的因素。我们的种子都是好的，他有美好的愿望，他有科研的憧憬。环境因素就是作为学校与老师能给学生的一些照顾，比如施肥、浇水。而土壤中有空间更有利于它成长，这就是我们要塑造的学术氛围、要搭建的学术平台，要让他热爱他要做的工作，老师要以身作则"。同时肩负医生和教师的双重责任，赵明辉坦言自己的教学科研工作都是在晚上琢磨，也很难有真正意义上的假期。但正是因为热爱这份工作，才觉得"晚上给同学改文章是一种休息"。

正如赵明辉所想，他用实际行动让自己成了以身作则的典范。他依靠扎实的临床基础、广博的知识背景，以及不懈的创新探索，带领课题组先后发现了天然抗 GBM 抗体，阐明了自身抗体免疫学特性的转换在疾病发生和发展中的作用；发现补体替代途径活化；参与了人 ANCA 相关小血管炎的发病机制研究；报告了狼疮肾炎与特殊病理类型相关的新型自身抗体。他敢为人先，也希望学生能够"为人先"，通过不断创新立足学术发展与科学研究前沿。

北大医学的探索，永无止境。北大医学人的传承，继往开来。

学生评价

- 赵老师讲课内容丰富，深入浅出。他从不同的视角诠释我们在学习中的疑问，让人豁然开朗。非常希望以后能与赵老师有更多交流。
- 赵老师善于在临床工作中发现和凝炼出科学问题，带领我们开展临床和实验室研究并指导临床的诊断和治疗。感觉赵老师的研究很有实用性。
- 赵老师讲课时不仅能带来新知识，语言幽默，还有深切的人文关怀。觉得很温暖，感谢老师。

（马骁、王梓寒）

育人无声，润物有情

— 陶　澍 —

　　陶澍，北京大学2020年教学成就奖获得者，城市与环境学院博雅讲席教授、中国科学院院士。研究领域为环境科学和环境地理学。主要讲授"应用数理统计方法""环境科学研究方法"等课程，著有《应用数理统计方法》《水环境化学》《环境地球化学》等多部著作，牵头申报"国家级教学示范中心"（环境与生态实验教学中心）、"拔尖人才培养计划"（环境科学类），并作为负责人组织实施。曾获得北京市高等教育教学成果奖、北京市优秀教学团队奖和"全国模范教授"称号。

教育的范围从来不是局限于教室中的课时，

它不是某时某刻的事情，

而是每时每刻的事情。

——陶澍

▎兴趣为航，自由追梦

作为学者，他从事环境科学研究数十年，取得一系列杰出的科研成果，是中国科学院院士；作为教师，他指导参与本科生科研和拔尖计划的学生，在学术刊物上以第一作者或通讯作者发表论文三百余篇，截至 2024 年，Web of Science 的 H 指数超过三万。他是北京大学城市与环境学院的陶澍教授。

陶澍的课堂以其极快的语速和严谨的逻辑著称。他的"应用数理统计方法"课程已有近 40 年的历史，至今仍然受到学生们的喜爱和推崇。在课堂上，陶澍不仅注重知识的传授，更注重培养学生的思维能力和应用能力。他常用生动的语言解释复杂的概念，通过生动的讲述，学生不仅掌握了统计的基本知识，还对如何正确应用统计方法有了更切实的理解。

除了"应用数理统计方法"，陶澍还教授"环境科学研究方法"课程。针对这门主要面向本院学生的课程，陶澍以专题形式展开，每个专题都是他亲自参与的科研项目。他通过讲述项目中的实际问题和解决方法，使学生获得情境性理解。这种教学方式不仅激发了学生的科研兴趣，也使他们对科研有了更深刻的理解。

在陶澍看来，教育的核心在于激发学生的自主性和创造力，而非简单的知识灌输。因此，他始终鼓励学生主动思考、提出问题并探索解决方

"应用数理统计方法"的课堂

案。他深信："教师的职责并非直接给出答案，而是引导学生找到发现答案的路径。"正是由于秉持这一理念，陶澍的课堂充满了活力与创造力。陶澍的课堂不仅是知识的传递场所，更是思想的启迪与交流平台。他善于结合自己的科研经验和实际案例，将抽象的理论知识具象化，帮助学生更好地理解和应用。在他的引导下，学生们不仅学到了扎实的专业知识，更学会了如何独立思考、分析和解决问题。陶澍尤为重视"兴趣"在学习和科研中的作用。他深知，只有当学生对所学内容产生浓厚兴趣时，才能激发其内在的学习动力和创造力。"一个学生有没有兴趣，你可以看得出来。他是在认真对待正在做的事情还是在敷衍，都能够看出来。"因此，他总能敏锐地洞察出学生对环境科学的兴趣程度，并针对不同情况给予相应的引导和支持。对于兴趣不足的学生，他会鼓励他们发掘自己的兴趣所在；而对于那些对科研充满热情的学生，他则会倾力提供帮助和支持。

在陶澍的课堂上，互动与交流成为一种重要的教学方式。他鼓励学生积极提问、参与讨论，并耐心倾听他们的想法和疑惑。对于学生提出的问题，他会进行深入的分析和解答，帮助学生理清思路、拓展视野。这种互动式的教学方式不仅增强了课堂的趣味性，也提高了学生的学习效果。

陶澍的"应用数理统计方法"课有一个独特的考试惯例，即开卷考试，不限时间，学生可以携带任何纸质材料。这种灵活的考试方式与他所提倡的"自由""兴趣"的教育理念一脉相承。他认为，通过这样的方式，能够更好地考查学生对知识的理解，而不是单纯的记忆和计算。这种教学方式的背后，是陶澍对教育本质的深刻理解。他认为，教育不仅是传授知识，更是激发学生的创造力和培养学生的批判性思维。学生应在自由的环境中自主学习，培养独立思考和解决问题的能力。这种理念不仅体现在他的教学方法上，也贯穿于他对学生的指导和关怀中。

▌ 实事求是，精益求精

陶澍在环境科学研究领域取得了一系列杰出成果，是中国环境科学领域的领军人物之一。城市与环境学院实行导师独立 PI 制度，因此，陶澍直接负责对课题组内的每位硕博研究生进行指导。通过当面讨论、邮件交流等方式，他密切关注学生从选题、研究设计、数据采集、数据分析到论文撰写的每个环节。在陶澍的指导下，近三年在读和毕业的研究生取得了优异的研究成果，在 *Sci. Adv.*、*Nat. Commun.*、*PNAS* 和 *ES&T* 等国际一流期刊上发表了学术论文，部分毕业生因优异的研究成果和良好的科学素养被国内外研究机构招录为博士后或讲师。近年来有近 20 名学生入职北大、清华、浙大、复旦、南大、上交大、西湖大学、南科大、华师、哈工大等国内一流高校。除此之外，陶澍也心系本科生的科研兴趣培养和科研能力锻炼。每年，他通过拔尖计划、本科生科研、本科实习和论文等项目指导学院内多名本科生。

陶澍不仅在学术刊物上发表了大量高质量的论文，还编写了《应用数理统计方法》一书，这本教材是环境科学领域的重要参考书。然而，尽管再版的呼声很高，陶澍却因为忙于科研和教学任务，一直未能抽出时间进行再版工作。他说："我会尽量把更新的内容放在 PPT 里面。"这展现了他对教学工作的严谨态度和精益求精的精神。

陶澍的科研工作不仅注重学术研究，更注重科研成果的实际应用。他的科研项目大多围绕环境保护、资源利用等社会热点和难点问题，致力于为社会发展提供科学依据和技术支持。这些学术成就和科研精神，也为他的教学工作提供了坚实的基础和丰富的资源。他将自己的科研经验和最新成果融入课堂教学，使学生能够接触到前沿的科学知识和技术，培养他们的创新能力和实践能力。

陶澍认为，科学研究的最终目标是服务社会、造福人类，而非仅仅追求学术荣誉或发表论文。他始终坚持"从实际出发，解决实际问题"的原则，这种务实的科研态度也深深地影响着他的学生。陶澍课题组的博士生曾感慨道："从开始本科生科研到博士毕业的七年时间，陶澍老师对我科研的指导和帮助让我受益匪浅。"

正是因为这种务实的科研态度，陶澍在环境科学领域取得了众多重要成果，并赢得了国内外同行的广泛赞誉。他的科研精神和学术成就不仅为学术界树立了榜样，更为学生们提供了宝贵的启示和激励。身教胜于言传，陶澍对科研的痴迷，早已在学生们的心中播下了热爱科研的种子，指引他们不断向前。

▌ 以身作则，润物无声

陶澍不仅在学术领域给予学生深厚的指导和帮助，更在生活的点滴中对学生产生了深远而积极的影响。对自己的研究生，他会和他们传授自己锻炼身体、调整状态的秘诀，也会和他们一起下六国军棋，打成一片，还会和他们分享自己的生活情致、饮食品位，但唯独不会对他们展开生硬的说教，对他们说"你应该去做什么"。正如一位博士生所说："陶澍老师始终用他的人格魅力感染着我们，他对待科研认真、细致和敬业的态度，都在告诉我们具有生命力、具有价值的人生可以是什么模样。"

在和学生相处的过程中，陶澍始终把心理健康放在重要的位置，在他看来，只有保持健康的身心状态，学生才能更好地学习和成长。他常常利用课余时间与学生交流，了解他们的学习和生活情况，帮助

陶澍和同学们下六国军棋

他们解决实际困难，给予他们必要的支持和帮助。一位学生回忆道："陶老师不仅是我们的导师，更像是一位亲人，他的关怀让我们在异地他乡感受到了家的温暖。"

陶澍强调"教学相长"，认为教师只有充分了解学生的问题，才能知道他们需要什么，并进行有针对性的指导。他坚持尊重和呵护学生的每一个想法，鼓励他们大胆探索和追求自己的兴趣。陶澍不仅在课堂上对学生进行指导，更在课外与学生保持密切联系，常常抽出时间与学生进行一对一交流。他认为，教师不仅是知识的传授者，更是学生的引导者和支持者，应当在各个方面给予学生关心和帮助。

陶澍还特别注重培养学生的独立思考和实践能力。他认为，只有在实际操作中，学生才能真正理解和掌握所学知识。因此，他常常安排学生参与到他的科研项目中，让他们在实际研究中锻炼和提高自己。这种实践教学方法不仅提高了学生的科研能力，也培养了他们的创新精神和解决问题的能力。

"教育的范围从来不是局限于教室中的课时，它不是某时某刻的事情，而是每时每刻的事情。"陶澍所践行的教育方式如细雨般润物无声，为学生的成长和发展提供了坚实的保障。在他的关怀和引导下，学生们不仅学到了丰富的知识，更学会了如何面对生活中的各种挑战，培养了坚强的意

志和乐观的态度。

▌"拔尖"育才，个性培养

拔尖计划，全称"基础学科拔尖学生培养试验计划"，是国家针对"钱学森之问"而设立的人才培养计划。教育部门为此精心筹备，选拔了17所中国大学的数、理、化、信、生五个学科率先进行试点，力求在创新人才培养上取得突破。2009年，北京大学城市与环境学院在学校和陶澍老师的共同努力下，成为当年全国唯一在环境科学领域实施拔尖计划的学院。

拔尖计划启动之初，城市与环境学院便秉承"个性化培养"的核心理念。在这一理念的引领下，学院的指导教师积极引导学生构建"以学生为主体"的学习模式，并协助他们制订突破原定教学计划的"个性化培养方案"。这些方案在经过学院和学校审批后得以实施，确保每位学生都能在个性化教育上得到充分发展。陶澍老师分享了一个实例："有一位学生对医学感兴趣，在本科阶段学习了医学院的相关课程，后来去美国念医学了。我们的个性化培养方式鼓励学生追求内心的热爱，自主选择感兴趣的课程。当然，这一切都需要导师同意、学院批准，并报到学校备案。"城市与环境学院的拔尖计划致力于最大限度地激发学生的兴趣和自由，让他们在各自热爱的领域里展翅高飞。

在个性化培养中，陶澍还特别注重学生的全面发展。他认为，学生不仅要有扎实的专业知识，还应具备广泛的兴趣和丰富的知识储备。因此，他鼓励学生在学习专业课程的同时，广泛涉猎人文、社会科学等领域，培养自己多方面的能力和素养。这种全面发展的教育理念，为学生的未来发展提供了更加广阔的空间和更多的可能性。

陶澍在拔尖计划中的实践，充分体现了他对学生个性和兴趣的尊重。他认为，每个学生都有自己的特长和兴趣，教师的任务是帮助学生发现并发展自己的潜力。通过个性化培养，学生不仅能够更好地发挥自己的优势，也能够在学习过程中获得更多的乐趣和成就感。

保持兴趣有时比产生兴趣难得多。所以，陶澍经常会叮嘱自己的团队不要过早地让刚刚产生科研兴趣的本科生接触过于困难和枯燥的科研题目。正是在这种细致入微、循序渐进、因材施教的培养下，学校的拔尖计划取得了出色的成果。仅在陶澍指导下参与本科生科研和拔尖计划的学生在国际 *SCI* 刊物上发表的第一作者论文就达到 23 篇，其中包括国际顶级期刊 *PNAS* 1 篇，领域内一流期刊 *ES&T* 8 篇、*EI* 1 篇。整个计划培养的学生在著名期刊上发表的论文超过 30 篇，充分展示了个性化培养在激发学生潜力和推动学术发展方面的积极作用。

如今的陶澍已经年逾古稀，但他的充沛精力仍让初次接触他的学生们感到惊叹。而在与这位学者的日常相处中，学生们更会逐渐被他独特的人格魅力所吸引，这种魅力源于他的热情、好奇心和感染力。陶澍以其言传身教，向我们展示了一位真正的教育家的独有风范。在他这里，教育的成就不仅限于教学，更深远地影响了学生们的整个生活。

学生评价

- 老师的讲解生动有趣，课程设置也很合理，邮件沟通中总是耐心回复，回邮件的速度真的很快，对于我问的一些低级的问题也会做出指导。
- 陶老师讲课风趣幽默，举过并分析过很多的例子来辅助讲课，让人记忆犹新。
- 陶老师真的非常好！知识渊博而且慈祥善良，和同学们之间没有隔阂，而且会耐心解决同学们各种各样的问题！
- 陶澍老师讲课跟我想象中的应用课程不太一样，讲的例子都非常有趣且深刻。

（赵凌、廖荷映）

阅尽千帆，矢志不渝

── 赵敦华 ──

赵敦华，北京大学 2020 年教学成就奖获得者，哲学系博雅讲席教授。研究领域为西方哲学史、现代西方哲学。主要讲授"东西方哲学思想比较""西方哲学史""西方哲学原著选读""尼采《查拉图斯特拉如是说》""现代西方哲学""政治哲学""西方自由主义史""古希腊哲学原著""法哲学导论""哲学史研究方法""德国古典哲学""西方哲学名著概论"等课程。作为首席专家，完成"马工程"重点教材《西方哲学史》编撰工作，撰写、修订《西方哲学简史》和《现代西方哲学新编》两本教科书。曾获得全国高校教育名师、全国优秀教师特等奖、北京大学"十佳教师"、高等教育国家级教学成果二等奖。

学校对学生的考核是一种评价，
但是最重要的是看他在社会上能不能成为一个对社会有用、对国家有用的人。
如果学生在学校获得的评价和他走上社会以后获得的评价是吻合的，
那我想这个学校就是一个成功的大学，就是一个世界一流的大学。

—— 赵敦华

从自我探索，到授业燕园

"成为老师对我来讲，是一个非常自然的事情，因为我的父亲就是高校的老师，我从小就是在高校这个环境当中长大的。"从考上大学到公派出国留学，求知、授业、传道可以说是赵敦华的初心。

对赵敦华来说，走上哲学研究的道路，既是巧合，也是缘分。"大概是 1964 年上初三的时候，我在合肥一中图书馆碰巧找到了《西方名著提要》。"赵敦华将这套"启蒙"读物称为"奇书"，异常喜爱。从柏拉图、亚里士多德，直到尼采的《查拉图斯特拉如是说》，书中皆有所收录，那些似懂非懂的谜团成为他一生追求西方哲学事业的起点。

1971 年，国家号召学习马列和哲学史，北大外国哲学研究所成立，将西方和苏联的思想著作与最新动态介绍进国内。赵敦华阅读了北大汪子嵩、张世英、任华三位老师编写的《欧洲哲学史简编》，并开始尝试写作。大学期间，赵敦华又看到了北大哲学系主编的绿皮书《西方哲学史》，引文注释中有北大外国哲学教研室主编的"西方哲学原著选辑"。他从资料室中找到全套四本，用"旧瓶装新酒"的办法，以绿皮书为知识框架，将四本原著选辑文段"装"进去。

年少的自我探索让赵敦华发现了西方哲学的魅力，青年时与北大哲学书籍的两次"偶遇"又指引赵敦华以更专业的方法探索更高、更深的哲学世界。

1982 年，赵敦华考入了武汉大学西方哲学史专业，随后公派前往比利时鲁汶大学留学。作为为数不多的中国留学生，赵敦华在鲁汶大学克服了语言困难，以优异（AA）成绩顺利拿到硕士学位，而后又刷新纪录，以三年时间取得博士学位，并获得"summa cum lauda"（全部最优）成绩，成为哲学所第一个获得最高评价的亚洲学生。

1987 年，北京大学访问团到访鲁汶大学，与赵敦华等留学生见面，欢迎他们加入北京大学。博士答辩通过不久，赵敦华收到了漂洋过海的北大人事处函件。

"我是读北大老师的书成长起来的，我传承的是北大的学脉。兼容并包、思想自由，我要把这个传统传下去。"因为年少时对于北大哲学系的向往与缘分，带着传承学风的想法，赵敦华成为北大哲学系第一位归国博士，开启了在燕园的教师生涯。

在北大哲学系，赵敦华全身心投入教书育人事业，三十余年如一日，兢兢业业。无论是以往担任哲学系主任，还是现在担任国务院学位委员会哲学学科评议组召集人，他始终站在讲坛认真授课，以教学为第一要务，每年给本科生、研究生授课。他学识渊博、思维敏锐、治学严谨，备受学生尊敬。他对哲学教育的贡献和成就，也让他获得了全国优秀博士学位论文指导教师奖、全国高校教育名师奖、全国优秀教师特等奖等多项荣誉。多年来，通过课堂教学与各类学术指导，赵敦华也为学界和社会输送了一批优秀人才。

▌ 教师为主体，学生为本位

说起教学，赵敦华一直坚持自己的教育理念 —— 教师是学生的传授人和引路人。"老师应该起主导作用"，赵敦华一直为本科生开设"西方哲学史"等基础课程。因为许多学生在高中时期对西方哲学的了解程度并不像中国哲学那样多，"如果西方哲学课一开始就要求学生讨论，没有知识基础就无话可说"，所以，赵敦华十分强调老师的重要性，老师不仅要讲授知识内容，也要启发学生思考，引导学生深入学习。

赵敦华讲授"西方哲学史"第一课

"我在鲁汶读书的时候就是老师主导，硕士阶段的研讨课也是先由老师讲，学生作报告后老师再引导提问。"赵敦华将鲁汶大学的教学理念带回国内，在给高年级学生上研讨课时，他要事先检查学生的提纲，提出问题由学生修改，作报告后再次提出问题，并因势利导，讲述专题的重点和难点，最终进行总结。他和学生往往要多花几倍时间才能呈现短短几十分钟的精彩报告。

赵敦华上课逻辑清晰，注重阐发思考，他讲授的"西方哲学史""尼采《查拉图斯特拉如是说》"等经典课程，不仅是哲学系本专业课程，更被纳入通识教育课程，吸引了不同院系专业的众多学子选课，深受同学们欢迎。在哲学原典课上，他一段一段不厌其烦地带领学生阅读思考，将课堂变成哲思的海洋，很多学生的学术论文都受到赵敦华原典课的启发。

无论是校内平台还是校外论坛，提起赵敦华其人其课，每每都是"有干货""大师风采""讲得很清楚，能引发许多思考"等美誉。新冠疫情期间，赵敦华的课堂被搬上了直播平台，课堂讨论深刻而不失趣味，吸引在线观看人数多达 3 万余人，天南海北的网友共同参与了小小的北大课堂。生动的课程设置、儒雅的学者气度，让赵敦华"吸粉"无数。可以说，他凭借极高的学术水平与教学能力，获得了学生们广泛的认可与喜爱。

赵敦华的教案很多都成了经典的教科书。2000 年出版的《西方哲学简史》和《现代西方哲学新编》正是他多年授课的结晶，因线索清晰、内容全面，被许多高校哲学系列为考研的参考书目，是无数哲学系学子学习研究的案头必备书籍。"我每次到其他学校去讲课的时候，有很多学生拿来给我签名的都是这两本书。"谈及这两本经典教材，赵敦华也备感欣慰。

赵敦华也一直注重激发学生的主动性，鼓励他们表达自己的想法。在研究生课程"现代西方哲学原著选读"上，赵敦华讲到了对休谟因果关系理论的批评，一位同学不同意这一批评，为休谟辩护，得到赵敦华的肯定："你这个辩护很好。"下一堂课，他对这位同学的批评又提出了反批评，完善了自己的讲解。后来，这段师生的理论交锋被整理后发表在《河北学刊》上，实现了一次真正意义上的"教学相长"。

▋ 融中西之学，答时代之问

作为在中国讲授西方哲学的学者，首先需要回答的问题就是：如何理解西方哲学？如何更有效、更恰切地向中国的学生讲授西方哲学？"在西方讲哲学比较聚焦于一个问题，中国则是传统哲学、西方哲学和马哲三种哲学汇聚，因此更应关注三者的关系。"对于此类问题，赵敦华综合多年研究教学的经验，提出"用中国人的眼光理解和讲授西方哲学"。

在本科教学阶段，他用中文的逻辑思维将西方哲学概念深入浅出地讲明白；在研究生教学阶段，他则引导学生更多关注中西哲学的对比研究，譬如，中世纪的西方哲学与中国古典哲学的对比。在他看来，"做到中西贯通是长期的工作，两边都要深入了解，否则就是牵强附会"，融汇中西的教学理念也需要继续传承。而作为北大哲学系多年的掌舵者，赵敦华也一直以这样的理念推动着北大哲学的发展。在他看来，当今世界各国哲学都面临转型创新的问题，"我们在世界哲学的变革中，应该做更多的贡献，比如，交叉学科、开放学科等"。他也以这样的精神推动着北大哲学持续向前发展，"要把北大哲学传统看成正在进行时，还没有完成，还在转化、

赵敦华主持研究生讨论课

前进、创新"。

赵敦华尤其希望学生能够领悟哲学的时代性和特殊性。"哲学家的问题，不是他们自己想出来的，是时代向他们提出来的。"每个人都处在自己的时代，都面临着需要回答的问题。经济学家要回答经济问题，政治学家要回答政治问题，"哲学家的特点就在于他比较敏感，能够从不同角度、不同视野中概括出时代问题的精华"。"所以马克思说，任何哲学都是这个时代的精华，讲的就是这个意思。"

理解一个哲学家，除了要理解他要回答的问题，还需要探索其解决问题的方式。赵敦华首先想要通过课程告诉学生们，哲学可以是玄想，但不是空想，哲学研究有具体的途径。"这个途径和方法不是空洞或抽象的，一定要通过具体的文本来触达。"无论是讲西方哲学史课还是专题研讨课，赵敦华都会选择一些代表作品来带领同学们阅读。从柏拉图的《理想国》、亚里士多德的《形而上学》选段，到尼采的《查拉图斯特拉如是说》，赵敦华希望学生们从精读原典中了解哲学家的问题与论证方式，掌握做哲学的方法。站在前人的肩膀上，借鉴同时代不同领域思想家的看法，哲思得以生发。

同时，还需关注来自当世及后世之人的反应，在历史中沉淀出真正的时代精华。"一个哲学家他遭到的批评越多、越激烈，那么，他的哲学思想就越有价值，这是我的一个看法。"赵敦华强调了争辩的重要性。文献的不断增多，其实正是来源于批评和反批评声音的持续积累。

时代发展永远向人类提出新的问题，人才的培养也应始终与时代同向而行。赵敦华心中也有他对人才培养的思考："学校对学生的考核是一种评价，但是最重要的是看他在社会上能不能成为一个对社会有用、对国家有用的人。如果学生在学校获得的评价和他走上社会以后获得的评价是吻合的，那我想这个学校就是一个成功的大学，就是一个世界一流的大学。"

赵敦华是一位耐心负责的师者，也是一位孜孜求索的学者。他广博的知识与开阔的视野让每个听课的人都记住了这位北大哲学系教授在三尺讲台上谈古论今的神采。他矢志不渝地为北大哲学研究和教学贡献了全部的时光和热血，用初心与坚守培育着一代又一代北大哲学人。

学生评价

- 赵老师的课实在是太吸引人了，每节课都听得津津有味，时间不知不觉就过去了。一学期下来记了几万字的笔记，每次都觉得两个小时不够听。
- 赵老师讲课很有个人风格，思维非常活跃。
- 赵老师学识渊博、幽默风趣，对于尼采研究得很深，课上放视频和提问有助于我们对本节课的理解和吸收。
- 老师特别和蔼，讲课特别生动，涉及知识面广博。

（刘润东、王梓寒、王英泽）

为师者当寝食难安

— 白建军 —

　　白建军，北京大学 2020 年教学成就奖获得者，法学院博雅特聘教授。研究领域为法律实证分析方法、犯罪学、刑法学、金融犯罪。主要讲授"犯罪通论""金融犯罪""法律实证分析"等课程，著有《罪刑均衡实证研究》《关系犯罪学》《法律实证研究方法》等九部专著和教材。倡导法学领域的跨学科思维，引导学生反观典型，发现实践理性。曾获得全国百篇优秀博士论文奖、高等教育国家级教学成果奖、北京大学教学优秀奖等。

> 为师者当寝食难安，
> 如履薄冰。

—— 白建军

▎教学是学习和传承

回忆起自己教学生涯的开端，白建军坦言："刚留校教书的时候，经验不足，学识也有限。课上一共只有六个学生，其中有一个还是公安大学来旁听的。"虽然只是六个人的小班课，但是那却是当时中国最早的法律实证分析课程。正是这段摸着石头过河的经历让他更加珍惜每一次教学的机会，不断追求教学上的突破和创新。

随着时间的推移，白建军逐渐从法律实证分析走上了跨学科研究，涉足法律与金融、社会学、统计学等多个领域的交叉研究。这一转变不仅让他发现了许多新的学术领域，也为他课上的学生们提供了更广阔的学习视野。在长期的教学实践中，白建军逐渐总结出一套独特的教学方法。他注重培养学生的自主学习能力和创新思维，鼓励学生积极参与课堂讨论和实践活动。同时，他也非常注重跨学科学习和交流，认为这有助于拓宽学生的视野和思维。

"好的教学是可以学习和传承的。"在教学方法上，白建军从不放过任何一个进步的机会。他常常在工作之余到其他课堂去旁听，学习不同老师的讲课方式，了解不同学科的教学特点和风格。这些经历让他受益匪浅，也为他的教学带来了更多的启示和灵感。甚至有一次旁听时遇到了杨振宁老师来讲课，课上还遇到了自己的学生。

这种跨学科的交流和学习让白建军的课程更加多元化。他认为，作为一个老师，讲好课就是第一要义，"需要有一种现场发挥但又有内容的表达能力"，源源不断地给学生带来新东西。每次教学准备，白建军都会认真地制作 PPT 讲稿。一方面，备课的内容不能和教材重复，需要加入新的东西；另一方面，这也不意味着完全脱离教材，而是要在教材基础上进行有机地整合和发挥。直到退休前的最后一堂课，白建军还要提前花上一大段时间，为这两小时的课做准备。"不能拿一套课件吃一辈子，要不断往课程中注入新的内容。"

白建军常说，对老师来说，最容易的一件事就是课上用玄而又玄的东西把学生弄晕，最难的是让各种知识背景的人都能听懂复杂的专业知识。所以，他非常在乎各类学生在课堂上的获得感。他经常花费大量时间设计课程内容，力求通俗易懂，并结合实际案例，使学生们能够将理论与实践相结合。白建军深知，只有学生真正掌握了知识，教学才算成功，学生的成长和进步，就是教师最大的成就和动力。

执教三十余年，从只有六个学生上课，到几百人听课，到上千学生抢课，白建军也十分受益于来自不同学科学生提出的各式问题。他笑言，自己的课是"市场经济"，"你好好干，才有人选，我就是这么被学生们培养出来的"。白建军始终认为，每一个教师都应该有一种传承和发扬优秀教学传统的责任感和使命感。只有这样，才能不断推动教学质量的提升和教育事业的发展。

▌ 会讲故事的好老师

在知识的殿堂里，白建军以其独特的教学方式，为学生们描绘了一个个生动的故事，引领他们走进学术的海洋。在他的课堂中，每一个学生都仿佛置身于一场思维的盛宴之中。

在白建军的课堂中，他始终致力于营造一种轻松、活跃的课堂氛围，鼓励学生提问和讨论。"一堂课如果讲得好，学生会给出非常积极的反馈和互动。"在白建军心中，来自学生的反馈是检验教学的最好标准。他在课堂上讲课时，会注意观察学生的反应 —— 如果看到他们都低下头看自己的电脑，白建军就知道这几句话可能是废话，需要赶快调整教学方法，确保每一堂课都能达到最佳的教学效果。

"一堂好课，应当是师生之间的心灵对话。"白建军深谙此道。他深知，只有当学生真正被课程内容吸引，才能产生积极的反馈和互动。在长期的教学实践摸索中，白建军逐渐意识到讲述故事的重要性。最初教学时，白建军习惯使用抽象的理论和概念来教导学生，但却发现效果并不理想。于是，他开始尝试将自己的研究历程和发现以故事的形式呈现给学生，让他们能够更轻松地进入学术研究的世界。

讲述故事成为白建军连接学生与知识的桥梁。他善于将自己的研究历程和发现以故事的形式呈现给学生，让他们能够更直观地感受到学术研究的魅力。这些故事不仅丰富了课堂内容，更激发了学生们对法律、犯罪和社会问题的深入思考。学生们经常能够听到一些引人入胜的案例和实例。例如，在讲述刑罚配置时，他会结合具体的案例，分析不同刑罚的适用条件和效果；在探讨金融犯罪时，他会通过实际案例揭示金融犯罪的具体形式和危害；在跨学科研究中，他更是通过实例展示了不同学科之间的交叉融合和创新发展。通过这种独特的教学方式，他将枯燥的理论变成学生们乐于聆听的精彩篇章，让每一个学生都在这场学术之旅中找到属于自己的知识宝藏。

白建军在讲台上

扎稳底盘，航海梯山

学科交叉是科学发展的必然，多学科交叉融合已逐渐成为常态。白建军在"通识教育和跨学科学习"方面积累了丰富的经验，经常鼓励同学们跟着自己的感觉走，在兴趣带领下寻找本领域之外要跨出去的相关学科，去寻找自己内心当中的一座"金矿"，找到毕生的快乐和追求。

白建军举例谈到，一名学生能够将自己的法学专业和计算机专业融合起来，用算法挖掘海量判决书文本的共性，发现一些肉眼看不见的规律和必然的合理性；还有一名同学应用法学知识和统计学知识，用量化的方法区分故意杀人罪的量刑，并发表高水平论文。此外，他提及自己在北大教书时还时常去旁听其他学科老师课程的经历，表示其他学科的课程对自己的教学大有裨益。通过这些真实的经验原型，白建军指出，通识教育、跨学科研习有非比寻常的意义，它有利于解决重大复杂科学问题和社会问题。

"什么样的金字塔最高？"这是白建军曾向学生提出的一个问题。他指出，是底盘的大小决定了金字塔的高度，底盘越大，所能承载的高度越高。而底盘是什么？白建军表示，"底盘"与通识教育和跨学科研习同音共律。

白建军进一步指出，"底盘"有三层含义：第一层含义就是指学科的跨度，每个人除了自己的"主饭碗"，还需有一块"自留地"；第二层含义不只是知识跨度大，还包括大跨度的体验和实践，双料或多料学位并不一定代表是跨学科人才，重点是究竟做过什么，是否做到了力学笃行；第三层含义是指心的容量。白建军表示，如果一直沉浸在压力带给我们的压迫感中，会缩小一个人的格局并带来很多负面影响，因此，他给学生带来了自己独创的"解压"秘籍——人人都有过我之处，我与人人都不同。他相信一个人心纳百川，再加上十八般武艺，便能满怀喜悦地工作一生。

面对兴趣广泛而无法抉择的学生，白建军表示，觉得很多事物有趣是非常可贵的，选择的关键在于是否能够有充分的想象力。一个人想到多远，这座人生金字塔的底盘就有多大。他希望同学们能够从心出发，去探寻自己内心深处对于自身未来的想象与渴望，站稳人生的"底盘"，驶向更为广阔的海洋，登上更为险峻的山峰，看到更为美丽的风景。

白建军为同学们写下寄语

▌ 永远在反思的路上

"为师者，应当寝食难安，如履薄冰。"即使已有几十年的教学经验，白建军始终对于教师这一职业所承担的责任怀抱着敬畏之心。谈起教师这个职业，白建军仍然在不断地和自我对话，始终走在反思自我的路上。他分享了"错觉误我"的四个体会。

首先是"讲台错觉"。当教师站在讲台上，面对着渴望知识的学生们，他们往往会陷入一种错觉，认为自己的讲台就是自己的领地，自己拥有绝对的权威和话语权。然而，这种错觉却常常让他们忽视了学生们的感受。学生们在台下，同样有着自己的思考和疑问，他们渴望与教师进行平等的交流和对话。因此，一个好的教师，应该时刻保持谦逊和开放的心态，倾听学生的声音，与他们共同成长。

其次是"学科错觉"。在大学的学术环境中，每个教师都有自己所属的学科领域。他们往往会将自己的学科看作是自己的栖身之地，甚至看作是看世界的唯一窗口。然而，当每个人都只从自己的学科窗口看世界时，原本完整的世界就被人为地肢解了。大学的使命，不应该是切碎世界，而是发现世界的原貌。白建军在法学领域深耕多年，但他并没有局限于自己的学科领域。他向外张望，触摸到了统计学、信息科学、金融学等多个领域。这种交叉研究让他意识到，世界是多元而复杂的，只有不断拓展自己的视野，才能更好地理解世界。

再次是"目标错觉"。刚成为大学老师时，白建军认为做老师就是要把所在学科的基础内容、理论知识、前沿观点介绍、传递给学生，这是基本的目标、任务。但这会导致他更多地去想"教什么"，而忽略了"怎么教"。随着教学的深入，他更在乎把治学的乐趣传递给学生，让学生满怀喜悦地进入一门学科。作为大学老师，至少应当让自己的学生对所在学科感兴趣，而不能让学生因为课堂的索然无味而在心中埋葬了这门学科，这也是为师者的责任。

最后是"师生错觉"。白建军曾有一套"日心说"理论，他对学生们说："你们就是我明天的太阳。今夜，我将变身月亮，专等着反射你们的光芒！"从这个意义上来说，学生是教师的未来，他们的成长和成功是教师最大的骄傲。但现在他更愿意反过来理解：教师在讲台上的一字一句、开题答辩中的一问一答、论文著述中的一字一句，甚至日常的一举一动，都在无形中把某些东西传递给学生，在学生身上留下老师的印记。从这个意义上来说，教师也是学生的未来。因此，也要从"月心说"的角度解读师生关系，更加珍惜自己的身份和责任，时刻提醒自己要做一名合格的教师。

白建军一直坚信，教师不仅是传授知识，更是塑造学生的人生观、价值观，教师的一言一行都有可能影响学生的一生。"今天，我们得天下英才而'遇'之，明天曾经的英才，会因为各种事情想起曾经的老师们。其中，可不一定全是谢意。"白建军的话语中充满了对教育的敬畏和责任感。他深知，作为一名教师，需要时刻保持警醒和自律，不断提高自己的专业素养和道德品质，以更好地履行自己的职责和使命。

学生评价

- 白老师男神！上课既风趣又学到了很多重点，让我对犯罪与恶的关系完全改观了，学会了如何用理性而不是感性看待问题，谢谢您，白老师！
- 选白老师的课选得太值了，希望能换到更大的教室，扩大听课人数，让更多的人能有机会听课。

（董开妍、廖荷映）

跨越边界的教育探索者

— 穆良柱 —

穆良柱，北京大学 2020 年教学卓越奖获得者，物理学院教授。研究方向主要为物理认知规律、量子纠缠研究、原子核形状相变研究等。主要讲授"热学""普通物理""演示物理学""光学演示实验课"等课程，著有《热学》ETA 物理教材，发表《什么是物理及物理文化》《什么是物理精神》《什么是物理方法》《什么是 ETA 物理认知模型》《什么是 ETA 物理教学法》《什么是 ETA 物理学习法》等多项研究论文。曾获高等教育国家级教学成果二等奖、北京市青年教学名师、北京大学物理学院钟盛标教学奖、北京大学"十佳教师"等。

失败在科学探索的过程中不是坏事。
失败意味着来到了自己知识和能力的边界上，
这个边界一旦能突破，往前走一步，
他就可以变得比原来更厉害。

—— 穆良柱

▌ 从教之路：传承与创新

自 1996 年考入北大物理系，到 2005 年博士毕业留校任教，穆良柱从事教学工作已近 20 年。谈到自己的从教之路，穆良柱说："其实最初没想着要当老师，主要是因为上学的时候学习会存在一些困难，觉得物理没有学太明白，所以就花了很久的时间，想搞清楚物理到底是什么，学的东西到底是什么。"他希望通过学习理论物理来解决心中的疑问，所以读博士的时候就选择了理论物理方向。"等到理论物理读完了，发现还没太清楚，接着想是不是留在学校里继续再学一学。"

在任教的最初几年，他依旧对物理的许多问题心存困惑，但在与学生们的互动和教学实践中，他逐渐明白了物理的本质，也找到了自己的教育之路。当了老师之后，"过了一段时间就突然明白了"，穆良柱如是说。在这一过程中，他深感教育的意义和重要性。"我开始觉得教育是一个很了不起的事情，我非常想把我关于物理的这种理解，通过我的教学，让学生去明白，少走点弯路。"穆良柱开始将更多的时间、精力和热情投入物理教育工作中。

穆良柱的办公室陈列着琳琅满目的书籍，从自然科学到社会科学，无所不包。他从小就培养了很好的阅读习惯，并坦言："我有一个贪心的念头——看遍图书馆里的所有藏书。"良好的阅读习惯源于中学时期受到的

穆良柱演示火龙卷实验

全面系统的教育。穆良柱在江苏淮安的一个小县城长大，当时许多优秀教师被分配到他的中学任教，从这些老师身上，他学到了系统全面的学习方法和思维模式。"自己绝大部分的逻辑训练都是在中学完成的。"穆良柱回忆说。这为他后来的认知研究打下了坚实的基础。进入大学后，穆良柱对物理学的兴趣愈发浓厚，并形成了清晰而有力的目标——把物理学明白。除了完成课业任务外，他几乎把所有时间都花在阅读物理专业书籍或感兴趣领域的图书上。例如，因为经济学的研究方法和自然科学很类似，他曾在某一阶段投入阅读经济学领域的书，包括张五常、林毅夫的著作，他非常佩服他们能在未知领域构建新的理解。

多年的教学实践，穆良柱自我摸索并一直秉承的教育理念是"教育要传承科学文化"。他认为，科学文化包括真正的科学家们是怎么思考、怎么做事、怎么做人的，核心就是科学的认知、科学的方法和科学的精神。这些内容不仅代表了人类对未知世界的探索和认知能力，也是科学家们成功的经验总结。"我们为什么要讲授这些内容？实际上它代表的是人类对未知的认知能力，这种科学认知能力可以帮助人类在和自然的共处当中取得巨大的成就。"穆良柱解释道："今天我们能够生活得很好，其实都是靠这种能力。换句话说，这些是当年科学家们成功的经验。"为往圣继绝学，把成功的东西传承下来，让学生去掌握，才能实现为国家培养创新人才的目标。

要想成为一名优秀的教师，在穆良柱看来需要具备两个主要特质：一是深厚的学术背景和成功经验，"一个好的老师应该是有自己的成功经验的"，也就是所谓的"学高为师"；二是"愿意跟学生沟通，愿意跟学生交流"，有爱心和耐心去做以知识为载体的科学文化传承的工作。要做到这样，需要老师具备一定的科学认知的本领，要去做研究、要调研清楚学生的情况，包括他的水平、周边的资源、要完成的教学任务，然后综合地设计最佳的教学方案，以实现最优的教学效果。所以说，教学本身也是一个研究的过程。

在具体的教学实践中，穆良柱用心指导每一位学生。他讲授的课程不仅包括为物理学专业学生开设的热学课程，还有为化学专业学生开设的普通物理课程以及面向文科学生的演示物理学课程。他关心学生的学习进度，努力帮助他们克服学习中的困难。在与学生的互动中，他总是耐心解答他们的问题，鼓励他们大胆思考、不断探索。他坚信，通过科学文化的传承，可以培养出具有创新能力的优秀人才，为社会的发展和进步做出贡献。他用自己的经历和实践，诠释了教育的真正内涵。

▎ETA 物理教学法：突破局限

在穆良柱的教学理念中，科学认知规律是指导教学的核心。他认为，教学首先需要研究清楚科学的认知规律是什么，再根据规律来进行教学内容的选择和教学方法的设计。基于这种理念，穆良柱独创了 ETA[①] 物理教学法，这种方法不仅独特，而且具有广泛适用性和高效性。

---

① ETA 是指实验（Experimental）认知、理论（Theoretical）认知、应用（Applied）认知三种模式，三者相辅相成，构成了科学认知的基本规律。

穆良柱演示二维平板驻波实验

ETA 物理教学法的核心特点是从认知的起点出发，从认识、观察研究对象开始，逐步上升到系统化的认识，"从实验开始一直到理论（再）到应用，是一个完整的认知过程"。这种教学法注重从最基础的内容出发，逐步引导学生深入理解和应用，最主要的目标是让学生学会探索科学认知的能力。它能够适应不同基础的学生，让不同的群体都能有所收获。"对于理解能力差的学生，他可以从基础开始，逐步跟上学习进度"；对于优秀的学生，ETA 物理教学法能够带领他到达人类的认知边界。通过展示完整的认知过程和历史，优秀的学生能够看到认知的边界和未来的研究方向，为学生不断探索科学的未知领域指明前进的方向。

穆良柱批评了传统教学方法对学生的分类和局限："我们原来经常听到一句话，叫好的学生不用教，差的学生怎么教也教不会，中间的学生教一教也许管点用。"他认为，这种观点忽略了教学方法的重要性。他坚信，ETA 物理教学法可以有效地帮助每一类学生，突破传统教学的局限，通过从基础出发的系统化教学，使每个学生都能学有所成。

穆良柱认为学习没有边界，自然科学与社会科学是密不可分的。他强调："人是需要理解外边的。"所谓"外边"，一是理解"整个世界是怎么回事"，这是自然科学的研究领域；二是探索"人的一生该怎样度过"，这便是社会科学的研究领域。学习一门知识后，会发现它与世界的其他领域都是相通的，这就是"一通百通"。在当下高度发达的网络环境里，人们的很多知识都不是通过读书获得的。穆良柱并不反对通过浏览短视频或阅读公众号文章等碎片化方式获取信息，但他认为，如果自身尚未形成较稳定的思维模式和全面的思辨能力，就仍然需要静心阅读、深入思考，从他人的思想中提炼总结，进行真切的实践后，达成真正的进步。这样才能更好地将散碎的知识综合起来，形成自身系统化的知识体系。

▍ 与学生相处的艺术

师生关系是教育过程中最基本、最主要的人际关系。穆良柱认为，与学生建立良好的关系，关键在于沟通和倾听。"要靠沟通，要真的把学生的事情当成自己的事情去研究去分析，帮他们解决问题。"他会定期与学生交流，深入了解他们的困惑和难题，并利用科学认知规律帮助学生分析和解决这些问题。他回忆起帮助学生克服困难的经历，"学生因为面对困难和问题积累下来的情绪，在发现有方法解决的时候突然的释放，是非常令人震撼的"。穆良柱曾帮助过许多学生在困境中找到希望，放下心理包袱，继续前行。看到他们的成长进步以及开心的笑容，他深刻感受到了教学工作的价值和意义。

在与学生的相处中，穆良柱常常鼓励他们勇敢面对失败 ——"失败给了你成功的机会"。他解释道，中学学习的特点和方式使得学生习惯以高标准要求自己，认为成功是正常的，失败是不正常的。然而，进入大学后，在面对未知世界和探索科学的过程中，失败是不可避免的，也是正常的。穆良柱通过科学认知规律，带领学生看到完整的认知的过程，从而帮助学生理解失败的意义，让他们认识到，失败往往意味着达到了知识和能力的边界，而突破这些边界，才能真正进步和成长。

穆良柱强调，成功的经验比失败更值得学习。失败从来都不是成功之母，成功才是成功之母。要想取得真正的成功，克服困难使自己变得更优秀，就需要去学习那些成功的经验。他鼓励学生学习科学家们的成功经验，学习他们是怎么学习和思考的，就像牛顿说的那样，站在巨人的肩膀上，不断提升自己的能力，一步一步拓展边界。

穆良柱用他近 20 年的教学实践，诠释了什么是真正的教育，展示了教育的力量和意义。他的教育理念和教学方法，不仅影响了无数学生，也为教育界提供了宝贵的经验和启示。他坚信，教育不仅是知识的传递，更是文化的传承，通过这一过程，可以推动社会的不断进步和发展。

学生评价

- 穆老师强调物理认知过程，注重我们对这个世界的思考，不鼓励我们做题，而多是启发与激励我们尝试对这个世界建立自己的认识，这是我非常喜欢的地方。穆老师特别有亲和力，上课氛围很好，很喜欢！
- 我在这门课上的收获超出了知识本身。当越来越多的课程变成了一个个定理的证明之后（有些甚至退化成了一个个结论的陈述），这种从实验出发，延伸到理论的教授方式已经比较少见了。不过，至少，在上过穆老师的课之后，我不会遗憾了。
- 穆老师讲课内容丰富，授课幽默有趣，给同学们带来了很棒的听课体验。同时，我们认识到了学习的魅力和物理的丰富。穆老师是一位真正的、纯粹的学者，是一位优秀的教师。

（赵凌、陈雨坪）

龙虫并雕，因材施教

— 秦 岭 —

　　秦岭，北京大学 2020 年教学卓越奖获得者，考古文博学院副教授。研究领域为新石器考古、植物考古、田野考古、玉器考古、考古学理论与方法。主要讲授"新石器时代考古研究""田野考古实习""田野考古技术专题""植物考古""早期玉器研究"等课程，编著有《田野考古学》、*Encyclopedia of Archaeology（Eurasia Volume）*等教材，参与编写国家文物局颁布的《田野考古工作规程》。担任中国联合国教科文组织全国委员会咨询专家，参与良渚古城遗址申请世界文化遗产文本的撰写。曾获得北京大学优秀教学团队奖，入选教育部课程思政示范课程教学团队。

作为老师最重要的一个素质应该是爱学习。

你自己的进步，才是你能够更好地去教别人的前提和基础。

不愤不启，不悱不发，

我希望培养一代又一代能够延续和发展学科的大师级人物。

——秦岭

▌ 拿起手铲，使命加身

今年正好是秦岭进入北大 30 周年。从 1994 年开始，秦岭由本科读到了博士，也见证了考古学系变成今天的考古文博学院。自 2003 年留校任教算起，秦岭以教员的身份在燕园工作和生活了 21 年。

贯穿秦岭求学与教学生涯的，正是考古文博学院的特色课程——"田野考古实习"。"田野考古实习"的课程安排尤为特殊，它综合理论学习与实践演练，要求每个学考古的本科生拿出一整个学期的时间，跟随带队老师前往遗址所在的现代村落，通过四个多月的集体生活，共同学习实践田野考古方法技术，共同开展真实的田野考古发掘整理工作。

从 1996 年第一次参加田野考古实习，秦岭就再也没有离开过。从学生到指导老师再到领队，她一方面将自己曾经学到的知识"手把手"地传授给学生，另一方面也在身份的转变过程中继续享受学习和进步的乐趣。

说到"田野考古实习"课程，秦岭直言：可以毫不谦虚地说，北大提出来的教学目标和学生能够掌握的田野发掘技能，在全世界范围内都是最好的。"现在是一个专业化程度越来越高的社会，这也影响到田野考古的运行机制。西方的考古发掘项目一开始就分工明确，比如说，由专人负责测绘，专人负责画图、采样甚至记录等，分工越细，操作者的技能越专门单一。作为实习学生，在这样的田野项目中往往只能机械地重复简单的日

1996 年，1994 级考古学专业女生与实习领队张江凯在河南邓州八里岗合影
从左至右（秦岭、张江凯、李焰、陈馨）

常发掘，无法从整体上理解田野考古的目标、方法和过程。但我们的教学理念和方法不是这样，我们追求的是全人教育，这和当前我国的实际考古工作需求也有关系。因为学生以后走入社会，到考古研究院参与发掘、担任领队，都要求他们能够熟悉田野中涉及的各项内容。"

而带领学生进入田野，在秦岭看来，也是带领他们接触当下中国的重要途径。在她眼中，这一代有幸在北大学习成长的年轻人，未来将会成为重要的社会决策者和执行者。通过"田野考古实习"，为学生们建立起并非基于知识性的对这个社会的真实认识就显得尤为重要。"有了这小半年全方位的对于当下中国农村生活的真实体验，哪怕他们以后不再做考古工作，也会影响到他们对世界的态度和处理事情的方式。"

秦岭一直认为，只有通过田野实践，学生才能真正地理解什么是考古。考古发掘是一个不可逆的过程，每一个探方下的每一层文化堆积，都是人类生生不息创造的历史痕迹。一经发掘，它所承载的"历史"便不能被第二个人重新去发现和记录。从拿起手铲的那一刻，每个考古人都要学会去接受这样的使命感与责任感。这种信念的获取，是田野实践之外的学习所难以赋予的。

▌ 教学生，不愤不启，不悱不发

秦岭常常用"龙虫并雕"来形容考古研究。

在她看来，人类社会有文字记载之前，所有关于过去的认识都要依靠考古学的方法来获取和探索。考古学善于把握人类历史长时段的宏观节奏，又善于利用物质文化进行跨越空间的比较。作为一个长于整体叙事的学科，考古学擅长画"龙"；但同时，考古学科又是一个深入细致能看到历史细节的学科。比如，通过一颗牙去认识具体的那一个人、用一块陶片来分析一群人拥有的资源技术、审美信仰，因此，考古也精于"雕虫"之技。要探究人类过去，须兼备"龙虫并雕"的视野和能力，方能觅踪寻真，上下贯通。

在多年的教学实践中，秦岭一直秉持"因材施教"的教学理念，充分尊重每个学生的学术偏好与学术旨趣。她说："到了大学这个阶段，特别是基础学科学术研究的训练阶段，就是有门槛的，已经是要因材施教，而不是有教无类了。"上面提到，在秦岭的眼中，考古是个"龙虫并雕"的学

2022年，山东临淄桐林遗址考古队合影

科，考古学科本身有宏观和微观的视角，可大可小，而每个人的能力或特长也差别很大，"考古学是一个兼容性很强的学科，只要是人才，我相信在考古学科里都能够发挥自己的作用"。

在教导学生时，秦岭遵循"不愤不启，不悱不发"的教育原则，注重培养学生独立思考和解决问题的能力。她对北大学生始终怀有很高的期待，愿意给予学生们足够的自由度，鼓励他们发散探索。她自称自己不是给学生手把手改论文的老师，而是"只有他们到了临界点，才去给一个启发"的老师。在谈到这么做的原因时，秦岭说："我希望能够培养一代又一代超越我们的、能够延续和发展考古学科的一些大师级的人物！"而这样的希望，就筑基于对学生想法的尊重与信任之上。

谈及与学生的关系，秦岭说，考古是个非常特殊的学科，高效的研究需要团队合作，引领性的研究既需要经验、视野，也需要新的技术和技能，所以，老师和学生永远是"亦师亦友"的关系——"老师是一个带着你共同学习的角色，教学相长"。曾经的老师会变成自己的同事或者合作伙伴，所以又是"团队的关系、梯队的关系，一种非常有序生长的关系"。"这样的关系对于学生的成长非常有用，北大的学生出去就很容易独当一面，因为他不只是站在一个学生的角度考虑问题。"

在秦岭看来，好的老师要具备不断学习和进步的能力，只有这样"才能把学习的乐趣传递给同学，因为我觉得学习的过程中能体会到学习的乐趣比学到多少东西更重要"。除此之外，好的老师对学生要能做到"毫无保留"。"简单地讲，就是知无不言、言无不尽，不要有偶像包袱"，"毫无保留、真诚地把自己当时、当下的所学、所想都能够传递给同学"。她分享知识、分享经验，也分享自己在学术研究中的获得感，缓缓引导许多学生从自身出发去体会油然而生的学习乐趣。正所谓"志于道，据于德，依于仁，游于艺"，能"游于艺"是秦岭的期望，也是她对同学们的真诚祝愿。

为学科，拓展边界

考古，在大众眼中常被归为"冷门专业"，但秦岭有选择冒险、坚持热爱、不断开辟新疆界的勇气。"当你中学毕业，选择接下来的人生道路时，很多人会选择远行，选择要去探索未知的领域。"

这种勇气至今在秦岭身上熠熠发光。数十年来，她积极主导并参与了北大考古文博学院多项课程的开创与改革。

2008 年，海外学习归来的秦岭在北大主导开设了"植物考古"研究方向，尝试利用考古遗址中留存的植物遗存来理解古人与环境、古人与农业之间的互动关系。经过十余载的辛勤耕耘和深厚积淀，在秦岭的带领下，如今的"植物考古"方向已经构建出一套融合理论与实践、系统而全面的培养体系，拥有了一支年龄结构合理、才华横溢的研究团队，并承担多项国家重大科研项目，成为北大考古的一面闪亮旗帜。

在从事国内考古发掘的同时，秦岭的视线也延伸至海外，积极将北大考古的学科建设与国际学界接轨。2017 年，考古文博学院设立了"外国语言与外国历史（考古学）"专业方向，随后成立了外国考古教研室，秦岭担任该教研室主任。"懂中国，更懂世界"，在新的领域，秦岭不断探索寻找走出国门开展考古工作的可行性，通过人才培养，最终实现人才反哺，推动海外考古发展，服务国家战略。

多声部，书写考古新篇章

在秦岭的眼中，考古研究是一部多声部的复调作品。正如一个华丽的乐章需要整个乐团来协作演绎，一段隐没的历史片段，也需要不同背景的专业人员来共同书写。一个好的考古学家首先要确定自己是在哪一个"调"上，继而深耕其间，同时也要兼顾与其他声部的配合和共鸣。

考古学的发展是一个不断积累和创新的过程，研究同样如此。北大田野考古能够在全国甚至于世界范围内居于引领地位，离不开几代师生筚路蓝缕、薪火相传。比如，目前国家文物局颁布实行的《田野考古工作规程》就是在北大考古文博学院赵辉的主持下，主要由秦岭和张海完成的。这一成果背后，是严文明先生最早提出的聚落考古的发掘理念，是徐天进老师亲手设计的器物卡片，是张弛老师率先在实习实践中推进的发掘记录方法。秦岭回忆说，在研究生阶段，张弛就鼓励她在考古工地自己设计数据库；一直到现在，新石器考古团队依然走在推进考古数字化的前沿。开拓创新的北大考古精神始终贯穿于她参与考古发掘与研究的终始。

除了专业学术研究，秦岭的身影也活跃于大众的视野：或普及知识，或答疑解惑，或纠正谬误，她积极承担起考古公众传播与教育的责任。"公众有权利知道，我们有义务去说，公众应该意识到他们才是文化遗产保护的主体。我作为一个古代社会的研究者，并不希望自己成为唯一有资格去书写历史的人，每个人都在用自己的声音来书写和理解历史。"为公众赋能，使公众成为文化遗产保护的主体，并参与到历史的书写之中，是秦岭孜孜以求的目标。2023年年底，广受关注的考古纪录片《何以中国》，

2013年，北京大学考古文博学院新石器考古团队在陕西宝鸡双庵遗址考古实习发掘工地合影
（从左至右：赵辉、秦岭、严文明、张江凯、张海、张弛）

就是秦岭作为学术总制片人的作品，也是她寻找如何与公众共享考古成果的视觉化学术实践。

说起公众近几年对于考古态度的变化，秦岭回忆起自己二十多年前进行田野实习借住在老乡家中时，被子铺盖都要自己带，整整四个半月"与世隔绝"地生活、学习。但今天的实习不仅生活条件有翻天覆地的变化，过程也总是热热闹闹。最早还只是同学或者男女朋友低调地来看望，慢慢发展成来自不同省份、不同年级的家长们自发组织的探班团，有时还会出现老少三代全家出动的场面。

通过田野考古实习的平台，能够进一步扩展和渗透到社会的毛细血管中，吸引越来越多的人关注考古、了解考古，共同参与到文化遗产保护与历史的书写中，这才是秦岭构想中的考古新篇章。

从书斋到田野，从课堂、实验室到全国的考古工地，从国内走向世界，这是秦岭至今仍然不懈行走的路途。"学无止境，常学常新"，这是秦岭对教学最大的感受。她追寻着师长的脚步，一手拿着考古人必备的手铲，一手牵着新入门的考古人，龙虫并雕，因材施教，一笔笔续写着属于北大考古的故事。

学生评价

- 秦老师学术水平极高，授课有极大的启发性！课堂任务划分很明确，课程定位很准。
- 秦老师的课设计合理，系统性、逻辑性强，对于构建我们的知识体系很有效。
- 秦老师耐心指导学生，常以浅显的方式把实习过程中的问题讲得很明白。

（马骁、王梓寒）

启独立之思考，发家国之情怀

— 罗艳华 —

　　罗艳华，北京大学 2020 年教学卓越奖获得者，国际关系学院教授。主要研究领域为人权与国际关系、国际关系史、非传统安全问题等。主要讲授"国际关系史（下）""冷战后国际关系的理论与实践""地区与问题研究"等课程，著有《国际关系中的主权与人权——对两者关系的多维透视》《东方人看人权——东亚国家人权观透视》《国际关系史（第八卷）》《国际关系史（第十二卷）》《美国输出民主的历史与现实》《中国人权建设 70 年》等多部专著和合著。曾获北京大学安泰奖教金、北京大学第七届和第十届人文社会科学研究优秀成果奖、北京大学方正教师奖等。

要真心关爱学生，让原本优秀的人成为更优秀的人。

学无止境，要做一个有独立思考能力的人。

————罗艳华

▎创新课堂，启发思维

作为国际关系学院的本科生必修课，罗艳华的"国际关系史（下）"课程已开设了 14 年。"形式多样""灵活性强""收获满满"，是选课同学最常用的评价。

担任苏联智囊，在试卷上为斯大林提供建议与决策方案；组织同学们进行"六方会谈"，深入了解

罗艳华在课堂上

朝鲜半岛的局势；担任美国领导人的顾问，为杜鲁门提出政策建议；组织同学们进行模拟联合国式的小组汇报 …… 这就是罗艳华的课堂：不仅需要学习知识，更需要智慧。

这些灵活新颖的教学形式让同学们摆脱了记忆史实的烦恼，但对同学们理解课程内容、阅读推荐书目提出了更高的要求。"特殊任务"也推动同学们从"学习者"转化为"当事人"，通过时空穿越、角色转换，更加深刻地了解了当时的国际背景和不同国家的利益诉求，在"换位思考"中检验学习成果，提升独立思考能力。

从教以来，罗艳华始终把"让学生受益"作为自己教学的出发点。她时常思考如何应对应试教育的负面影响，如何让同学们破除高考模式带来的死记硬背、单向输入的学习方式，最大限度地提高学习兴趣、获取专业知识、拓展思维方式。正如她所说，教师为了将所学更好地传授给学生，需要做到三点："以学生为本"，从学生的个性特点出发因材施教；"开放"，要吸收借鉴国外先进的教学成果；"创新"，积极拥抱新技术手段、不断探索新的教学方式。罗艳华把"以学生为本、开放、创新"的教学理念充分贯彻在她的课堂中。

为此，她不断对教学形式和内容进行探索和创新。在多媒体开始普及之初，罗艳华便是最先尝试使用其进行教学的教师之一。此后，她又引入教学网等多种手段来增加师生间的交流互动。她会尽可能找到要求学生课前阅读的教科书和参考书的电子版并放到教学网的学习资料夹中，给学生提供便利。"采用现代的教学手段，既可以丰富教学内容，也能为学生提供更多与课程相关的信息，提高学生的学习兴趣，效果显著。"罗艳华这样说道。

为了让同学们紧跟学术界最前沿的研究动态，尽管有些课已经讲了二十余年，但她每年都会对授课内容进行调整更新，把最新的国内外研究成果纳入课堂教学。"国际关系史（下）"被公认为是国关学院比较难的一门必修课，知识琐碎、内容浩繁、讲授难度大。罗艳华在设计课程内容时，与国际接轨，会参考、借鉴耶鲁大学、斯坦福大学、伦敦政治经济学院等世界名校相关课程的内容。她希望"在国外相关领域顶尖大学能学到的东西，学生在我的课堂上一样可以学到"。

在帮助同学们逐渐摆脱记忆知识的传统学习模式后，罗艳华非常注重培养学生自主探究知识的习惯，以及获取和使用第一手历史资料的能力。她在课堂上会设计很多教学环节，以此来训练学生对研究方法的掌握。在"国际关系史（下）"的课上，她把学生分成很多小组，给他们布置题目，要求他们去查找第一手的资料并用这些资料来解答问题。通过这些丰富多样的教学环节和训练，同学们掌握了历史的研究方法。在同学们进行小组展示时，罗艳华总会认真倾听，给出评论和修改意见。选课同学说："罗老师会认真听每一个小组的展示并提出针对性的问题，这些问题总是一针见血、直指重点的，让我们一下子明白每个组的论述重点、优点以及不足。她的意见常常给人一种醍醐灌顶、获益匪浅之感。"在罗艳华看来，"最重要的不是去记忆知识，而是去探究问题"，而纵游史海、稽考钩沉的过程，正是主动思考、发现问题并解决问题的过程，是锻炼同学们学术思维能力的绝佳途径。尽管尚处在学术的入门阶段，但同学们从各种密密麻麻的印刷文字或手写文稿触碰到国际关系历史的温度和有趣。这完全是一个自主探索的过程，不少同学就是从这个过程中对学术产生了兴趣。一位国际关系学院的毕业生说："我和身边很多同学都觉得，学术的启蒙多多少少都是从罗老师这门课开始的。"

▍ 坚守初心，传道授业

从本科到博士再到留校任教，罗艳华笑称自己是这个园子里"地道的老北大"。自 1982 年入校以来，她就没离开过。

从中学起，罗艳华就特别爱看报纸，当时她最爱读的是《人民日报》和《参考消息》，国际上发生的事情总能引起她的特别兴趣。所以，在报考志愿时，她毫不犹豫地选择了北京大学的国际政治学系（现国际关系学院）。

回忆起在北大求学的日子，她感慨道："我是八十年代的大学生，那时高考恢复还没几年，我们属于高考改变命运的那代人，所以大家都特别珍惜在北大的学习机会。当时，学校的图书馆、教室、食堂、电影厅、宿舍、运动场的条件和现在的没法比，但是我们的学习热情都特别高涨，几乎没有人沉溺于其他的事情，虚度光阴。"

1989 年，罗艳华硕士毕业，系里希望她能够留校任教。她的同学毕业后多数选择去国家机关，但因为对教师职业的向往和对北大的留恋，罗艳华毅然选择了留校，专心埋首于书案，孜孜不倦地做着教学和科研工作。

作为国际关系学院的骨干教师，虽然已从教三十余年，但为了让同学们最大限度地获取知识、紧跟学术界最前沿的研究动态，三个小时的课程，她至少要花两天的时间去准备。每当课堂上讲到重大历史事件时，罗艳华为增加同学们的感性认识，会收集一些珍贵的历史图片和影像资料放进课件。她还会利用出国访学的机会，到与课程内容有关的历史旧址、纪念馆、博物馆等地拍摄照片、收集资料回来和同学们分享。"除了增强了历史真实感以外，更让人想去欧洲亲身体验。"选课的同学这样说。课程结束后，罗艳华和同学们仍保持联系和交流，她常常收到学生从世界各地寄来的明信片，明信片的图片往往是她在课程中讲述过的重大历史事件的遗迹，如有学生从德国寄来的明信片上写道："罗老师，我到柏林墙啦。"每当这时，她都倍感欣慰。因为她从中看到了课程对于学生的影响，他们真的喜欢上了历史，而且已经亲身去感知历史。

"老师要真心地关爱学生，从学生的角度考虑问题，替学生着想，时间长了，同学们就愿意跟你真心地交流，形成一个良性的互动。"罗艳华和学生之间始终保持一种亦师亦友的关系。"我在教师生涯中收获了很多年轻的朋友，从他们身上学到很多东西。同时，和年轻人相处，也让我有

罗艳华在德国柏林墙遗迹"东边画廊"留影

罗老师的学生在同一位置留影

一个年轻的心态。"2020 年，罗艳华荣获北京大学"教学卓越奖"，肖像照挂在第二教学楼里，已毕业的学生返校后，带着孩子与照片合影，再发给罗老师。收到照片的那一刻，罗艳华感到一种"亦师亦友，同享殊荣"的幸福感。

回首过往，罗艳华不由得感叹道："教书育人一直是我的人生理想。"教师常常被誉为"人类灵魂的工程师"，在罗艳华心里，这个职业是崇高的，在传道授业的同时，还要能引导学生找到人生的方向，为同学们成长的烦恼、人生的迷茫答疑解惑。她说："选择这个职业就要对自己有更高的道德要求。对学生的人生态度进行正向的引导也是老师的责任。"

▌ 心怀热忱，育国之栋梁

对世界的了解越多，对国家的感情就越深。"作为中华儿女，我们都非常热爱自己的祖国。每逢国家有重大事件发生，我们都希望能够参与其中，亲身经历历史的重要时刻。"

1984 年，罗艳华作为大学生亲身参加了国庆 35 周年的阅兵活动，在北大方阵高举的"我们的朋友遍天下"横幅下，就有她的身影。1997 年香港回归前夕，她和家人到天安门广场参加了庆祝活动。2008 年奥运会，她前往现场观看比赛，感受中国奥运的高光时刻。国庆 70 周年庆典，罗艳华一家早早守在电视机前，感受举国同庆的欢乐，体会作为一个中国人的自豪。

罗艳华常常对同学们说："我们所学的国际关系专业，一个重要特点就是要在放眼世界的同时心怀祖国，与其他专业相比，我们专业的这个特点更加突出。"

作为国内顶尖学府的学生，北大学生承载着社会的厚望与期待。教师作为他们成长道路上的重要引路人，自然也被寄予了更高的期望。"北大学生是全国最优秀的学生群体，作为老师一定要为这些优秀的同学提供助力，让他们通过在北大的学习成为更优秀的人。"在罗艳华三十五载的教学生涯里，她认真对待每一堂课、每一篇文章，她对于学术规范的要求十分严格。一位现在外交部工作的学生从她这种严谨的学术态度中受益良多："我将自己不成熟的论文发给罗老师过目时，罗老师细致到每一个标点符号、每一个注释的格式都会批改，返回来的论文经常都是满篇红色修改。这使我在之后的论文写作中非常重视论文的规范和写作的格式，力求在细节上严守学术的标准。"

在罗艳华看来，对学生而言，学习态度好、成绩好是重要的，但最重要的是自主思考的能力——"要有自己的见解，独立思考的能力。有想法，才能有创造。"她给了学生一种"北大式自由"，完全尊重学生的研究兴趣，鼓励学生"大胆尝试，小心求证"，启发学生思考。

多年教学，罗艳华最大的体会和感受就是教学不易，"要不断地学习才能提高自己的教学水平，甚至要终身学习"，不仅要在知识水平和学术功底上不断提升自己，还要与时俱进，掌握新的技术手段。"学无止境，要做一个有独立思考能力的人。"这是罗艳华在三十多年教学经历中积淀的教学智慧，是促进一名优秀教师不断成长、不断进步的精神动力，也是她对学生的拳拳期待。

学生评价

• 喜欢罗老师的课！涉及很多有趣的历史事实，也提供给我们很多视角！罗老师对于学术的严格要求鞭策着我们不断进步。

• 罗老师给同学们留出了足够的思考空间，发散思维，增进理解！

• 罗老师的授课脉络清晰、内容翔实。

• 罗老师通过录制视频的方式非常系统地和同学们分享战后国际关系的方方面面。她对于细节的把握和要求也非常严谨。在同学们提出问题讨论时，她也都快速回复，并提出看法和推荐相应的文章。

（佘福玲、王梓寒、孙可心）

心之所向，方能行远

— 王　辉 —

王辉，北京大学 2020 年教学卓越奖获得者，光华管理学院副教授。主要讲授"经济学""中国经济""管理经济学"等课程。主要研究领域为工业组织、劳动经济学、发展经济学。其研究成果发表在 *Journal of Political Economy*、*RAND Journal of Economics*、*International Economic Review*、*Journal of Population Economics* 等国际知名学术杂志，以及《金融研究》《经济学季刊》《经济学报》等国内杂志。曾获得北京大学"正大奖教金"、光华管理学院"厉以宁教学奖"。

每个人的事业都有两面，一面光鲜亮丽，一面辛苦难熬。

只有心中一直燃烧着激情的火苗，才能化解工作中的痛苦和困难，

在晦暗的时刻仍然能够照亮前方的路途，支撑着自己坚定地走下去。

心之所向，方能行远。

—— 王辉

零差评的好课

"每节课都是知识的分享与传递。要想提高其效果，就必须从学生的角度入手，去启发听者的主动性。课上所学能否学以致用，是学生获取知识的最大动因。如果能让学生发现，所学知识能让自己在看待社会问题时，有一种与众不同的视角，能够比其他人看得更深层、更全面，自然就能激发出他们的求知欲。这对于刚刚接触经济学这门学问的学生来说，是非常好的体验。"王辉这样认为，也是这样做的。

2010 年，王辉在加拿大多伦多大学获得经济学博士学位，回到北京大学光华管理学院任教。"他的课堂绝不是沉闷的严肃，而是有一种真正的激情在背后做支撑。"上过王辉课程的同学无不被他清晰的思路、生动的讲授和认真负责的态度所折服。他上课的节奏紧凑、语速较快，但每一个字都充满力量，每一个观点都经过深思熟虑。当他讲到激动之处时，更是神采奕奕，这是一种自然流露的热爱之情，是一种散发着智慧光芒的敬业态度。

作为经济学的基础课程教师，王辉始终致力于在夯实学生理论根基的同时，帮助他们建立起知识点之间的紧密联系。他深知，经济学作为一门人文学科，具有其独特的魅力。这主要体现在其概念的精确性、思维的批判性以及逻辑的严密性上。每一个经济学理论背后，都蕴藏着严密的

假设、扎实的论证和明确的结论，这些构成了经济学学科独特的学术体系。王辉认为，经济学知识不应是孤立的碎片，而应是一个相互关联、有机统一的整体。他强调，培养学生对于经济学的"框架感"至关重要，这远比让他们死记硬背课堂知识点来得更有意义。这种框架感能够帮助学生将零散的知识点串联起来，融会贯通、谙熟于心，形成对经济学整体的深刻理解和把握。在课程结语中，王辉经常提到："经济学本质上是一种'决策论'，它教会我们如何利用有限的资源和信息做出最优决策。在我们的一生中，会面临许多重要的选择，如果经济学知识能在其中发挥作用，那么，这门课程的学习便具有了实际意义。"

王辉在课堂上

在教学实践中，王辉形成了一套行之有效的教学方法。在课程设计方面，王辉注重符合学生的认知逻辑和习惯。他善于将复杂的知识点进行拆解和重组，以先易后难、详略得当的方式呈现给学生。他强调理想的课堂是"前有伏笔，中有引导，后有转折，终有结论，一气呵成。前后逻辑连贯，亮点的出现既打通了理解，更有反转突破，令人耳目一新，兴趣自来"。

王辉的课堂从不缺乏鲜活的案例，这些案例不仅揭示经济学理论的核心矛盾，更紧密贴合现实生活，充满时效性和社会关注度。他特别注重案例中的反直觉结论或洞察，以引发学生的好奇与思考，使他们在"意料之外"的现象中收获"情理之中"的领悟。

在推动学生参与社会实践活动方面，王辉亲自组织并参与学院团委"采薇计划"。这一计划充分利用大一学生的寒假返乡时间，鼓励他们深入家乡进行社会调研，将课堂所学知识与现实社会相结合。通过这一平台，学生们得以亲身感受社会脉搏，深化对经济学理论的理解与应用。除了开展线下的教学实践，王辉还积极推进线上的课程建设，他在中国大学MOOC（慕课）平台上推出的"微观经济学：供给与需求"，充分依托互联网技术在教学领域的应用场景，使知识原理的呈现更加直观生动，极大地提高了学习效率。

▌ 教学相长，山高水长

谈到对教育的热爱，王辉用了三个词概括：分享、探索和传承。他说：做老师的人，都是喜欢分享的人，希望能将自己所学传递给学生；但是课堂中的分享最重要的是要有吸引力，这就需要老师不断思考，探索知识边界。他经常回想起当初自己坐在燕园教室中，是怎样被老师们的博学多识所折服。也是在他们的引领下，王辉走上了三尺讲台，实现着自己的教育梦想。在鲁迅先生设计的北大校徽中，一个人托起了两个人。在校内，老师托起了学生，传承了知识与北大人的精神；在校外，北大人肩负了社会与时代赋予的责任与使命。正是这种北大人的责任感与使命感，鼓励着王辉把北大严谨求实的人文精神不断传承下去，努力去培养出更多服务国家、奉献社会的优秀人才。

当被问到作为老师最大的收获时，王辉给出的答案是"教学相长"。这简单的四个字蕴含了深刻的教育哲理，揭示了教学过程中师生互相促进、共同成长的美妙过程。作为一位资深的经济学教授，王辉深知教育不仅仅是知识的传递，更是思维的碰撞与心灵的交流。在与学生的相处中，王辉始终坚持的原则是平等、耐心和严格要求。作为老师，要尊重学生独立思考、质疑一切的权利；作为学生，对于知识要保有敬畏感。"经济学"课程主要针对大一新生，对他们来说，学习方法和习惯尚在摸索与形成中，老师往往需要更多的耐心去帮助他们完成学习方式的转变。在答疑时，王辉强调采用独立思考在先，反馈在后的方法，避免学生养成遇到问题急于寻求现成答案的习惯。

王辉与同学合影

"回想起过去 14 年的教学经历，每年自己教的学生永远是'冻龄'，而自己却是一年一年的老去。"王辉感叹道。也正是在这样的一个过程中，需要自己不断更新教学思路，拓展认知思维，加强自己对新事物的洞察力，同时保持开放包容的心态，这样才能让每一代的学生在课程中有代入感与参与感。

尽己治学，以爱为光

王辉坦言，自己也遇到过令人沮丧的时候：需要不断修改的论文、枯燥的编程过程、琐碎的数据核对，这些都是学术工作中不可避免的苦恼。

问题永远是客观存在的，但是如何解决问题，便决定了你与别人的不同。因为人常有惰性，面对那些烦琐又麻烦的事情，惰性会让你妥协、寻找捷径。

而对于王辉来说，出于对自己高标准的职业要求，他总是要求自己不厌其烦、事无巨细地去做这些科研中最基础的事情。问及原因，也很简单：希望自己时常处于这种"坐得住"的状态之中。科研有时候难免枯燥，但更要求严谨。一个认真的学者必须耐得住烦琐，保证数据一个都不能出错，要时刻对自己的研究结果负责。自投身科研以来，王辉时常提醒自己不要安于待在自己的"舒适圈"，应当尽己之力不断寻求进步和突破。在他看来，每一个有职业素养的人的背后，都离不开这种死磕的认真劲儿，而推动他做到"认真"二字的真正力量，是内心真正的兴趣和热爱。

王辉深知，每项工作都有"光鲜亮丽"和"辛苦难熬"的一面，身处晦暗时他总会联想起电影《火星救援》中的情节：在男主角面临独自一人可能要被困死在火星的绝境时，在他做好了最坏的打算、委托同伴们去替自己向父母道别的邮件中这样写道："please tell them，tell them I love what I do，and I'm really good at it（请告诉我的父母，我真的很热爱我的工作，而我也确实做得很出色）。"在课堂上，王辉也常把这个触动自己的片段讲述给遇到人生困惑的学生，鼓励他们找到自己的真正所爱。"我爱我正在做的事情，并且一直努力让自己做得更好。"这句话看似普通朴素，细想起来却令人动容。以热爱的领域为毕生的事业，倾尽全力让这份热爱发光，无疑是一件最值得庆幸和感恩的事情。

▎ 立足点滴，关怀天下

一名老师不仅要在学术领域为学生传道、授业、解惑，还需要培养学生的全局观和责任感。王辉在他的教学和研究中，充分体现了"立足点滴，关怀天下"的理念。

　　王辉指出，一名研究人员最有意义的工作在于探索未知、填补认知领域的空白。每一项研究、每一个发现，都是对人类知识大厦的一砖一瓦的添补，这种积累看似微不足道，却汇聚成了人类知识的伟大进步，这种使命感和热情，驱使着学者们不断努力进取。"如果非常有幸，在不断挑战自己、探索未知、发现事实之后，自己的研究成果可以得到学界认可，那么成果就成为文献，成为人类知识大厦中的一砖一瓦，这是一件很令人振奋的事情。"

　　人才的养成，应立足于点滴的积累，并作用于国家的未来。在课程内容上，王辉注重向学生介绍关于中国经济的伟大实践和改革开放取得的巨大成就，用学术的语言讲述中国特色的发展道路，使学生坚定理想信念、厚植爱国主义情怀。王辉与同院两位老师一起开发了光华精品课程"中国经济"。这门课基于严谨的经济学理论与前沿的研究文献，去解析和讲述独特的"中国故事"，引导学生深入理解中国经济的运行逻辑和演变进程。他承担的教学部分主要关注于人口、教育对未来中国经济发展所带来的机遇与挑战，这也是他科研工作的主要方向之一。在王辉的研究中，人口老龄化、人工智能、劳动力升级、教育资源分配……"尽管我国面临劳动力数量减少、社会养老负担增加的压力，但同时也有着人口质量迅速提升的优势。伴随高等教育的发展，未来的 30 年会产生三四亿高等教育水平的技术型工人，这将成为中华民族在国际竞争中屹立不倒的宝贵财富。"在王辉看来，身为这三四亿人中的一员，同学们应该时刻思考，如何在时代的大潮中塑造、扮演自己的角色，如何在其中脱颖而出，成为时代的弄潮儿、领导者。面对阻碍，内心的热爱是克服困难、砥砺前行的原动力。唯有遵从内心的热爱，才能够创造最强有力、最长期的内驱力。长远而言，才能推动人在某一领域真正有所成就。道路既无高下，也从不唯一，其间会有各种磨难曲折，在身处逆境行将放弃之时，唯一能够支撑我们继续前行的就是内心的追求——心之所向，方能行远。

学生评价

- 王辉老师通过实际案例帮助同学们通过学到的经济学知识观察、剖析身边的世界，在思维的碰撞中告诉我们一些看问题的新角度、新方法，引发我对一些问题的深入思考，对我很有启发性。

- 老师讲课非常清楚，而且很注重培养同学们对经济学的兴趣，讲解也非常专业！

- 老师讲课很有条理，讲的很仔细，我也能从老师的一言一行中感受到他的博学。

- 老师的讲授幽默风趣，结合现实，重视经济学在现实中的应用，教学方式独具一格，使我受益匪浅。感谢老师的讲授。

（廖荷映、何楷篁、王钰琳、杨宇熙、钟淋）

让学生站在自己的
肩膀上看世界

—— 黄 卓 ——

黄卓，北京大学 2020 年教学卓越奖获得者，国家发展研究院教授。研究方向为金融计量学、数字金融与数字经济。主要讲授"高级计量经济学""计量经济学""数据分析和计量经济学编程"等课程，著有《互联网金融时代中国个人征信体系建设研究》《平台经济通识》《数字金融的力量：为实体经济赋能》等多部专著。曾获得北京大学青年教师教学基本功比赛二等奖、北京大学中国工商银行奖教金。

有缘千里来上课，每一门课程，

对于老师和学生而言，都应该是一段难忘和有趣的生命体验。

大学老师的作用，是努力站在学术前沿，

让学生站在自己的肩膀上看世界，做出他们的学业和人生选择。

——黄卓

▎关注现实经济，重视师生互动

自 2011 年从斯坦福大学博士毕业后，黄卓同时得到了几所大学的工作机会，最终他选择来北京大学担任教职。早在攻读硕士研究生期间，黄卓心中便埋下了成为一名教师的种子。当时，他获得了一个宝贵的机会，以硕士研究生的身份为本科生讲授一门课程。虽然这是一个巨大的挑战，但他却凭借出色的课程设计和扎实的知识储备，顺利完成了教学任务。这次经历不仅让黄卓收获了教学经验，更让他对教师这个职业产生了深深的向往。

谈及为何选择北京大学国家发展研究院，黄卓的回答简单而坚定——因为这里更关注现实的经济问题。国发院自创立以来，便坚持用规范的方法来研究中国的经济学问题，并产生了深远的影响。这一理念与黄卓的学术兴趣不谋而合。他认为，经济学研究应该紧密联系实际，为解决现实问题提供有力的理论支持，而同样是做中国经济研究，在国内能够亲身经历整个过程，这是海外无法提供的条件与环境。国发院坚持用国际的前沿理论来研究中国的现实问题这一传统也深深影响着每一位老师的教学，所以，在教学实践中，黄卓一直坚持理论和实践相结合的教学模式。

黄卓也非常重视与学生的沟通与交流。他敏锐地捕捉到社交媒体在现代教育中的潜力，较早地就采用了微信群、QQ 群等线上工具来管理课程，促进课堂内外的交流。虽然利用这些技术工具需要投入额外的时间和精力，但黄卓认为这种投入是值得的。他始终鼓励学生在群内积极互动，无论是提出问题还是分享见解，老师或助教都承诺在 24 小时之内给予回应，确保学生的疑问能够得到及时的解

黄卓与学生合影

答。同时，他也鼓励群内的同学们相互帮助，共同解答疑惑。这种互助的学习氛围不仅提高了学生的学习效率，也促进了他们之间的友谊和团队合作精神，让学生收获更多。

因材施教，"不让一个学生掉队"

在教学过程中，黄卓始终秉承因材施教的教育理念，致力于"把难的内容讲得简单清楚，争取不让一个学生掉队"。他会根据班上同学的基本情况，瞄准水平相近的绝大多数同学，同时特别关注一部分相对困难的同学，根据他们的背景差异来采取一些个性化的教学策略。如面向经济学博士生开设的"高级计量经济学"，他明确区分了必须掌握的核心知识点和可选择性掌握的拓展内容。对于必须掌握的部分，黄卓会在课堂上进行深入浅出的讲解，力求让每个学生都能扎实掌握基础知识。而对于可选择性掌握的内容，他会为学有余力的同学推荐相关的参考资料。这种因材施教的教学方式，既保证了教学质量的统一，又兼顾了学生的个性化发展，收到了良好的教学效果。此外，黄卓会在每学期留出最后两三次课的时间，用来讲授选学的内容，让学有余力的同学开阔视野，为他们搭建通往更高

级课程的桥梁。这也为基础较薄弱的同学留出更多巩固基础、复习考试的时间，适当减轻同学们的学习和备考压力。

在教学实践中，黄卓会根据学生的层次和水平设计课程内容的重点和难度。黄卓同时给本科生和博士生都开设"计量经济学"课程。对于本科生，黄卓认为教学重点应该是让学生掌握课程的基本框架，对于教学过程中涉及的方法和模型，他并不要求学生能深刻把握。他认为，最重要的是让学生保持对于学术研究的兴趣。因此，黄卓努力打造有趣的课堂，他会结合课程内容讲述一些自己经历过的研究趣事，让大家觉得课程与我们的生活和业界的发展是紧密相连的，同时也是特别有趣的。当课程涉及抽象难懂的内容时，黄卓会考虑用尽可能形象的方式呈现给学生，他会加入一些实践应用相关的知识和个人的经验，比如，某一个计量方法会在什么样的场景中去应用，这样不仅可以加深学生对于知识模型的理解，也有利于他们更加了解学科整体的情况。黄卓在学术研究上提出了一个新的波动率模型，有很多复杂的数学公式和计量分析，黄卓在课堂上向同学们展示了如何用每个人都会的 Excel 软件来实现这个模型主要部分的计量编程和参数估计。他认为："本科生课程不是要让学生觉得课程有多难，你有多厉害，而是要让他们觉得，哦，原来这个东西没有那么难，其实我也能做出来。"通过这样的方式建立起学生对挑战前沿的信心。

对于博士生，黄卓认为需要培养学生对基础理论的了解，特别强调学生对计量编程的掌握，希望同学们从"依葫芦画葫芦"的模仿阶段，到"依葫芦画瓢"的修改阶段，一步步进阶到独立的实证分析和计量编程能力，从而帮助学生在未来的学习中更容易找到与老师合作科研和探索前沿问题的机会。黄卓也有意识地引导学生在课堂上更多地了解学术界的情况，将前沿论文作为例子融入课堂教学中，把一个知识点放到大的学科布局里，让同学们知道这一部分内容业界是如何使用的，未来能够适用于什么样的研究，引导学生寻找下一步学习和研究的方向，让同学们了解在学科体系中"我们在哪儿？从什么地方来？到哪里去？"。

黄卓（右三）讲授 EMBA 课程"数字金融"

在教学中，黄卓会根据课程特点和学生需求，灵活运用不同的教学方法。比如，在给 EMBA 学生讲授数字金融课程时，他深知 EMBA 课程强调实战应用的重要性，因此特别选择了一个富有争议性的最新案例来进行深入剖析。为了让学生能够更直观地理解数字金融的复杂性和挑战性，黄卓将同学们分成正反两个阵营，以对抗式辩论的方式展开案例讨论。在这个过程中，同学们基于自己的立场提出各自的见解和论据，通过深入分析和激烈辩论，对金融创新的积极作用以及潜在风险有了更为深刻的认识。这种案例教学的方式不仅激发了学生的学习兴趣和主动性，也让他们在参与讨论的过程中了解了不同观点之间的碰撞和融合，拓宽了他们的视野和思路，锻炼了他们分析问题和解决问题的能力。

从培植兴趣到精深研究

多年的教学生涯，黄卓始终坚守六个维度的育人理念：第一，注重教学的清晰性，力求将复杂的知识内容以简明扼要的方式呈现，确保学生能够理解并掌握。第二，注重教学的专业性，不断追踪学术前沿，将最新的研究成果和理论知识融入教学，拓宽学生的学术视野。第三，追求教学的有效性，在有限的课堂时间内，致力于每一堂课都能让学生有所收获。第四，重视课程的趣味性，让课程有趣而生动。他常说："有缘千里来上课，学习应该是一种享受。"第五，黄卓期望通过他的课程能激发学生的思考，让学生学会批判和质疑。第六，黄卓认为教学的最高境界在于帮助学生实现个人的成长。他深知教育的目的不仅仅是传授知识，更重要的是引导学生找到自己的兴趣和方向，帮助他们成为有思想、有情感、有责任感的人，这也是他持续探索与不懈努力的终极目标。

基于此，黄卓还精心构建了一个多层次的师生关系模型。首先，最基础的是授课教师，要将课程内容讲解得清晰透彻，注重与学生的互动，鼓励他们提问和讨论，更重要的是要为学生们播下学术的种子。其次是导师，不仅要解答学生的疑惑，还要为他们提供方向性的指导。再次是教练，不仅要关注学生的学术表现，更要关注他们的个人成长。他希望通过与学生的深入交流和自身的言行示范，激发学生的研究兴趣，帮助他们不断提升自我。最后，黄卓将师生视作合伙人，导师和学生应该共同努力、相互支持，共同追求学术上的突破和创新。他常常对学生说："我不需要助研，我只需要合作者与合伙人。"因此，黄卓鼓励学生积极参与学术讨论和研究项目，将与导师的合作视为一种宝贵的学习和成长机会。

但他并不强求本科生精通复杂的研究方法，而是鼓励他们保持对现实问题的敏感和好奇。他特别珍视学生们在参与科研项目中展现出的探索精神，即对现实问题的好奇和敏锐洞察。这种"问题意识"往往源于每个人的生活经历和观察。比如，经历过疾病的人可能对医保政策和医疗资源分配有独到的见解；喜欢阅读报纸的人可能对时事政策有着浓厚的兴趣。他相信，理想的培养状态是让学生找到他们真正热爱的事物，并在某一领域达到精深的专业水平。这两者相辅相成，关键在于激发学生的学术热情。因此，黄卓致力于为学生们播下学术的种子，激发他们的学术热情。这种基于个人兴趣和观察的研究能够帮助学生发现独特的学术视角，为未来的学术道路奠定坚实的基础。

　　为了帮助学院博士生在学术界求职，黄卓借鉴国外顶尖大学的经验，在学院倡议成立了博士就业指导委员会并担任首届负责人，为博士生们提供简历修改、求职论文报告、模拟面试等辅导服务，取到了显著的效果并获得学生好评。

从学术到人生，不止一种选择

　　在黄卓的教育理念中，他特别强调教师应避免将自己的思维定式强加给学生，以免限制他们的发展。尽管学术界的传统观念往往认为博士生应该继续走学术研究之路，但黄卓却持有更为开放和包容的观点。他认为，每个学生的兴趣和志向都是独一无二的，他们的人生轨迹不应被既定的模式所束缚。在黄卓看来，博士生教育的核心目标不仅仅是培养他们成为学术研究者，更重要的是让他们在读博期间真正学到知识并掌握研究方法，并找到适合自己、自己热爱的职业方向。无论是留在学术界深耕，还是将学术知识应用于政府或业界，都是值得尊重和鼓励的选择。

　　因此，黄卓在指导学生的过程中，始终鼓励他们根据自己的兴趣和优势去探索不同的职业道路。他相信，每个学生的潜力和才华都是无限的，只要给予他们足够的自由和支持，他们一定能够找到属于自己的天空。黄卓的博士生们也的确展现出了多样化的职业发展路径。他们中有的成为国内顶尖大学的教授或崭露头角的青年学者，有的则成为金融行业的投资精英和创业者，还有的进入国家部委为国家发展贡献力量。每个学生都有能力在自己选择的道路上取得成功，而教师的角色，则是激发学生的潜能，引导他们找到自己的兴趣和方向。

　　在国发院执教的这些年里，黄卓一直享受着"教学"的过程。他认为，作为一名高校老师，教学与研究是并重的两大职责。如果无法从教学中找到乐趣，那就意味着有 50% 的工作时间在做一件不喜欢的事，这无疑是一种痛苦。所以，热爱教学、琢磨如何更好地教学，是一件性价比极高的事情。黄卓从未将"教学"视为负担，反而认为这加深了他对"教师"这一职业的理解，也让他更加深刻地认识到自己所从事的工作的意义。与单纯的学术研究相比，与学生的沟通为他的工作增添了无限活力。他欣喜于与学生的每一次互动，他们的成长与进步给予他巨大的成就感。随着学生群体的不断更新，黄卓能够从中感受到年轻一代的新鲜气息，这也成为他工作中的一大乐趣。

学生评价

- 黄老师能活跃课堂气氛，带动学生思辨、思考，课程形式轻松、自在，具有启发性。
- 黄卓老师经常在课程群里和大家互动，与课程相关的论文和推送也会转给我们，我觉得这样非常好。
- 黄卓老师幽默风趣，而且会补充很多课程外的知识，引导我们思考。
- 课程脉络很清晰，可以感到老师在计量领域很有造诣，激发了我对于计量经济学的兴趣。

（刘璇、何楷篁、刘文欣、吴星潼）

教学是让我不断前进的事

— 许雅君 —

许雅君，北京大学 2020 年教学卓越奖获得者，公共卫生学院教授。研究方向为生命早期营养。主要讲授"营养与食品卫生学""预防医学导论""营养与疾病""身边的营养学""生命早期营养""舌尖上的安全"等课程。著有 *Preventive Medicine*、《营养与食品卫生学教程》《生命早期营养》《母乳营养与代谢》《食育，在孩子心里播下健康的种子》《中国学龄前和学龄儿童营养相关问题报告》《中国居民营养素养核心信息及评价》等多部著作。曾获得教育部"在线教育先锋教师奖"、霍英东教育基金会第十三届全国高等院校青年教师奖、"首都教育先锋"科技创新个人、北京市青年教学名师、北京高校第六届青年教师教学基本功比赛第一名、北京大学优秀教师、中华医学会教育技术成果一等奖、北京大学教学成果一等奖等。

乌托邦为什么存在？

你前进一步，它就往后退一步，

你可能永远都摸不到它，但它存在的价值就是让你不断地前进，

教学对我来说就是这么一件让我不断前进的事。

——许雅君

▌ 教育，是甜蜜的责任

在公共卫生的教学研究领域深耕多年之后，许雅君对这一行爱得越来越深沉，也有了更坚定的认知。对于教学，许雅君特别喜欢一句话："乌托邦为什么存在？它存在的价值就是让你不断地前进。"学生和教学，就是不断让许雅君前进的事。

选择从事教师这个职业，对许雅君来说并不是一时头脑发热，而是儿时的梦想。许雅君做学生的时候，对老师就有一种无比的崇敬感，读研究生时也特别愿意和老师交流问题。她一直认为，老师是一份很好的职业，所以想留校当老师。尤其是和年轻学生在一起的时候，许雅君觉得这份美好更为明显。现在课题组的同学亲切地把许雅君称为"师父"，就像家一样，大家关系特别好。"我是做了一份梦寐以求的职业。"许雅君说。

许雅君在从教之后，观察到如今有的课堂像是在完成一个任务：老师讲得没精打采，学生听得更"狼狈"，不想听又不得不坐在下面，生怕点名签到。课堂变成了老师和学生的互相折磨，而不再是师生互动的教学相长。切身体会到了课堂的无奈之后，许雅君决定沉下心来，站在学生的角度想该怎么讲。讲课可以不难，可以把一本教材里的东西原封不动地"搬"给学生，但是"搬"的方法不一样，学生的收获就大不一样。

许雅君更注重给同学们书本外的东西 —— 学科的前沿进展、知识的应用方法，她都会揉进课堂。因而，她对教学与科研的关系有自己的认知：一方面，科研是教学的支撑，任何一个教师如果自己不做科研，不接触领域内前沿的进展，不与顶尖思路相碰撞，眼界难免狭窄浅近，就无法保证课堂上带给学生的知识是新的；另一方面，教学是大学的根本，既然是在大学而不是在研究所授课，教学理应排在科研前面。北京大学肩负着更多为国家培养人才的重任，这是学校和每位老师都不能推卸的责任。在教学中，许雅君认为更重要的是传递北大的精神和责任。"将来这个园子里的人走出去，格局有多大？是只解决自己面前的一亩三分地，有一份工资就满足？还是为国家的发展去做贡献？这是完全不一样的。"她希望在教学中把这一整套思想和逻辑教给学生。每当许雅君和同学们接触、看见他们的进步时，她总会由衷地高兴。虽然深知责任重大，"但是，教育对我来说是特别甜蜜的责任"。

多年以后，许雅君作为公共卫生学院的教师代表，站在开学典礼的台上发言。看着下面即将进入这一专业的新生们，她想起当年"一腔孤勇"选择公共卫生专业的自己。她真诚地对大家说："有不少同学是被调剂来的，但是我们应该给自己时间和空间去体验，在慢慢学习的过程中，你会越来越喜欢这个专业。很多人说，爱一行才能干一行，但如果你因为各种原因没能去到自己爱的那一行，可以换个角度，干一行，你去尝试着爱一行。"

做好公共卫生相关事业，救的人不是以个计数的，而是成千上万。研发疫苗、初级卫生保健、孕产期保健……寻常的日子里，从事这一行，做的是"不被看见的工作"。虽然大多时候不能直接感受帮助人们从生病到治愈的喜悦感，也无法目睹抢救生命的"壮烈"场面，"但是，我们的工作是努力让这些疾病不再发生，这是件多么伟大的事"，许雅君的字里行间传达着满满的职业自豪感与幸福感。

▌ 将平等的理念贯穿于教学始终

在教育理念方面，许雅君认为最核心的观点是"平等"。

许雅君不觉得自己在所有知识领域的掌握程度都比学生们高。相反，在很多其他领域，例如，最简单的绘图工具使用、PPT 制作乃至 AI 的使用等，学生们掌握的技能与应用水平可能远超过老师。许雅君坦率地承认，学生们的很多学习方法其实都在不断地开阔老师的视野，增进老师的技能。许雅君说："在学问方面，我比他们早入行几年，我会把大的思路教给他们，然后更多地去培养他们自主学习的能力。"

每个月，许雅君都会开大型组会，由组里同学一起来讨论进度，互相出主意。许雅君则会根据每个同学的特点，一起来探讨可行的研究方向。

"学生们会有一些特别好的思维，或者创新的思想，这是不应该被埋没的。"许雅君说。"我很少去批评学生们，更多的还是引导他们去发现研究领域的新特点，学生可能提出一些新的想法，我们一起来分析这种方法是不是可行，后期结果是什么。"讨论的过程，既让师生之间互相学习、互相帮助，也拉近了师生之间的关系。

这种对于"平等"理念的贯彻，也深深地体现在许雅君对青年教师的培训中。自 2009 年获得"青教赛"理工组比赛一等奖并斩获"最佳教案""最佳演示"和"最受学生欢迎"三个单项奖后，许雅君便积极投身于青年教师的培训工作。她会与通过初选的青年教师们频繁交流，一起梳理教学思路，并亲自修改他们的 PPT。由于医科院校的老师大多没有师范背景，缺乏标准、专业的师范职业教育，许雅君便从校外请来师范院校的老师，组织青年教师沙龙，由师范院校的老师向医学部的老师们传授演讲技巧、课堂组织方法、仪表仪态等知识。

2016 年，北大医学部成立教师教学发展中心，同时聘请具有相关经验的老师作为青年教师发展导师，以帮助青年教师更快地进入教师角色，少走弯路，许雅君成功受聘。许多接受过她培训的老师都在教学比赛中获了奖，但许雅君始终强调："培训不是为了比赛，而是为了更好地规范教学工作，青年教师们教学能力变强了，教育效果会更好。"

在许雅君等浸润教学事业多年的"老"教师带领下，北大医学部整体的教学气氛和教学效果相较原来有了很大提升。但许雅君并不居功。"我给他们传授知识，教他们学习方法，分享自己的研究成果……与此同时，他们也在教会我一些东西。"将自己的一些经验传递出去，也许会让更多课堂的教学更有成效。这是许雅君从事教学以来的感想，亦是许雅君在践行"平等"理念过程中收获的幸福。

教育对每个学生都应该是公平的

2013 年年初，许雅君第一次接触到"MOOC"（慕课）。这个由 Massive、Open、Online、Course 四个单词的首字母组成的全新概念，瞬间击中了许雅君——只要有网络和终端，无论身在何处，都可以免费听到各个专业的大师讲课。她知道，在北大之外仍有许多对知识抱有极大兴趣的学生，都希望能听到北大老师的授课，而慕课正是契机。

2014 年，北大开始推出在线课程，许雅君立刻报名参与，成为北大第一批"MOOCer"。她开设的"身边的营养学"，也是公共卫生领域第一批慕课之一。

第一次准备慕课，许雅君也只能摸着石头过河。为了知道学生的情况，她去追踪观察所有同学的学习轨迹。她发现，大部分国内学生的学习时间在晚上十点左右，于是她想象他们的状态：可能是坐在桌前泡脚的时候观看视频；或者是躺下后，睡前随便点开课程视频，看着入眠。如果依然按照以往一小时一节课的模式来做视频，学生要么拖动进度条，要么看几分钟就放弃了，很少有人能够看完。于是，许雅君决定，把自己的课程截成 6—8 分钟的小片段，每个短视频讲透一个知识点，以最大化地利用学生们的碎片时间。为了将枯燥的基础知识讲得生动有趣，许雅君花了大量的心血：她将教材的顺序完全打乱，重新梳理规划；并引入大量日常案例，自制动画穿插在 PPT 中，以提高课件的趣味性和观赏性。

"身边的营养学"慕课第一次上线，共有 130 多个国家的 5000 多名学生选课。许雅君依然用中文授课，但为了方便更多国家的同学学习，她特意准备了中英双语的课程 PPT 等阅读材料。但在上课第一周后，还是有很多其他国家的同学在讨论区问有没有英文版本的课程视频。此时已经来不及再加英文字幕了，许雅君做好了会有一半以上同学退课的准备。但三天之后，令人惊喜的事情发生了——讨论区出现了英文的字幕——一个一句中文都不懂的泰国学生，将课程的录音识别成中文，再用机器翻译成英文，分享在讨论区。许雅君感慨，一个素未谋面、不懂中文的学生，竟然仅凭对课程的兴趣就能为此付出这么多！她很快赶制出一版英文讲义作为字幕。许雅君全心的投入也换来了学生们的喜爱。第一期课程结束后，学生们录了一个结课视频对她表示感谢，这是令她"最感动的时刻"。当"身边的营养学"再次上线时，它成了"2015 全球 MOOC 排行榜 TOP50 最受欢迎的慕课"。

慕课也为许雅君开拓了新的教学思路。如今，她的线下课堂也会采用翻转课堂或者混合式教学的方式：课前，先将课上会涉及的基础知识、软件的使用方法等内容发给同学们；课上，利用互动小程序调动学生的课堂参与；课后，为大家找来更多的拓展资料，再录制详细讲解重难点的音视频，帮助学生更好地消化课程内容。线上线下形成合力，教学效果是 1+1>2 的。

作为国内慕课的先锋，许雅君亲手推开了这扇让教育更加公平的窗户。在付出的同时，许雅君也收获了"传道、授业、解惑"的成就感。同学们的一句句"我懂了""这个知识太实用了""我终于明白这是怎么回事了"就像一个个炸开的礼花，让许雅君心潮澎湃。在面对着冷冰冰的摄像机和空荡荡的摄影棚时，许雅君也好像心中有一团火。当被问及对未来教育的期待时，许雅君说，自己的愿望很朴素：师生共同享受课堂，以及教育越来越公平。

学生评价

- 能够成为许老师的学生感觉好骄傲啊，许老师每次准备课程都很认真，讲课的时候整个人都在发光！真的是个超级负责任的老师。
- 许老师的讲解非常透彻，使人茅塞顿开。每个主题都深入浅出，使我们更好地理解并掌握了相关概念。此外，她还鼓励我们积极发言，提出自己的看法，使课堂氛围非常活跃。
- 曾闻吾师志于教学，而今得以窥其一二。许老师授课以态度为先，谨而且敏，巨细不苟，竭诚解学生之困惑；备课则以效率一贯，争分求是，心神倾注，是以拨冗而得以赴其所好也。

（郭弄舟、马骁、周君柔）

在学生心中种下
科学的种子

— 顾红雅 —

顾红雅，北京大学 2021 年教学成就奖获得者，生命科学学院教授。研究领域为植物遗传多样性、适应性演化的分子基础研究以及基因家族的功能和演化研究。主要讲授"生物演化"（国家精品在线开放课程、国家级线上线下混合式一流课程）、"植物多样性及其演化"等课程，著有《燕园草木》、翻译了《生物进化》等教材。曾获国家教委科技进步三等奖、中国青年科技奖、北京市高等学校教学名师奖、北京大学第十七届"我爱我师——最受学生爱戴的老师"金葵奖。

老师这个职业，首先要敬业，

对岗位要有一种敬畏心，要尊重自己的职业。

别看我讲了 20 多年课了，每次上课之前还是有点紧张，

其实就是这种敬畏的心理，你生怕会讲错，

所以每次上课之前都会认真备课。

—— 顾红雅

▍ 误打误撞，与植物学结缘

顾红雅与植物学结缘是一场"意外"。在 1977 年国家恢复高考的大潮中，对数学颇感兴趣的顾红雅填报了南京大学的数学系。然而，或许是因为考数学时发挥失常，她最终被分到了生物系的植物学专业。

当时植物学研究领域正处于百废待兴的状态，大家对植物学的了解十分有限，班里的 19 名学生只有 4 名是自愿填报，其他人都是学校分配来的。尽管上课的教材是学校老师自己撰写并进行油印的，但植物学系汇聚了一批经验丰富、充满热情的优秀教师。他们刚刚重回讲台，授课生动风趣，很快就吸引了同学们，顾红雅也渐渐对植物学产生了浓厚的兴趣。

1980 年，顾红雅在南京大学西南楼（生物系）门口

在当年的学习中，同学们怀着强烈的求知欲望，如饥似渴地吸收知识。顾红雅记得，当时老师会带着大家一起到玄武湖公园看植物，加强大家对植物的感官认识、培养大家对植物的兴趣。走在公园的石子路上，大家突然觉得石子的图案很像植物的茎的横剖面，便开始联系起课上教的植物结构。顾红雅把这归结于"老师教得好，我们学得也认真"。

当时的知识体系并没有完全开放，在一些前沿研究方面，国内还处于落后状态。但对于植物学这一基础的学科而言，经典的理论脉络至关重要，国内不少高校在植物分类方面的功底还是非常扎实的。本科阶段的学习给顾红雅打下了坚实的植物学基础，她认为自己至今还受益于此。

本科毕业后，顾红雅赶上了改革开放的春风，当时国家大力支持人才"走出去"，学习西方先进的科技知识。经过考试，顾红雅获得了教育部公派出国的名额，前往华盛顿大学，师从密苏里植物园园长 Peter Raven 教授，研究植物的分类与演化。在华盛顿大学的学习让顾红雅接触到了许多前沿研究，开始从植物的形态深入分子层面，运用分子生物学研究植物系统的发生和演化，这也成为顾红雅日后一直深入研究的方向。这些新鲜的前沿知识让顾红雅深受震撼，也让她下定决心早日学成，将前沿的理论与技术带回祖国，把自己的这份兴趣传递给更多的人。

在顾红雅自身的学习经历中，她体会到了"兴趣驱动、理论联系实践、系统化知识体系、前沿研究"的重要性。这也深刻地影响了她对教学的认识与理解。在多年的教学工作中，顾红雅始终坚守"因材施教"的原则，既充分考虑不同学生的学习背景与特点，又针对不同教学内容进行精心设计与安排。她坚信，只有真正将学生的学习兴趣与教学实践相结合，构建系统化的知识体系，并关注前沿研究动态，才能培养出具有创新精神和实践能力的高素质人才。"我希望让学生不仅学到知识，还要学习科学的方法，更要引导学生理解科学的态度和科学的精神，用证据说话，不要人云亦云。这种批判性思维、创造性思维其实都是贯穿在我的课程里的。"顾红雅如是说。

▍ 教学相长，创新教学方式

北京大学在生命科学领域有着深厚的学术渊源和丰富的历史积淀。我国现代植物分类学的奠基人胡先骕最初是在京师大学堂读的预科，而北大首任校长严复先生也是第一个将赫胥黎的《进化论与伦理学》翻译传入中国的学者。进入北京大学执教，对顾红雅而言是一次难能可贵的机会，让她得以充分展示自己在教学科研方面的才能。

站上讲台之初的顾红雅还十分青涩。"当时有个老教授来听课，我把他讲睡着了。天啊！我讲得也太差了。"谈起这些令人难堪的授课经历，顾红雅哈哈一笑。在那之后，她便在教学上下了很多功夫，不断改进自己的教学方式，学习新的方法与技术。

顾红雅在北大给本科生上的第一门课，是如今已被纳入通识核心课的"生物进化论（生物演化）"。顾红雅认为，生物演化是生命科学的"基础之基础"，因为地球上所有生命形式，以及生命与环境的相互关系都是长期演化的结果。想要了解生命、了解生命科学，或者从事这一学科的研究，就必须掌握生物演化的知识。

在美国留学时，活跃的课堂气氛让顾红雅印象深刻。同学们思维活跃、积极提问、表达见解，这和他们日常的训练是分不开的。受此启发，她在教学中也特别注重激发学生兴趣，培养学生独立思考和清晰表达的能力，让学生在思考、提问与讨论中相互启发。每节课结束前的五分钟，顾红雅会提出一个小问题，这些问题大多来自在校园中观察到的自然现象。她让学生们进行分析，再把他们的答案收集上来加以讲解、点评。在这个过程中，她总能发现各种角度、天马行空的答案，学生们相互启发，激发了学习兴趣。

"生物演化"原本是生命科学学院的专业课程，然而，当它转变为学校的通选课后，如何调整教学内容与方法以适应来自不同学科背景的学生就成为顾红雅面临的重要问题。为了应对这一挑战，她巧妙地设计了一种

2014 年，顾红雅在肯尼亚山上考察植物资源

策略：引导学生通过观看英文小视频等方式学习基本概念。这样不仅有助于选课学生更好地理解基础知识，同时也为那些已经掌握这些知识的学生提供了学习专业英语的机会。对于难度较高的内容，顾红雅则借助短视频、著名学者访谈录像等方式进行补充讲解，并结合经典案例深化学生的理解。这些创新性的教学策略使得课程内容既具有广度又兼具深度，满足了不同学科背景学生的需求。

顾红雅十分注重学生们的反馈。每节课的课上和课后，她都会通过线上测试与提问的方式，及时了解学生对基本概念和重难点知识的掌握程度。顾红雅还会认真阅读期中和期末课程评估中的反馈，以及一些学生通过邮箱的留言，并对教学内容和方式作相应的调整。

虽然感慨"年纪大了，学习新东西很困难"，但是顾红雅始终走在教学创新的前沿，不断将新技术和方法引入课堂中。"生物演化"是北大最早建设慕课的课程之一。制作慕课是一个非常复杂的过程，一节课的录音、剪辑、合成、校对，整套流程下来就需要 4 天。她还与出版社合作，将课程视频、习题做成数字教材供大家参考。虽然耗费了许多精力，但顾红雅认为这是值得的，因为能让更多的同学了解生物演化的知识，同时线上线下的学习也可以相互补充。顾红雅在其他学校做讲座时，常常会有一些学生上前说："顾老师，我上过您的网课。"这也让她十分惊喜。

▎ 面向未来，倾注人才培养

"大学期间，老师能够教给你的实际上是一个比较完整的体系，课堂之外还有很多的东西需要你自己去寻找。""作为一个独立的青年，听从自己内心的东西很重要。先有自立的能力，在这个基础上再去坚持一些事情。"一次教授茶座上，顾红雅与同学们漫谈如何在大学期间开拓视野、把握机会。

2013 年起，顾红雅担任了 23 位本科生的导师，对他们的课程和专业选择、职业规划等进行详细指导。顾红雅认为，本科阶段的学习对于人才的培养是至关重要的。在本科阶段，首先要掌握基本概念与学科框架，这是基础；其次要掌握学习与思考的方法，这不仅仅是从事科研工作需要的，在任何岗位上也都能发挥作用。一些毕业多年的学生常常会和顾红雅联系，说自己对之前课堂上学习到的方法又有了新的体会。

除此之外，顾红雅深知本科阶段也是与老师、同学建立深厚关系的关键时期。她常强调："做学问，先做人。"她认为，育人不仅要传授知识，更要培育学生的心灵。她期望学生们对自然怀有敬畏之心，学会尊重生命，这包括尊重自己、尊重他人，以及尊重所有生命形式。顾红雅希望通过这样的教育，使学生们深刻地体会到保护环境、保护地球的重要性。在课堂上，她经常以科学家的故事为例，传授做人的道理，期望这些优秀的品质能在学生心中生根发芽，产生深远的影响。除了传授生物演化的理论知识，顾红雅还结合生活中的实例，教育和启发学生们敬畏自然、尊重生命、保护环境。

在顾红雅看来，兴趣是最强大的导师。科研之路，往往孤独且漫长，而正是那份对未知的渴望，为我们点亮前行的灯塔。顾红雅回忆起自己的博士生涯，为了深入研究东亚植物种群的奥秘，她曾多次飞越重洋，穿梭于中国的山川大地与日本的密林深处，独自面对大自然的严酷考验。在那些日子里，她常常独自一人在深山老林中寻找标本，无论是生理还是心理，都承受着巨大的压力。然而，每当她采集到珍贵的样本，或是偶然间邂逅了大自然的绝美景色，那份由内而外的激动与喜悦，总能让她忘却所有的艰辛与疲惫。

观察力同样是自然科学研究中不可或缺的能力。在大学期间学习植物的形态解剖时，顾红雅曾发现显微镜下观察到的实物与挂图、模具存在很大差异，这一发现给她留下了深刻的印象。她逐渐意识到，自然界中的现象与教科书中描述的、老师讲授的并不总是一致。因此，她始终保持着敏锐的科学眼光，不盲从权威，坚持深入探索每一个未知领域。

顾红雅也非常看重交流和合作在科学研究中的不可或缺性。她认为，个人的知识和技术储备总是有限的，而现代科学研究的深度和广度已经远远超出了一个人或一个实验室的能力范围。因此，与人合作、发挥团队精神成为解决更大科学问题、推动科学进步的关键。

同时，她也关注到信息化时代给学生学习带来的挑战。信息化时代，学生们确实拥有了更为先进和多样化的研究技术与手段，能够通过各种便捷的渠道获取海量信息。然而，在信息的海洋中，学生们常常面临着信息过载和真伪难辨的困境。如何在海量信息中筛选出有价值、准确可靠的内容，成为他们必须面对的问题。因此，她鼓励学生们不盲从、不迷信，对待任何信息都要保持独立思考和审慎判断的态度。她通过组织课堂讨论、案例分析等方式，帮助学生锻炼分析问题、辨别真伪的能力，培养他们的逻辑思维和创造性思维。

教学科研之余，顾红雅还参加了中国植物生理及分子生物学会和植物学会女科学家分会的"科普校园行活动"，到全国各地向大学生、中学生宣传生物演化理论，普及植物生物学知识。从 2014 年至今，顾红雅去了40多所学校。其中，很多学校位于云南、西藏、新疆、贵州等中西部省市。让顾红雅欣慰的是，一些女孩在活动结束后告诉她："你讲得真好，我以后也想成为像你这样的人。"她希望这能在她们心中种下科学的种子，在未来生根发芽。

桃李不言，下自成蹊。从植物学的学生到讲授植物学的老师，顾红雅通过不断创新教学方式，致力于更有趣、有效地将生物演化的奥秘传递给学生们，也毫无保留地将自己的经验传授给一届届学生。如今，顾红雅依旧在三尺讲台上不断探索耕耘，只为上好每一节课，培养更多的人才。

学生评价

- 顾老师讲得非常清楚，讲课内容有趣，讲课风格也很吸引人。
- 虽然我只是人文学部的一名学生，但是顾老师深入浅出、严谨科学的讲解给我留下了很深的印象，也带来很深的触动！顾老师也会及时回复我在邮箱里的提问，很负责！
- 顾老师的讲解细致有条理，顺着演化主线讲授，有效地架构起生物学的框架。

（刘润东、赵凌）

行走在终极追问的路上

— 陈保亚 —

陈保亚，北京大学 2021 年教学成就奖获得者，北京大学博雅教授，中国语言文学系教授。研究方向包括语言接触、理论语言学、历史语言学、语言哲学、茶马古道研究等。主要讲授"理论语言学"（国家精品课程）、"语言学研究方法论""语言学概论"等课程，著有《语言文化论》《论语言接触与语言联盟》《20 世纪中国语言学方法论研究》《当代语言学》等多部专著。曾荣获高等教育国家级教学成果一等奖、北京市高等学校教学名师等奖项。

实践是学习及理解深度的保证，

学和问都应该以实践为基础。

——陈保亚

言传身教，薪火相传

"我喜欢做一些探索性的工作，大学的时候做过一段时间的教学实习，跟那些学生打交道，学生提出问题，和我们在一起交流，我觉得很有意思。"很朴实的原因让陈保亚大学毕业以后选择了去大学工作。后来，他到北大读硕、读博、做博士后，直至留校任教，走上了语言学的道路。他在教学中发现，教学相长，通过与学生的互动，不仅可以传授知识，还能从中获得新的启发。这使得他对教育事业充满热情，并选择将其作为终身职业。在多年的教学过程中，陈保亚逐渐形成了自己的教学风格和"层级教育理念"，即品格先于能力、能力先于知识。这种教育理念的形成与他的恩师徐通锵老师的言传身教是分不开的。

"从事实出发"是徐通锵带领学生们研究理论语言学的基本原则他非常注重教学上的实践环节，陈保亚回忆道："徐老师经常带着我的师姐王洪君到山西调查方言，进行得十分细致。他上课的时候，也总能拿出很多自己调查的第一手材料做案例。"同时，徐通锵注重和学生展开讨论。当时没有办公室，常常是在他的家里，大家一边喝茶一边讨论。讨论的证据总是要落实到田野调查材料上，落实到具体可靠的论据上。这本来是自然科学研究中一个非常简单的道理，但在语言学等人文学科中坚持这一原则却不简单。

徐通锵潜心学术的"终极追问"精神对走上教学道路的陈保亚有很大的影响。陈保亚认为，培养终极追问的习惯是一位合格老师的责任。有了终极追问的品质，有了对于语言学的热情，面对物质和精神上的困难，就能够有战胜它的勇气和信念。陈保亚曾带领他的学生到茶马古道调查语言文化，沿途需要多次翻越 5000 米以上的缺氧地带。只有翻越常人难以进出的高山峡谷，才能拿到常人拿不到的资料，获得常人领略不到的经验。实践出真知，他说："在远征的川藏线上一路都能用西南官话交流，你才能真正知道茶马古道曾经有多活跃，才能真正看到语言接触的深度和广度。"恶劣的自然条件使人望而退却，但自然也是培养品格的老师。"当你站在珠穆朗玛峰脚下，面对拔地而起的宏大，你的学术境界会极大提升。"

2010 年，陈保亚在川藏线上做语言调查

徐通锵先生早年播下的种子，而今生长出繁茂的枝条。多年来，陈保亚不断行走在祖国大地上。他带领学生开展了将近 20 个主题的田野实践活动，并指导学生们通过田野调查发表了几十篇专题论文。他和学生们一起，在汉语和傣语、彝语、维吾尔语、缅语、回辉话等语言的接触研究中做出了重要贡献。他们建立了 30 余个语言数据库，极大地推动了对我国语言资源的调查和保护。

▍ 兴趣引领，因材施教

陈保亚开设的"语言学概论"课程常年是中文系的热门课程。凭借渊博的知识与幽默风趣的讲课风格，他总能吸引大量慕名而来的同学。学生余德江表示："在陈老师的课堂上，他会将书本上高深的理论讲得很接地气，从活生生的第一手语言资料入手，逐步进入理论层面，所以学生们很少会觉得枯燥。"深入浅出的课堂教学让语言学的魅力得以展现，大量生动丰富的语言资料引发学生们对语言学研究的兴趣，激发深入思考的灵感与潜能。

在教学过程中，陈保亚也非常重视"问题导向"。"我喜欢学生问问题，问题导向是把教学和科研结合起来的有效方式。错了没关系，但一定要有发问的习惯。"陈保亚认为，人天生是有丰富求知欲的，只是活跃的思维随着成长越来越被局限住了，很多学生上了大学反而变得更适应"填鸭式"教学。

2018年5月，陈保亚在校内主持讲座

因此，他鼓励学生提问，鼓励学生田野实践，并引导学生带着问题下田野，在田野中加深对课堂知识的理解、产生新的追问，并带着问题回到课堂上。带回的这些问题、发现与创见，能够促使教研结合，不断延展课堂的深度与丰富性。这一"问题—互动"模式更加聚焦于创新人才的培养，对国内语言学教育的发展具有现实意义。

在学生已经学习了"现代汉语""古代汉语""语言学概论"等入门课

程后，陈保亚会根据学生的知识基础进行进阶提升，把基础课程中涉及的问题进一步拓展，并引入学界待探究的新问题，在和同学的交流中互相启发。比如，《20世纪中国语言学方法论研究》和《当代语言学》中的许多问题，都通过师生的讨论获得了一定的推进。

"学无定式，教无定型，因人而异。"陈保亚认为，目前一些教学的规定有些死板，不利于发挥不同学生的优势。他十分推崇孔子根据学生性格调整教学方式的做法，希望通过灵活的教学帮助学生找到适合自己的研究方向。"学生如果不适合语言学，我就会建议他去做文学，将语言学的理论融入文学，或者如果适合做方言，我就会指导学生去研究方言。"

今天的北大语言学已经成为具有世界影响力的一门学科，汇聚了一批又一批优秀的学者。看到那些对语言学充满兴趣和热情的年轻人，陈保亚深感欣慰，并希望年轻人能够挑战自己，解决一些大问题。他愿意以同行者的身份热情开道，并在年轻人身后成为他们前进的助推力。

▍注重反馈，教学相长

在陈保亚看来，成绩评定已经成为评价学生学习能力、调动学生学习积极性和有效支持高含金量学科的重要因素。他认为，在当前大学生选课过程中，普遍存在"高分趋易"现象。只要老师给的分数高，考试容易，就有大量学生选课。结果是，一方面含金量很高的课程选课人少，另一方面很多课程老师为了招揽学生也迎合学生的"高分趋易"行为。这不仅会导致学生知识结构不充分、不完整，也会导致教学质量无法得到保障。

同时，他结合自己上大学时的经历谈道："我好不容易花好几天时间写一篇文章给老师，老师只给了一个成绩，我就非常失望，到底我好在哪里，不好在哪里，下一步应该怎么做，其实这是学生最希望得到的一个反馈。"过去的学习分数、成绩排名都是基于传授的教学方式，但是这两种评价方式并未告诉学生长处在哪里、不足在哪里。学生得不到反馈，很难规划自己下一步的发展。

因此，陈保亚及其团队提出了评定成绩的多维模式：不仅要有成绩分数和排名，更重要的是要有反映学生知识结构和特长兴趣的反馈。他建立了精细的课程反馈模式，为每一位同学建立学习档案，包括兴趣爱好、已经储备的知识结构、做过哪些研究、母语情况，以及卷面成绩、课堂提问回复、学习兴趣追踪、课堂讨论记录、作业详细批改意见、期末卷面分析、期末论文评语以及进一步学习的具体建议等。每位同学最终会收到几百字甚至上千字的详细指导意见。反馈评语极大地激发了学生的学习热情。多维评价模式一方面有利于学生检测自我学习的情况，明确努力方向；另一方面也对教师提出了更高的要求，并检验着教师的教学成果，为下一次授课积累经验，同时以适当的区分度挑选适合进行专业研究的人才。

不仅如此，陈保亚对学生的关注还延伸到了对学生能力实施的后续追踪以及建立人才发展数据库上。一种教学方法或培养方式是否有效，不仅仅需要看短时间内学生的成绩，还应该看所培养的学生后来走向社会的表现。通过人才追踪，他发现多参加调查实践、选择难度系数高的课程，是成为人才的重要条件。所以，这些指标应当争取纳入现在的学习评价体系之中。

了解学生情况，建立学生档案，都需要投入大量的时间、精力和人力，为此，陈保亚建立了强大的"助教团队"，即老师进行整体布置、设计和把关，让参加课题的硕士、博士和博士后担任助教，这不仅能够使本科生的学习得到充分的反馈，也能够使老师和研究生不断完善自己的知识结构，达到教学相长、一举两得的效果。

"三一"育人，桃李满园

早年数理化实证性思维的养成以及后来学习、实践和工作互相促进的经历引发了陈保亚对教学工作的深入思考。他认识到，教学、实践、科研相辅相成的重要性：教学缺实践与科研，是纸上谈兵；实践缺教学与科研，是瞎子摸象；科研缺教学与实践，是闭门造车。

为了解决教学、实践、科研的脱节问题，陈保亚带领团队探索开展了"三一"教学模式，将研究和实践引入教学过程，"教学—实践—研究"循环进行，最后统一到学生能力的培养上。实践作为教学中尤为重要的一环，既包括田野实践，也包括在实验室、研究机构等地方的实践。

陈保亚认为，北大学生学习能力强，只使用全国统编教材，不一定能匹配他们的能力。因此，他鼓励和指导学生充分利用学校设立的本科生研究基金，更早地参与到具体的实践和研究中来，并在这一过程中养成独立思考的习惯，锻炼解决问题的能力，建立与世界的关联，收获珍贵的友谊，实现全面成长。

北大中文系的汪锋教授就是"三一"模式的最早受益者。汪锋在本科、硕士与博士后阶段一直跟随陈保亚学习，接受"三一"模式训练。他曾到云南调查白语等多种少数民族语言，用大量一手材料论证了白语、彝语、苗瑶语等多种语言和汉语有同源关系，解决了这个领域中国内外长期争论的几个理论问题。

美国宾夕法尼亚大学语音实验室负责人邝剑菁的成长也离不开"三一"模式的培养。在田野调查中，陈保亚和他的学生们也与民族地区合作建立田野调查基地并保持长期的合作联系，以便于学生展开更深入的调查。邝剑菁正是通过这种合作关系深入调查了彝语嗓音的机制，并由此奠定了赴美攻读博士的良好基础。

在"三一"模式的助力下，中国语言学界的青年学术力量正在茁壮成长，许多人已然在业界崭露头角。陈保亚的学生中，有些在国际高索引刊物上屡发文章，成为国际知名语言学家，还有些学生获得了李方桂语言学奖、王力语言学奖、吕叔湘语言学奖、教育部优秀成果奖等含金量极高的专业奖项。

活跃在语言学教学的课堂中，奔走在西南的田野大地上，以十分的热情和精力关注每一位同学的发展，结合现实一次次进行教学工作的建设改革，他就是受学生们爱戴的陈保亚老师，是影响一代代语言学学术人的前辈，也是行走在终极追问之路上永不停歇的赶路人。

学生评价

- 课程安排非常好，从第一堂课就让我们开始调查不熟悉的语言，不断让我们练习，提高我们的调查水平，对以后调查并研究语言有很大的帮助，收获满满。
- 陈保亚老师特别和蔼，总是会留时间给我们提问。问问题的时候被老师特别慈祥地看着觉得超级温暖。
- 陈老师可以把很多晦涩难懂的概念用三言两语就讲明白，而且课下对于学生的问题非常用心。

（廖荷映、佘福玲）

医心热爱，德才相授

— 毛节明 —

　　毛节明，北京大学2021年教学成就奖获得者，北京大学第三临床医学院主任医师、教授。研究领域为心血管疾病领域的临床、教学及科研。主要讲授"临床教学查房""物理诊断"课程，主编住院医师规范化培训公共课程教材《医学通识》、国家执业药师考试指南《药学专业知识（二）》，主译《袖珍临床检查指南（第三版）》，参编《北京大学住院医师规范化培训（修订版）》《北京大学专科医师规范化培训细则》等教材。曾获得北京市优秀教师奖、中华医学杂志突出贡献奖等荣誉称号。

当了老师，就一辈子都是老师。

一辈子也都要不断学习，医生也是。

——毛节明

┃ 传承师风，以身作则

北京大学第三医院心内科教授毛节明说："我喜欢在医科大学当医生，因为在这里医生就是老师、老师就是医生。"他既热爱当老师，也热爱当医生。高中毕业时填报志愿，他除了填写医学院就是填写师范大学。毛节明说，这大概是受到家庭的影响，他的兄弟姐妹都从事教师职业。1959年，毛节明考入北京医学院（现北京大学医学部），六年之后，分配在北医三院心血管内科工作。

给毛节明上课的老师中，云集了一大批欧美留学博士。这些人代表当时学界最高水平，后来均成为学界泰斗。"王癑、李肇特、王志均、张昌颖、林振刚、王叔咸、马万生、严仁英等，都是当时在教研组里资格最老、最著名、在学术医术医德方面最好的教授。而给我们带实习的老师则是副教授、讲师级别的。"

毛节明认为自己得益于此。因此，他说："不能是为了晋级职称、为了凑课时数，把一些经验还不是很丰富的老师都哄上讲堂去讲课，经验丰富的老教授反而不讲课了，这样不行。活到老，讲到老，现在我还是非常喜欢去讲课，也体会到了老师带学生的乐趣。现在很多听过我课的学生，见面了叫我一声老师，我就特别高兴。"

毛节明的为师准则，大多传承自他的老师。王癑老师的课给毛节明留有非常深刻的印象——语言清楚、板书整齐。因此，毛节明在日后的讲课中也有意模仿王癑老师。"模仿一个好老师的长处很重要。但模仿也要吃透其中的精髓，而不是只模仿其形式。"让毛节明记忆犹新的还有在临床课上老师的一举一动。"病人给我们做示范，老师都亲自给病人披衣服。查体时，病人躺下，老师问：'你需不需要歇会儿？'检查时，不断地问病人有什么感觉，有没有不舒服。检查完了，老师说：'谢谢你，因为你为我们的学生服务了。'老师的动作、语言，让我们感受到，他没有一分钟不在想着这是病人，要保护他。"

前辈的示范影响，自己五十年的从教实践，让毛节明深刻地体会到，无论是做一个老师，还是做一个大夫，最重要的是"观其行"，而不是"听其言"。"要带好学生，第一条，老师和学生要在同一个战壕里，也就是说，老师与学生的关系要非常密切。老师和学生一起奋斗，大家为抢救一个病人，一个晚上都不睡觉，你带着学生一起做，密切的关系很快就建立起来了。"毛节明总结道："第二条，医学是个实践性的科学，老师'做'给学生看，比'说'一百遍更重要。"

来了新学生，毛节明就带着他们跟自己出门诊，一边做、一边教。"我让学生看我怎么跟病人谈话，我从来不跟病人生气。病人进门，先打声招呼，要给病人做检查，你站起来扶他一下，就这一个动作就够了，病

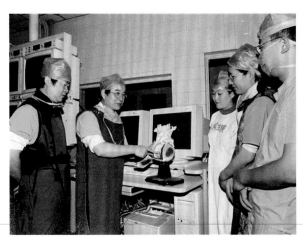

毛节明在心血管内科导管室

人就能很理解你关心他。很快病人和医生的感情就能建立起来。""有的医生对病人说话时连头也不抬，看也不看一眼地说：'怎么了？'这给人的感觉就是医生比病人高一头。那你能不能抬头亲切地对病人说呢？能不能笑一笑呢？检查时就说：'脱衣服，解开！'这样是不是太生硬了？要是你的父母来看病，你也这么说吗？是不是加个'请'字呢？抬头看、笑一笑、加个请字，就这么三件小事，不费什么事儿，立刻医患之间温度就上升了。"

在谈到医患沟通时，毛节明没有讲大道理，而是注重那些细致入微的动作和言语，这正如他当年从老师那里学到的那样。毛节明也发现，在病人面前教学生，通常能得到病人的理解。"我给学生讲的时候，病人也会在旁边认真地听，他会觉得你这个医生很认真，对我也会有更多的信任。我也会跟学生说：'你现在学习时，病人是在为你服务，你将来做医生了，要为他们服务。'"

"说起'师德'，我们三院特别让我印象深刻的就是心血管内科的毛节明老师。"北京大学第三医院教学副院长沈宁说："从我进到三院的时候，我们心目中老师就应该是这个样子。他在任何过程中都不会忘记自己的老师身份。他可能叫不出现在这些年轻医生的名字，但是如果说你去问毛老师，他从来不会有任何拒绝，他对所有人都是特别认真、耐心地去解答，也不会嫌你理解能力不够好。"

▍ 换位思考，宽严相济

老一辈教师，面对年轻人通常少不了批评和指责，但是毛节明却非常能够发现年轻人身上的优点。对他们的缺点，他也能够秉承着"先理解再教导"的态度。"现在的年轻人，知识面、学习能力、思想活跃程度、人情世故等，都比我们年轻的时候强太多了。但同时，他们承受挫折的能力和团队意识会相对差一点。这是他们的最大特点。因此，要站在他们的角度，用他们能够接受的方法去沟通。"

在教学中，毛节明坚持要时刻了解学生。"如果学生不听课，先别说学生不好，先反思一下你的课讲得好不好。""过去是上课记笔记，下课对笔记，晚上背笔记。可现在不是这样，现在是下课整理笔记，晚上重新构思对这个课的想法。所以老师在讲课的时候，完全不能按照过去的做法，一条一条规规矩矩地讲。你要事先知道学生已经了解了多少，然后有针对性地讲。"

在课堂上，毛节明总结出了观察学生眼神的小技巧。如果学生一动不动地盯着你看，愣在那里没有任何反应，说明他们想听但没听懂；如果学生不时地点点头，眼神跟着你走，说明你这个课就讲好了，大家都爱听；如果大部分学生都很好，有个别学生在那儿做自己的事情，你就叫他一下，提个问题，如果他回答得非常好，说明他的学习已经超过你讲的内容了，你就需要有所调整……"老师的目光一定要跟学生有交流，千万不能光盯着黑板，埋头念 PPT，这是最差的老师，也不配做老师。"

对于如何做一个好老师，毛节明认为很重要的一点就是要爱学生。爱学生不光需要了解学生，还需要严格要求学生。"现在'严格'这两个字，嘴上说得多，实际上在临床教学当中还远远不够。"毛节明举过一个例子，主任查房开始的时候，后面经常跟了 20 个人，到第 3 个屋子只有 15 个了，到第 4 个屋子可能只有 10 个了，到最后 1 个屋子只剩 2 个了，剩下的都走了。毛节明所在的科里有时候也查房，开始人满满的，慢慢地年轻的都走了，最后剩下几个全是老头老太太。"但是我们没有人去说，为什么？因为我们有时候怕得罪人。我不怕，我们年纪大一点的老师敢说，有些年轻的老师不太敢说。"毛节明强调："不敢说，其实并不是爱护他，反而是害了他。"

作为一个医生，严谨要成为一种自然的习惯。毛节明做医生是如此，对待学生也是这样。听学生汇报病例时，遇到心脏瓣膜有问题的病人，毛节明会追问："这个病人的杂音性质是什么？位置在哪里？还有没有其他

毛节明指导学生

外周症状？你没有提，是没有想到还是漏了？如果没有想到，回去好好学学，目前掌握的是肤浅的；如果漏了，就意味着你对这些体征不够重视……""我们是在培养医生，未来他们也要给病人看病。"

但是，毛节明也深知，这种事情说多了，学生们也并不一定爱听。"有时候你说多了他们也会嫌烦，所以只有一个办法，那就是你要在他们面前做到。"五十年来，毛节明在教学、临床工作中一贯严格要求自己，要求学生的自己一定先做到。"如果我整天跟学生说要细致，那不行，也没必要，我就带着他一边做，一边告诉他，这样做有什么意义。"带着学生出门诊时，来了一个病人，从最基础的量血压开始，一定把每个步骤都规范、严格地做到。"量完血压以后，还要告诉学生，一侧的血压如果高，一定要看看对侧的高不高，如果对侧不高，那这不是高血压。"每来一个新同学，毛节明都要这么做。

"对待学生要做家长式的朋友，不能一犯错就责备，该严格要求的地方当然要严格，但凡事如果你自己先做到了，再去说，效果会更好。"毛节明会给学生讲自己当年的经历，讲自己的老师张丽珠教授和郑芝田教授是如何严格要求学生的。"如果能遇到一个好老师，严厉地批评过你一次，你能够受益终生。"

▋ 锐意改革，学无止境

"教育改革是个方向，全世界都在做，教育永远不可能停滞不前。"多年来，毛节明十分重视教育教学改革，在北大医学新时代临床医学教育教学改革中，他作为循环系统的课程顾问，参与了临床课程总体设计讨论、教学大纲制定、课时安排、讲课内容、课件制作、备课试讲等全程工作。

毛节明 2002 级的博士生、现北医三院心内科主任医师冯杰莉也参与了新教改的授课。在她的回忆中，每次集体备课时毛老师都会参与指导。"整个备课从刚开始制定大纲、课程设置、内容框架，到最后真正开始上课，需要讨论很多次，而且每次讨论基本上都是在晚上或者是周末等非工作时间，毛老师都会全程参与，给我们很多具体的指导。"

毛节明认为，"整合课程"和"早接触临床"这两个教改的大方向是一定要坚持的。与此同时，遇到困难和问题也是不可避免的，不能急功近利，要在这个过程中逐步进行调整。和对待学生一样，毛节明依旧十分强调"理解"和"支持"的作用。"参加教改的老师们都非常认真，让我很感动，学校一定要给他们支持、鼓励和帮助。"

"教改的步子不要迈得太快。先扎扎实实做一段，总结一下，行了就接着做，不行就重来，这不叫失败，因为你在改革的过程中。"毛节明指出，教改的步伐要稳扎稳打，不能急于求成，在成果的验收

毛节明与学生

方面也要看得全面、看得长远。"教改的成果不能看一年、两年，要看十年、二十年之后，这些学生是不是都成才了，为医学创造了多少、贡献了多少，这才是教改成功与否的衡量标准。"

教学改革的过程其实也是自我更新的过程。"现在医学绝不是单纯的医学，而是多学科的交叉融合。如果没有这方面的教学，学生也不容易全面发展。"新时代的医学教育对教师提出了更高的要求，既要有扎实的专业知识，也需要有广阔的学科视野和探索精神，要不断更新教学理念和方法。"要强调全人教学、强调实践，尤其是临床医师，培养学生要特别强调胜任力。因此，老师的教学理念和方法就要不断更新。"

在毛节明看来，参与教改也是一个学习的过程。"通过实地课堂听课及观摩，进一步提高了对新教学模式的理解与认同，为今后更好地改进打下了基础。""当了老师，就一辈子都是老师。一辈子也都要不断学习，医生也是。"

学生评价

- 毛老师的课堂总是充满智慧的光芒。他以深厚的学识和独特的视角，将复杂的理论知识转化为通俗易懂的语言，让我们在轻松愉快的氛围中吸收知识。他的授课方式不仅让我们对学科产生了浓厚的兴趣，更激发了我们探索未知世界的热情。
- 毛老师在课堂上展现出的专业精神和对知识的热爱，让我深受感动。他不仅传授知识，更教会我们如何思考、如何从不同角度审视问题。他的课程内容丰富、条理清晰，让我对这门学科有了更全面的认识。
- 毛老师对课程内容的把握非常精准。他能够将抽象的概念具体化，将枯燥的理论知识生动化。他的课堂总是充满活力，让我们在轻松的氛围中掌握知识，同时也培养了我们独立思考和解决问题的能力。

（王梓寒、廖荷映）

学生之需，教师之责

— 刘鸿雁 —

刘鸿雁，北京大学 2021 年教学卓越奖获得者，北京大学博雅特聘教授、城市与环境学院教授。研究领域为植被生态学与生态遥感、第四纪生态学与全球变化。讲授"植物学（植物分类与植物地理）""中国的生态问题与生态建设""一带一路综合实习（俄罗斯）""野外生态学""生态学与自然地理学前沿""生态学进展"等课程，著有《植物地理学》《野外生态学实习指导》等教材。曾获得教育部自然科学二等奖、北京市高等学校教学名师奖、北京市高等教育教学成果一等奖、北京大学在线教学优秀案例奖等奖励，主讲的"植物学"课程获国家级一流本科课程。

　　每个学生都不一样，我们不能用一把尺子来衡量所有的学生。
我觉得更多的是让学生找到他适合什么，究竟感兴趣的是什么。
作为北大的老师应该充分地信任这些学生，和这些学生一起成长。

——刘鸿雁

▌ "我"为什么要上这门课？

　　"我为什么要上这门课？"刘鸿雁说，在他教学之初，学生常常向他提出这个问题。有一次在北京东灵山实习时，学生问："老师，您把我们带到深山老林里，又是挖土壤剖面又是量树的高度，这有什么用啊？邓小平说'科学技术是第一生产力'，我就不明白，我们学的这些怎么转化为生产力？"这个问题让当时的刘鸿雁陷入沉思，学生到底为什么要上这门课？

　　刘鸿雁认为，这个问题确实很关键，比起学习具体知识，明确学习的目的更加重要。选择课程的学生来自不同院系，怀有不同的憧憬，"你不能硬塞给学生知识，而是要更多地关心学生在想什么。学生有自己的思考，来大学学习是给自己的未来找一条路"。谈及大学教育时，刘鸿雁有些激动。他说，正是一门门课程构成了大学四年的学习，如果每一门课都让学生觉得大有助益，那大学能办不好吗？若是每门课都让学生失望，那他为什么要机械地读这四年呢？在刘鸿雁眼中，教学是大学的根本，老师们要使出浑身解数让每位学生有收获，而不是固执地自说自话，沉浸在对授课内容的自我陶醉中。大学老师要对两个问题时刻保持警觉：一是学生为什么要掌握这个东西；二是学生为什么非要通过上课来掌握这个东西。

　　带着警觉，刘鸿雁将"从学生角度出发"的因材施教理念切实贯彻到日常教学中，落实到"教什么""怎么教"上。刘鸿雁回忆，在他上学时，

刘鸿雁在课堂上

没有那么多网络资料，植物分类就靠老师一个科一个科地讲。而现在，学生获取知识的来源很多，再花大功夫讲植物分类，学生就会失去耐心。分类有很多种分法，更重要的是让学生明白为什么要这么分。刘鸿雁认为，知识、方法是学生需要掌握的基础，但也要时刻关注学科最前沿的发展和国家的需求，要教给学生"我们知道了什么，还有哪些不知道，教给学生不确定性，激发学生的兴趣，激发学生探索的欲望"。在教学中，他注重将科研成果转化为知识，及时更新教学内容，帮助学生了解学科前沿和国家需求。

在谈及"怎么教"时，刘鸿雁说到师生关系就是传道、授业、解惑，有效的教学就是"学生觉得有效果，能启发学生思考，能让学生触类旁通、融会贯通，让学生从一个问题到一个系统性的思考"。这对老师来说也是一个挑战。所以，教师要不断学习，动态调整自己的教学。刘鸿雁也非常注重课堂的多样性。在"植物学"课程中，刘鸿雁每周都会在三课时中专门拿出一课时，带大家在校园里寻访奇花异草，现场辨认。疫情期间，刘鸿雁在小区里拿着摄像头边走边讲，对着镜头解剖植物花朵。课上，刘鸿雁也会注意观察学生的反应，或是以"同学们要是感兴趣就笑一笑"这样的幽默话语来提高学生课堂的参与度。

同你一起"擦玻璃"的人

在教学过程中，刘鸿雁发现，教学跟科研是一个相互促进的关系。他举例说："承担了国家重点研发计划'典型森林生态系统对气候变化的响应'，也在跟内蒙古自治区相关单位合作做生态修复的技术推广项目，这样的科研内容促使我思考：生态文明建设究竟遇到什么问题、怎么解决。"他会把这些真实的问题带进课堂，学生也会分享他们的想法和见到的一些案例，而这对老师也会有所启发。

谈及本科生科研，刘鸿雁提出了一个新奇的比喻——做科研就像擦玻璃。在刘鸿雁眼中，科研并非高深莫测。他随手指向窗外说道："我们看外面那棵树属于什么种类，看起来像是香椿或者臭椿。如果是奇数羽状复叶就是臭椿，如果是偶数羽状复叶就是香椿，可是有窗户挡着看不真切，做科研就是把这窗户擦干净一些。如果窗户干净，我们就能看清楚它是偶数羽状复叶，确定它是香椿。

刘鸿雁在实验室

从香椿又会延伸出许多其他问题，比如，香椿为什么长这么高？那么，我们就需要把窗户再擦干净一点，继续深挖。"

刘鸿雁调侃道："最后我们就可以写一篇文章，说刘鸿雁的窗户外面有棵香椿，这棵香椿产生多少氧气，对办公室老师们做科研的效率有多大的提高作用。不要把科研想成探究终极真理，我们只是做到看得更清楚。"

刘鸿雁肯定本科生科研对学生成长的意义。他认为，无论对科研是有浓厚兴趣还是单纯好奇，无论日后从事何种职业，科研蕴含的理性思维都会使学生终身受益。本科生在科研过程中，需要收集文献、获取并分析数据、完成研究报告，最后把研究报告写成论文。完整的科研流程训练的是学生提出问题、分析问题、解决问题的思维和能力。老师除了是科研素养的领路人外，还充当着"巨人的肩膀"这一角色。比如说，窗外那么多种树，学生一眼望去，很难知道从哪儿入手。老师的作用就是帮助学生找到可以发挥的题目：可以从香椿入手，先看看究竟是不是香椿，然后探究一下香椿为什么长那么高、长那么高有什么用。

就在不久前，一位学生告诉刘鸿雁，自己在做树轮研究时，需要使用显微镜观测特别长的树轮，所以频繁摇动摇柄挪动树轮，却由于观察不便，错误地挪动了显微镜，导致一个月的研究白费。刘鸿雁安慰学生，在他看来，体会到这样的失败也是一种收获，学生会懂得：科研中的每一步都不能含糊。

▎"有问题的地方就是课堂"

从戈壁沙漠的万里无垠，到高原山地的苍翠青松，刘鸿雁不仅带领学生踏遍中国的生态脆弱区，还延伸到蒙古国和俄罗斯西伯利亚。野外实习实践教学是城市与环境学院人才培养的重要内容。在刘鸿雁看来，实践教学可以从四个层面提升学生的能力：动植物的基本认知、概念在野外的验证、关注全球变化和生物多样性这些前沿的问题、思考怎么服务于国家需求。实习可以不断地、解剖式地引导学生开阔思路、提出问题，给师生都提供了很大的思考空间，也成就了科研的发展。刘鸿雁坚持讲授野外生态学实习、植物地理和土壤地理野外实习课程 26 年，后来又开设了俄罗斯后贝加尔地区"一带一路"综合实习，他在野外实习教学中不断创新"实践育人"的教学理念。

野外生态学实习分为三个环节。第一个环节，挖土量树认植物。这些都是基本功，每个土坑都需符合专业标准，才能被准确描述。第二环节，是在观察中发现问题。在实习中，老师仅负责设计路线，而学生则需要在观察的基础上自行提出问题。例如，"为什么要在这里栽树""这个树究竟长得怎么样""为什么长了几十年，它才长那么高""为什么这个地方山顶上的树比下面的树长得差"等。更具体的问题还包括："塞罕坝作为森林到草原的过渡地带，其生态变化是渐变还是突变""如果没有人工栽树，这一变化会是怎样""如果是渐变，是树木高度逐渐降低还是树木变得稀疏"等。沙丘、树下都是大家热烈讨论的课堂。第三个环节，是分组报告。在第二个环节，学生们通常会对某一方面的问题产生浓厚兴趣，他们将分小组收集资料，撰写实习报告。

作为北京大学塞罕坝地理与生态野外实习基地的负责人，刘鸿雁表示，以塞罕坝为代表的半湿润半干旱区可以研究的问题很多，那里的生态系统类型多样，生态问题也较为突出，"野外就是我们的课堂"。刘鸿雁带领学生从20世纪90年代就在当地做研究，并向周边地区不断拓展。在

塞罕坝野外教学实习

"一带一路"实习中，刘鸿雁也经常是带着问题，根据场景决定今天的讲授内容，"路上看到什么我们就讲什么"。

刘鸿雁认为，生态人需要认真学习"牢记使命，艰苦奋斗，绿色发展"的塞罕坝精神，为国家生态保护与修复提供坚实的科学支撑。思政教育不是说教那么简单，塞罕坝精神也不仅仅是艰苦奋斗，它需要与现实结合。生态文明建设是我国的根本大计，学生来塞罕坝实习，就是要把书本知识与生态建设的国家需求结合起来。

▌ 宣讲"绿水青山就是金山银山"

"绿水青山就是金山银山"，习近平总书记的这句话生动地诠释了党和政府大力推进生态文明建设的信心和决心。在刘鸿雁眼中，这句话引发了他更深入的思考——如何理解"绿水青山就是金山银山"。

在刘鸿雁看来，生态学未来会更多地拓展到应用领域。例如，生态管理、生态产品价值实现等。管理是门学问，涉及各部门利益的平衡，只懂生态解决不了生态管理的问题，也解决不了经济问题。生态学与管理等学科的交叉势在必行。

除学科交叉的挑战外，生态学拓展到应用领域还面临一些现实困难。刘鸿雁举了一个例子，目前栽树是由国家拨款，树死了就报灾，报了灾国家再拨款，三年核查成效。可是，以后国家未必会采取这种形式拨款，需要栽树人对自己栽的树更加负责。保险公司就嗅到了其中的商机，栽树人可能需要为所栽的树买保险。除此之外，环境经济的核算只需要考虑污染损失，而生态产品对人的服务价值却很难货币化，并时刻处在动态变化之中。可以说，生态学基础与应用的融合，任重而道远。

2023年3月，刘鸿雁面向全校学生开设了"中国的生态问题与生态建设"通选课。他试图让更多的学生认识生态，思考领会生态文明建设。让理工医文不同专业的同学一起开始跨学科的旅程，思考生态伦理、探索生态文明，这正是刘鸿雁下一阶段的新使命。

学生评价

- 非常喜欢刘老师的课，老师讲的生态学问题很有启发，也让我这个没有生态背景的人能够听懂且有所思考，非常有意思！
- 刘老师的课真的特别好，讲课之余还会分享一些自己的故事，让课程更加有趣。每节课最后，老师都会带我们认识植物，真的快乐又干货满满。老师人也很和蔼，向他问问题都能很快得到回复，遇到认不出的植物也可以找老师帮忙。我通过植物学作业认识了很多植物，真的是打开了新世界的大门。
- 谢谢老师带来一学期精彩的课程，让我认识了很多的植物，已经养成了仔细观察大自然的习惯！作为规划专业的学生，能够对植物地理有更深的了解，以一个新的视角来观察、思考身边的环境，是一个很独特的体验！

（何楷篁、马骁）

学生的高度决定了
教师的高度

— 刘譞哲 —

　　刘譞哲，北京大学 2021 年教学卓越奖获得者，北京大学博雅特聘教授、计算机学院长聘教授。研究领域为系统软件、分布式系统。主讲"计算概论A""计算概论A上机实习""文科计算机基础""计算机实习""软件工程"（国家级精品资源共享课、国家级一流本科课程）、"分布式机器学习理论与系统"等课程。曾荣获国家技术发明一等奖、教育部青年科学奖、"微软学者"优秀导师奖、北京大学教学成果一等奖、北京大学"十佳教师"等奖项。

对于老师来讲，最幸福的是能在潜心问道的过程中，

帮助学生在黑暗中寻找到光的方向，

让他们有机会站得更高、看得更远、走得更广。

学生的高度，决定了我作为教师的高度。

——刘譞哲

▌ "无用"之用：用开放的心态看世界

回忆第一次以教师身份踏上讲台的那一刻，刘譞哲直言十分震撼——原来学生在底下的一举一动，老师在讲台上真能看得一清二楚。这种视角置换既让他感激于学生时代老师们的包容，也让他下定决心要持以理解与平等的心态对待学生。

刘譞哲一直觉得，让尽可能多的同学从自己的课上有所收获，哪怕只是一个小知识点或一句话，也是自己作为教师的最大动力。他为此不懈努力。要是偶尔在路上遇到教过的学生打招呼时，能记得他是"刘老师"而不是"张老师""李老师"，那便更是另一种为人师的欣慰与欣喜了。现在看来，刘譞哲可以时时感到欣慰与欣喜了。因为，在北大的校内师生交流平台上，缩写为"lxz"（刘譞哲）的暗号随处可见。学生们在匿名阵地里以各种形式向刘譞哲大声"表白"着。

"教课非常 nice""太好了太喜欢他了""干货多段子也多""又暖又厉害超可爱"……研一的李同学至今还记得本科时第一门专业基础课"计算概论"，这门课的授课教师正是刘譞哲。记忆中的刘老师永远都是笑着面对大家，讲课清楚明白、深入浅出，课堂气氛轻松活跃。他还会在课程微信群里"潜水"，课堂提问时偶尔用课程微信群里学生们彼此互起的昵称，让人觉得十分亲切。在博士生陈同学眼里，导师刘譞哲那敏锐的学术眼

光、优雅的学术品位和独到的学术见解令人敬服，他看好的学术方向往往都会成为之后学术界和工业界非常关注的问题。教学上风趣幽默的刘老师在学术上的严格要求也总是让他们严阵以待。"对待学术研究不敬畏、不严谨、不认真的态度是'不可容忍'的"，PPT、论文出现错别字甚至标点符号的全角半角都绝对躲不过导师的"法眼"。

除此之外，刘谲哲常常与学生们提起：要注意学习看似"无用"的知识。普林斯顿高等研究院首任院长弗莱克斯纳（Abraham Flexner）的《论无用知识的有用性》是他非常喜欢和推崇的一篇文章。所谓的"无用"知识，是指那些并非直接关联于某一特定专业领域的知识，而是更广泛、更普遍的知识范畴。但无用和有用，都是相对的。"无用"知识或许不会在短期内体现出价值，但长期来看，它在创新能力培养、研究品位提升和精神世界完善方面起到的作用是不可忽视的。"我们多多少少会觉得，现在专业化程度这么高，我们没时间也没太大必要涉猎其他领域的知识，但其实很多颇有成就的科学家和工程师都有着深厚的人文底蕴。苹果电脑的字体就是由其创始人乔布斯亲自设计的，这一设计灵感则源自其大学时期的美术课。无论是作为电子信息工程专业的学生，还是苹果公司的联合创始人，'美术'对于乔布斯来说都是看似'无用'的知识，但最终它却为首次发明计算机上的可辨字体发挥了作用。"

所以，刘谲哲认为，学生们不仅要专注于自己专业领域的学习，更要培养一种超越专业界限的思维方式和学习习惯。这也是北京大学长期坚持的博雅通识的素质教育理念之核心所在。学生应该怀揣着从不同角度审视世界的渴望，以开阔的视野去理解和应对复杂多变的社会现象。文理兼备不仅是博雅通识教育倡导的广泛知识结构，更是学术研究方法和思维创新的重要支撑。

刘谲哲始终保持着对未知的敬畏和对知识的渴望，以开放的心态看待世界，不愿为自己划定专业的界限而故步自封。他相信，教育最终追求的不仅仅是传授知识，更是引导学生成人。在教育的道路上，他坚持

"教""育""人"的理念。他认为，老师传授知识和技能是培养学生的手段，而激发学生的好奇心、引导学生形成逻辑思维、树立探索精神是更为本质的目的。在"教"的层面，刘譞哲注重引导学生建立扎实的基础知识，并深入探索专业领域的精髓，以提升他们未来人生发展的高度。在"育"的层面，他努力培养学生的六个"好习惯"（好奇、好思、好问、好读、好言和好练）和三个"好技能"（编程好、数学好和态度好）。他认为，这些习惯和技能对于学生的成长和发展至关重要。在"人"的层面，刘譞哲认为要培养学生具备人文素养和家国情怀，并努力引导学生树立正确的人生观、价值观和世界观。

▌ "穿针引线"：促师生通力合作

2019 年，刘譞哲带领学生以绘文字（emoji）为桥梁进行跨语言的情境标签解析，形成的研究成果获得了国际万维网（World Wide Web，简称WWW）大会的最佳论文奖。这是 WWW 大会自 1994 年创办以来，首篇来自中国学术机构的最佳论文，代表了我国学者在计算机和人工智能领域的重要突破。

在大会现场，刘譞哲站在学生身边，拍下了一张他极为珍视、认真留存的照片。刘譞哲颇为自豪地介绍："这项成果是学生之间通力合作达成的，我更多的是起到穿针引线、启发引导的作用。"

时间回到 2015 年，当时，刘譞哲和团队在云计算资源管理领域的成果获得了教育部科技进步一等奖。随后，他发现学生们在云计算上大量开展机器学习和大数据任务时，原有的云计算资源管理暴露了可扩展性、隐私等方面的问题，于是他和学生们又开始一起探索解决方案。在研究的过程中，刘譞哲觉得应该将这些知识凝练和沉淀下来，便开设了一门研究生课程"分布式机器学习理论与系统"，并搭建了一个教学实验平台。在教学过程中，他和学生发现平台的不足并不断改进，同时将项目内容进行了

2019年，刘譞哲及学生获 WWW 最佳论文奖

总结。而那篇在 WWW 大会上荣获最佳论文奖的文章正是所结成的丰硕果实中最为璀璨的一颗。

"授人以鱼，不如授人以渔。"刘譞哲坦言自己不愿意做一个只告诉学生答案的旁观者，而愿意做一名引导和帮助他们成长的参与者。在这个过程中，培养学生提出问题、研究问题、解决问题的能力，与他们一起共同成长，远比取得某个具体的科研成绩重要。老师的职责，虽然首先是知识上的传授，但更重要的是帮助学生在迷茫中找到光的方向，开启他们的智慧之门，使学生挖掘自己的好奇心，找到自己的人生定位。

激发兴趣、找到定位不过是"选址"，更重要的是一起"搭建""装饰"自己的家。"我们要为学生提供宽松的科研环境，敢于试错才能进行真正的探索。"组会上，刘譞哲反倒成了"问题最多"的人："这个研究好在哪儿？为什么是他做出来了？是因为有了更好的数据或工具还是因为有更新颖的思路？"诸如此类的问题还有很多。"比正确与否更重要的是思考的过程。"正是得益于这种教学风格，学生不仅能力得到了提高，更收获了"家"的温暖。组内的很多学生由此坚定了自己在计算机领域继续前行的决心，或愿意留在组内继续攻读博士学位，或进入华为、微软、阿里等公司充分施展自己所学。

实验室团队的所有成员在刘譞哲心里不仅是学生，更是战友。信息技术领域知识更迭迅速，刘譞哲时常从学生身上学习新概念、新知识、新技术，而他敏锐的学术嗅觉、独特的品位和丰富的经验，又能帮助学生分析新技术的发展前景。他像一只老鹰一样，勤勤恳恳传授幼鸟生存经验和成长技巧，又看着小鸟羽翼丰满后，逐一离巢而去，开辟属于自己的天空。

每年的毕业季，刘譞哲都注视着毕业学生的背影，真诚地祝福他们："老师永远都希望学生比自己站得更高、看得更远、走得更广。老师的价值正在于此，我对这一职业的热爱也正在于此。"

▌闻道天涯：持家国愿，向未知求索

刘譞哲曾以"登塔诵书知博雅，临轩闻道自天涯"两句在课程结束时向同学们作别。而每每论及自己的"闻道"之旅，刘譞哲却以"土博士"自称。

"一个特别纯的土博士"是刘譞哲对自己的一贯调侃。1999年，他考入北京大学计算机科学技术系，2003年保送直接攻读博士学位，2009年做博士后，2011年出站后正式任教至今。"很幸运地，从我读书到工作，我已经在这个美丽的园子里待了二十多年。"

北大丰沃的学术土壤、宽松的学术氛围与浓厚的学术熏陶是他的立身之本，北大的湖光塔影则是他的精神驿站。每年寒暑假，刘譞哲总客串着"燕园导游"一职，带着天南海北的同学、朋友游览母校。不少今朝的游客亦曾是此地的学子，一茬茬留恋的目光让刘譞哲自豪又无比庆幸：自己有幸能成为这方精神园地的一分子，完全不必也全然不想告别这片灵感与力量的源泉。

这份长久的停留，是当年刚进入北大的他所无法想象的。1999年，刘譞哲通过高考，从家乡甘肃来到北京大学计算机科学技术系，成为当年北大在甘肃省录取的10位理科幸运儿之一。

但巨大的挫败感和危机感也随之而来。第一次上机课前，刘譞哲从未亲手触碰过计算机——这种抵得上当时许多家庭年收入的"物件"给人带来的是与体积成正比的心理压力。没找到电脑开关在哪里，不敢乱按乱碰。他记忆犹新的是，他向时任"计算概论"主讲老师的汪琼求助的第一件事，便是学习如何开机……除编程课之外，计算机系的学生还面临"数学分析""高等代数"等基础课程的轰炸，颇有难度的课程考核阴影常常盘旋在学生头顶。

2006 年，刘譞哲领取北京大学五四奖章与导师梅宏院士合影

正值大三迷茫于未来发展方向之时，恩师梅宏院士的一番话让刘譞哲坚定了走学术道路的志向。梅宏院士从中国软件科学与工程是如何在北大生根发芽讲起，讲述了杨芙清院士带领北大软件团队开发中国第一个大规模、综合性软件工程环境"青鸟系统"的事迹。前辈们筚路蓝缕、手胼足胝的艰辛探索，"国之所需，我之所愿"的家国情怀让刘譞哲热血沸腾。那种自由而激昂的使命感包裹着他，最终，刘譞哲选择了在学术道路上继续攻关。

2019 年 1 月 8 日，梅宏院士团队的"云－端融合系统的资源反射机制及高效互操作技术"项目荣获国家技术发明奖一等奖，刘譞哲是团队的核心成员。他说，十多年前团队出于兴趣驱动研究这项技术，但对技术的应用前景如何却还不够明晰，但基础研究的魅力恰恰在于此。"科研，便是一场对世界无穷好奇心的满足之旅。"当科研之路由兴趣所驱动，我们往往会在不经意间发现那些看似"无用"的知识中所蕴含的"大用"，进而催生出新的解答方式和无限的可能性。这是他向学生强调"无用"之用的理念缘起，更是他所秉持的教育理念的具体体现。

　　刘譞哲一路见证着中国人持续在信息科技领域实现"零"的突破，对外输出一个个中国故事；他也一路见证着一个个学生在与自己的持续交流中不断从"零"开始，探索出独属于自身的科研路径，奋力前行。就像他祝福的那样："比他站得更高、看得更远、走得更广。"而一代代的教育传承，意义也正在于此。

学生评价

- 老师的讲解风趣幽默，深入浅出，对我的学习很有帮助。
- 老师教学特别好，尤其是能选取典型例题讲解算法，对初学者比较友好。
- 很佩服刘老师能把一门计算机课讲得这么生动有趣。讲授各种计算机原理的时候，刘老师总能用我们生活中的场景做例子，很形象，帮助我理解了很多难懂的知识。

（马骁、刘润东）

如履薄冰，讲好每一堂课

—黄 迅—

黄迅，北京大学2021年教学卓越奖获得者，工学院航空航天工程系教授。研究领域为气动声学、流动控制。主要讲授"电路电子学基础""自动控制原理""飞行器控制"等本科生课程；曾参与全国航空航天领域相关教材审定工作。曾获得北京高校青年教师教学基本功比赛二等奖、北京大学青年教师教学基本功比赛理工类第一名、北京大学中国工商银行奖教金、曾宪梓优秀教师奖等教学荣誉。

我觉得特别的如履薄冰。

每次上课前我其实蛮紧张的，然后要把课讲好。

我的最大感受就是，每一堂课，

你不要浪费自己的时间，更不要浪费学生的时间。

——黄迅

激发兴趣，知行合一

"就特别的如履薄冰吧，每次上课前我其实蛮紧张的。"有着十多年教学经验的黄迅对课堂依然充满敬畏。

自 2009 年到北大任教以来，黄迅面向航空航天工程系、能源系、力学系、生物医学工程系的学生讲授过多门课程。在他的教学理念中，兴趣被视为"第一重要"的因素，课程内容要能激发学生的兴趣和热情。"我的课程内容很饱满，但是我不会要求同学们面面俱到，所有的内容都要搞会、搞懂，而是激发他们的兴趣。"在课堂上，黄迅会通过一定的设计感来吸引学生，"要有一个兴奋点，他觉得听完这堂课以后，至少有一句话、几个字在他的脑子里面"。

为了吸引学生的注意力并提升他们的学习效果，黄迅尝试了一系列的教学改革。他设计了多种有趣的课堂活动，如小组讨论、教学实验展示、虚拟实验，以帮助学生更好地理解和掌握知识。此外，他还为学生们准备了各种富有趣味的实验课程。这些实验极具吸引力，让学生们在动手操作中得以训练和提升。不仅如此，黄迅还善于利用多媒体和互联网等现代教学工具辅助教学，以提高教学效果和质量。他鼓励学生们在本科高年级阶段自主选择进入相关的课题组，通过实践探索找到自己的研究兴趣所在。

除了重视兴趣，黄迅也深知工科专业实践的重要性，所以，在教学方法上他推崇"知行合一"，特别强调培养学生的动手实践能力，让学生自己动手去做很多事情。

他鼓励学生们亲身实践、勇于探索，以此深化对知识的理解和掌握。为此，黄迅及其团队配备了最新的设备和器材，为学生们打造了一个先进且资源丰富的实践平台，助力他们在实际操作中不断学习和成长。与传统的教育方式相比，黄迅更重视学生的主体地位，以实践为引领，让学生在实践中获得更深刻的认识和体验。在具体的课程设计中，黄迅尝试缩减传统的课堂教学时长，为学生腾出更多自主实践的时间。在他的课程中，通过建设较为系统的电路电子学教学实验，约三分之一的时间都留给学生进行实践操作，让他们有机会亲手做一些实验，从而更深入地理解知识。

黄迅对实践的重视不仅贯穿于课堂教学，在课下，他还与团队组织了各种形式的学生活动，让学生们体悟知识落地的过程。比如，黄迅寻求波音公司的支持，曾经带学生进入787客机驾驶舱亲身体验与学习；他也曾率队参加珠海航展，支持本科生组队赴美参加世界航模大赛等。通过这些活动，黄迅期望能进一步提升学生的实践能力和创新意识。

黄迅对解决实际问题的看重，还体现在他对工程师的认同中。他希望自己能培养出具有优秀工程素养的学生。他援引国外一些高校早年对工学博士和哲学博士的区分："哲学博士为探索科学未知世界而努力；而工学博士则是为人类生活的具体进步做贡献，我更愿意投身于为具体进步做贡献的事业中。我们国家现阶段需要能够解决实际问题的人，首先能够解决实际问题，进而提炼出科学问题和思想，这也许是北大工学院出来的学生奋斗终生的方向。"

因材施教，教学相长

黄迅在教学实践中秉持"因材施教"的教育理念，坚持"大学教育应该促进同学们个性化成长而不是参加淘汰赛"。他充分认识到不同学生在基础知识、兴趣爱好、英语水平等方面的差异。在长期的教学中，他发现有些同学可能对工科非常感兴趣，"以前他可能自己就玩过飞机，他自己就做过电路模型"，在学习中会很快上手；而有些同学可能"从来没有摸过"，没有任何实践基础，对于一些专业术语和概念完全没有直观认识。当一些同学迅速接受知识并与老师积极互动时，另一些同学可能会感到挫败，甚至选择放弃。

为了解决这个问题，黄迅避免在教学中"一刀切"的粗暴做法，而是针对不同学生的需求进行个性化的教学。"你要注意班里面还有很多人，他可能还处在茫然状态。我们不是说跟着最好的，也不是说跟着最下面的，我自己在教学里不太喜欢教特别难的东西，我喜欢的是把内容提供给大家，如果有同学想要把这个东西深入，你能知道去看什么、读什么，但对广大的同学你只要有一个基本的训练，能达到合格、良好，我觉得这是因材施教。"

黄迅坚信，教师应根据学生的个性和需求来制订教学计划和方案，同时加强与学生的沟通和交流，以便及时发现问题并获取反馈。相较于互联网等新技术，他更青睐传统的黑板教学。

黄迅也会认真分析历届学生的反馈和建议，他认为这些反馈中往往包含了许多实际且极具价值的观点，他应该据此来完善课程设计。曾经，黄迅收到研究生课上一位学生的反馈，该学生认为课程内容过于简单，缺乏挑战性。黄迅敏锐地捕捉到了学生的这一情况，便要求他发展教学实验系统，并专门定制两个小题目让其能实现阶段性的突破。在这个因材施教的案例中，学生不仅能够收获新知，同时也体会到了学术成果带来的乐趣和成就感。

对于教学和科研的关系这一永恒命题，黄迅则坚信教学和科研是相互促进的。老师认真授课能够吸引优秀的学生加入自己的研究团队，这些学生会紧紧跟随老师，积极互动；反之，如果老师不认真上课，学生自然也

2015年，黄迅（左）与其首位博士毕业生魏庆凯合影

不会找上门来。曾经有一位别的老师的研究生同学在课堂上听黄迅提到一个从 20 世纪 70 年代至今学界尚未解决的问题，课后这个学生收集了相关资料并认真加以研究。在黄迅的指导下，他用两个星期的时间对这一问题进行了研究，实现了突破，并成功在航空航天领域顶级期刊 *AIAA Journal* 发表一篇论文。"把教学和科研结合起来，并且不单单是完成学校任务，我们最后真的是在推进人类科学的进步，这就是教学相长。我们的学生的确在这方面是非常好的，会让你感到很愉快。"

▌以人为本，做"合格"教师

谈及为何做一名教师，黄迅说是"命运驱动"，而来北大则是"因缘巧合"。当时，北大在陈十一院士领导下重建工学院，而 2008 年黄迅又正好想要回国，他看到了黄琳院士课题组在网上发的招聘信息。黄迅在本科学习控制理论时看的参考书就是黄院士撰写的教科书，所以就"一拍即合"，来到了北大。航空航天作为一个新设专业，一开始老师很少，所以基本上缺什么课，黄迅能讲的都顶上去讲。

多年的教学生涯让黄迅认识到，要成为一名优秀的教师是一个长期的过程。首先，要有扎实的教学基本功和专业知识储备；其次，要具备创新意识和勇于尝试的精神，不断探索新的教学方法和手段；最后，也需要关注学生的需求和反馈，不断调整自己的教学方式和方法，以达到更好的教学效果。在层层递进的要求中，呈现的是黄迅对"人"的关注。"专业化、责任心、同理心、大心脏"是黄迅理解的教师特质。

黄迅认为，他现在和学生之间是一种高效的"专业化"关系。"给学生们上课，现在感觉越来越难，不是说自己讲了很多年了，越来越容易。我已经不知道现在年轻人喜欢的东西。"所以，黄迅"不再去想着设计一些笑点"，而是让自己做到专业化，传授专业的知识给学生，为学生提供专业的指导和建议，给学生提供各种各样的环境。"把教学做好，把学问做好"，是黄迅始终坚持的信条。

"责任心"是一名合格教师应该具有的品质。当黄迅选择走上教师这条路时，他就坚持"把书教好"这一底线。正如他所说："每一堂课你不要浪费自己的时间，更不要浪费学生的时间。咱们那么多那么好的同学，最后突破了千军万马来了北大，你不好好讲课，你在那糊弄事儿，我觉得这就不行。"

"同理心"同样被他视为教师不可或缺的特质。在黄迅看来，教师需要具备站在学生角度理解他们困难和问题的能力。学生在学习中会遇到各种挑战，特别是刚入学的第一年，可能会因为无法适应新环境而落后。这时，教师要避免过度苛责学生，并在适当时机给予学生鼓励和支持，帮助他们渡过难关。

随着时代的发展，教师面临的挑战也日益增多。除了教学工作本身，教师还需要关注学生的心理问题、生活问题等各个方面，教师面临的压力越来越大。在黄迅的教学过程中，也曾遭遇一些令人不悦的情况，比如，学生态度不端正或行为不恰当。面对这些挑战，黄迅不仅要求自己具有扎实的专业知识，也要求自己有一颗"大心脏"，以足够的包容和理解、足够的心理素质和应对能力来迎接可能出现的各种挑战和问题。

在 2021 年的教师节庆祝大会上，北大中文系教授陈保亚老师提出"做一名合格的北大老师"这一观点。陈老师认为教师应该脚踏实地、坚持不懈地做好自己该做的事，这与黄迅的教学理念不谋而合。指导博士生时，黄迅有一个习惯，那就是每周和学生们见一次面，大家坐在一起谈一谈科研进展。他解释说："坚持每星期都这么做，自然而然就会有科研成果出来。三天打鱼两天晒网，就不能做到合格。"工科教育和学习其实就是"踩在地上面"把事情做出来。黄迅课题组每年平均招收一位研究生，目前毕业的研究生中超过半数获得了北京大学或北京市优秀毕业生的荣誉，有 9 人在境内外高校任助理教授、副教授乃至教授。

黄迅不仅在教学领域独有创见，还负责并推动了北京大学航空航天育人体系的创新建设。2010—2014 年，他们不仅成功申报了航空航天专业博士点，顺利通过了学科点国际评估，还构建了北京大学航空航天专业完整的本—硕—博人才培养体系。对于北大的新工科建设，他有坚定的信念——北大的新工科，是应该也必将大有不同的。"工科不单单可以与理科、医学学科结合，也可以与人文学科结合，而这恰恰是北大强大的综合优势所在。"

实际上，"合格"不仅是对教师的要求，更是对每一个人的期望。北大新工科的教育与建设有赖于每个人的各司其职、各尽其分。黄迅有十足的信心："北大的环境有其得天独厚之处，只要每位老师把书教好，每位同学把书读好，每个人把自己该做的做好，在这个基础之上，自然而然，我们就会做出北大特色的新工科。"

学生评价

- 黄迅老师真的属于很有人格魅力的老师。课程内容是精心安排的、课堂讲授是深入浅出的、课外引申是开阔视野的、考试难度是恰到好处的，总的来说，老师是很完美的！

- 黄老师上课依托课本但又高于课本，有自己独到的理解，还会给我们穿插一些课程之外的研究、故事，甚至电影介绍。总之，听课体验极佳。
- 有人说，认识一个好老师是一生的财富。上了黄迅老师的课却发现自己不是航空航天专业的学生，感觉损失了几百万。这门课融合了传统工科院校机电相关专业：电工电路、模电、数电、信号与系统、嵌入式等大概五门课程，老师甚至还会讲解部分数学、力学声学、生医、能源知识。我充分感觉到老师知识储备之渊博和我个人的渺小。这门课很容易激起我探索的兴趣，从用 Python 做电路模拟到 MATLAB 滤波器的实现，课上的每一个小点都有广阔的探索空间。可惜本学期课程之多、时间之少、个人之懒，让我未能与黄迅老师有更深入的交流。这大概是我 2023 年最遗憾的事情之一了。祝老师身体健康，教学科研工作顺利！

（刘璇、马骁）

语言为沟通，教育即生活

— 汪 锋 —

汪锋，北京大学2021年教学卓越奖获得者，中国语言文学系教授。主要从事语言学研究，专注于历史音韵学、汉藏比较、汉语方言、语言接触、白语等方面。主要讲授"理论语言学""人类沟通的起源与发展""语言与文化""当代语言学""历史语言学""学术写作与规范：以语言与人类复杂系统研究为例"等课程，著有《白语方言发声的变异与演化》《汉藏语言比较的方法与实践》《语言接触与语言比较》等专著。曾获得高等教育国家级教学成果一等奖（第二完成人）。

教育不是为生活的准备，教育就是生活的一部分。

我们在学习的时候，我们在教学的时候，

其实，都是在生活。所以，都要快乐。

—— 汪锋

剑光所向：同气相求与万流归宗

飞燕归还，汪锋 1994 年考入北京大学中文系，硕士毕业之后赴香港城市大学攻读博士，2004 年回到中文系做博士后，2006 年出站留在中文系任教。回望学术之路，汪锋坦言：自己并非一开始就有明确的目标，而是在各种尝试中才逐渐确立对语言学的兴趣。

报考北大时，汪锋对大学的专业并不十分了解，来到中文系也是一种机缘巧合。那时，中文系大一第一学期初就要选专业方向，从"文学、汉语、文献"三大专业中选定一个。到了研究生后，专业划分更为细致。比如，语言专业就有理论语言学、语音学、古代汉语、现代汉语等方向。

在专业选择上，汪锋认为老师的"感召"是十分重要的："学生基本上都是受到某个老师的感召，因为他／她展示了这个学问的魅力。我们北大很好的地方，就是每个专业都有能展示自己专业魅力的老师。"

陈保亚老师是汪锋走上语言学道路的领路人。用汪锋的话来说，他自己的理想与兴趣恰好与陈保亚老师的"气质与追求"相契合。陈保亚老师开设的"理论语言学"课程上采用的启发式教学方式给汪锋留下了深刻的印象。这种教学方式通过"提问—启发—追问"不断激发学生主动思考，鼓励学生表达自己的想法，引导学生推理，逐步引导着汪锋感受到了语言学理论的力量。

在之后的学习中，汪锋发现，很多语言学领域的大学者，如王力先

陈保亚（左）和汪锋（右）

生、朱德熙先生、裘锡圭先生，他们研究、论述时用到的都是最基本的方法，即通过材料直指背后的道理，简单而有效，并没有什么故弄玄虚。通过这一视角去看问题，如同抓住了打开学术之门的钥匙，这都引导着汪锋，去不断探求丰富的语言材料背后那简单有力的原理。"就像《倚天屠龙记》里张三丰教张无忌太极拳，三遍之后却让他把所有招式都忘掉，因为关键不在于记住具体的招式，而在于掌握招式背后的原理，这样才能随机应变、千变万化。"他如是类比。语言学中蕴含着许多具有强大解释力的规则，每一条规则都能驾驭大量的语言材料，一下子把看似凌乱复杂的现象变得整齐有序。理论语言学的魅力越发让他着迷，他也进一步坚定了自己的学术选择。

"语言学理论其实没有什么特别神秘的地方。简单来说，理论就是对日常语言现象的归纳、总结和有序化。"语言影响着人的思维方式，人们使用语言，就像通过一扇窗户看世界。在汪锋看来，理论语言学的有趣之处在于让我们清楚语言世界是如何构建的，从而进一步观察人们的思想、观念如何被语言影响，沿着这个方向，很多令人迷惑不解的问题会突然豁然开朗。

代际承传中的守正创新

中文系长期倡导教研要守正创新。在具体的课程实践中，汪锋一方面承接了前辈学者开创发展的成熟课程，另一方面则紧跟学术前沿，积极探索开发新的课程。

汪锋留校任教后，与陈保亚老师轮流主讲"理论语言学"。汪锋对这门引领自己走上语言学之路的课程怀有深厚的感情，努力把自己当年感受到的语言学的魅力传递给更多学生。在总体设计上，汪锋继续遵循陈保亚老师的课程框架及理念，即"理论照亮材料，材料引导理论"。而在具体授课时，他则进一步融入了自己的研究心得。比如，适当增加语言学与实验的内容，并尝试引导学生参与体验从分析语料到引导理论提升的完整研究过程。这一过程不是理论灌输，而是让同学们学会用科学的方法分析语言现象，自己完成观察、分析和概括，并进一步上升到理论，在材料与理论互动的研究过程中体悟到语言学的魅力。

汪锋一直想着将语言学展示给更多的学生，为此，他于 2012 年开设了一门面向全校本科生的新课——"人类沟通的起源与发展"。与"理论语言学"等专业课相比，这门课将语言放在"沟通"这一更大的框架下考量，从而可以结合生物学、神经科学、心理学等其他学科的相关研究，来多角度地考察与探索人类语言这一沟通系统。"语言学本身就有跨学科的基因"，借助这门课程，他希望可以把更多学生领向更广阔的领域，让他们发现自己的研究志趣，运用跨学科的眼光去探寻更丰富的世界。在过往的课程实践中，汪锋带领同学们走进实验室，体验脑电仪等各种现代设备；走出教室，去动物园观察大猩猩并尝试与其交流；也前往特殊教育机构，了解手语及自闭症儿童的沟通。

新课程的建设并非一帆风顺，汪锋在实践中也曾遇到过问题。首先是班额设置的纠结。课程开设之初，他尝试过 100 人以上的大型班；过大的班额在增加覆盖面的同时，也为教学互动交流带来了诸多困难。为了通过

汪锋示范使用脑电仪

更多的接触与交流来引导学生更真切地感受跨学科视野，在尝试过50人左右的中型班后，汪锋最终决定将课程调整为20人左右的小型班，实践证明这样的效果更好。班额问题解决后，汪锋又开始逐步探索并践行"因材施教"的理念。由于学生来自各个不同的院系，学科背景相差很大，而且大部分学生与他只有短短一个学期的接触时间，老师难以课前就全面了解每个学生的状况。此外，前几年还受疫情影响，田野调查、实验等各种实践性的教学活动都受到不同程度的限制。"比如，去年学生们最大的遗憾是没能看到大猩猩。"汪锋无奈地笑道。不过，优秀的研究者总能因时因地制宜寻找最优解。他积极地探索着可行的解决方法，力求打破多方局限，达到更好的教学效果，让学生不再留有遗憾。为此，他专门设计了学生自主探索的作业形式，引导学生结合兴趣，在生活的"试验田"上开展相关实验设计。比如，设计实验探究小动物的沟通方式。有一年，一位韩国留学生研究了跟马的沟通。"带着学生在语言的海洋中去探索，陪他们一起完成学习与发现"，这是设计这些作业活动的初衷，也是汪锋一直坚持的教育理念。

通过不断摸索，新课程建设取得了令汪锋满意的效果。他欣慰地发现，不少学生在后来的学年论文、毕业论文写作中都有意识地探索网络语言、手语、语言障碍、语言认知等前沿、新颖的跨学科议题。对沟通的深入思考以及跨学科的广阔视野，能让学生更深刻地感悟语言学的奥妙，用更独特而多元的视角认识世界。

▍ 科学观念、实践精神与跨学科视野

"科学的观念，实践的精神，跨学科的视野"，这是汪锋一直秉持的教学理念。"可能正是有这样的理念，我可以真切地感受到自己和学生们一起进步，心里也就很踏实。"

当被问及如何理解"科学的观念"时，汪锋笑道："语言学其实并没有那么神秘，说白了就是讲道理，就像胡适先生所说的'找证据'。比如，有的人认为汉语中有主语，有的人则认为汉语中只有话题、没有主语。在进行讨论之前，我们应当明确'主语'和'话题'分别是什么，然后再找证据进行研究。其他学科的方法也是一样的。"波普尔提出证伪主义为科学划界，也就是说，科学论断必须是可证伪的。在汪锋看来，语言学理论一个很"酷"的地方就在于，即便明确地告诉人们反例应该是什么样的，但大家却一直找不出来 —— 从这个意义上讲，语言学理论一直是在等待着反例来证伪的，也就是随时等待别人指出错误。"在北大，我们很勇敢，因为我们随时准备被别人指出错误。"汪锋认为，研究科学问题，头脑一定要开放。只有能坦然面对自己的错误、承认自己所想是有局限的，才有可能实现真正的进步。自命不凡、故步自封只会带来原地踏步。建立了立足于实事求是、学科共通的"科学"观念，实践与跨学科也就顺理成章了。

"实践的精神"在汪锋的课程教学中贯彻始终。课程所遵循的"教学 — 田野调查 — 科研 — 教学"循环渐进的塔式体系，是语言学教研室前辈们经过多年的教学实践总结出来的，就是要从中国语言的实际出发，带

领同学们在实践中领会语言学的魅力。汪锋认为，所谓的"田野调查"，并不一定要去完全陌生的田野，在自己熟悉的环境里也可以做田野调查。譬如，在课堂上做的语言小调查，就是"田野"的一种。为了引导对理论语言学感兴趣的本科生深入研究，几乎每年假期他都会跟教研室老师一起组织研究生与本科生前往陌生的环境做田野调查，在陌生的语言社会里观察语言现象、感受语言规律，通过亲身实践找到其中蕴含的研究诀窍。在田野调查的过程中，同学们会开始意识到哪些问题是重要的，随后去进一步追问、探究，如抽丝剥茧般一层一层地拨开问题的表象，触摸到语言学的核心。

汪锋带学生调查九河白语

不少语言现象仅靠语言学是无法解决的，这时就需要"跨学科的视野"。汪锋认为，不仅要打破学科的界限，更要以问题为导向自然而然地引入不同学科的思维和研究方法。比如，语言学家在试图探讨两种语言的亲缘关系时，就会发现需要设计数学模型来讨论其中的概率问题。此时，与数学家的合作也就水到渠成了。不同学科之间的交叉融合，不仅能为彼此提供独特的视角和思路，还能共同推动各自的进步与发展。这种合作的初衷显然不是要在不同学科之间搞竞争、比优劣，而是要一起合作探索世界的奥秘，共同应对和解决重要问题，以推动人类文明的不断发展。在汪锋看来，意识到并勇于承认本学科所能解决的问题是有限的，是"跨学科"的第一步。只有打开学科的大门，不为所谓的"维护学科地位"而封闭，承认其他学科对问题解决的价值，才能为解决问题做出自己的贡献，实现学科的尊严。

教学相长，生活的一种方式

从教近二十年来，汪锋总结出了好教师需要具备的两种特质：一是要对科学研究保持开放、谦虚的心态，接受自己所知的局限，抛开成见与执念，不断追求学问的完善与突破；二是要与学生建立个体平等、彼此尊重的关系，理解与包容学生。持此两端，方能促进真正的教学相长。真正的教育应当建立在教师与学生之间平等交流的基础上。如果只是单方面的知识灌输，永远不能达至"教学相长"的理想境界。

前辈学者的谆谆教诲口耳相传，汪锋想与同学们分享曾经从师长处习得的两则座右铭：一个是"立足中国，放眼世界"，另一个则是"件件工作，反映自我；凡经我手，必为佳作"。格言镌印心间，是压力，也是动力。高要求则需要持之以恒的信心与决心。

此外，汪锋也特别愿意分享美国教育家杜威的一则教育理念："教育即生活。"教育不是为生活做准备，教育就是生活的一部分。选择做一名教师，客观上已经决定了将会与学生度过人生的大部分时光。汪锋认为，师者的学习与科研、教学与指导，都是生活的重要方式。这种将全部身心融入教学的生活方式，正是实现教学相长的重要条件。

"教学是特殊的沟通"，在这一"沟通交流"过程中，汪锋秉持着科学的教育理念，不仅讲授知识，更传授感悟语言、探知世界的方法。正如他所期望的："教育工作者就得保护学生不一样的兴趣，给他们提供支持和帮助，引导他们走出不一样的道路。"语言为沟通，教育即生活，汪锋在亲切的师生交流中展现出中正平和的魅力，在长久的教学探索中开辟出丰富博大的气象。

学生评价

- 汪老师非常好，对初入大学、没有接触过很多语言学知识的我给了很大的帮助。汪老师总是不厌其烦地耐心解答我的提问，感谢汪老师！
- 老师非常幽默，让学生深入理解这门课程。
- 这是一门最能够讲出自己想法的课程了，感谢老师一学期的辛苦付出，课后的沟通交流让我受益匪浅。
- 老师上课很有趣，促进我们思考。

（佘福玲、廖荷映）

身教言传，求索未息

— 陈 旻 —

　　陈旻，北京大学2021年教学卓越奖获得者，北京大学第一临床医学院教授。研究领域为免疫性和代谢性肾脏病。主要讲授"原发性小血管炎""抗中性粒细胞胞浆抗体的认识历程"等课程。参与编写《内科学（第二版）》（"十二五"全国高等医学院校本科规划教材）、《普通内科学高级教程》《肾内科学（第三版）》。曾获得北京大学优秀博士学位论文指导教师奖。

> 导师要做的两件事情非常重要：
> 第一是身体力行引导学生热爱医学事业和科学研究；
> 第二是传达给学生，老师一直支撑着你的信念。
>
> —— 陈旻

▍ 教研兼修，杏林春满

他这样介绍自己："我是一个临床大夫，同时也承担了一些教学的任务。"陈旻的教学对象既有本科生和研究生，也包括进修医师。"一名好医生，不光要会看病，还得会做研究、带学生，寓医教研于一体。"

在患者心目中，作为北大医院肾内科副主任、党支部书记和北京大学肾脏疾病研究所副所长的陈旻是一位严谨的医生；而在学生们看来，他则是一位教学经验丰富、循循善诱的好老师。他讲授过"肾脏病学总论""急进性肾小球肾炎""狼疮性肾炎""原发性小血管炎""抗中性粒细胞胞浆抗体的认识历程"等多门大课，都颇受同学欢迎。

"多年以来，我教学最大的乐趣，就是带出一个个好学生，学生们能超过我。"医学科学研究发展日新月异、知识更新迅速，陈旻在课堂中总是适时引入专业前沿；除了具体知识，他的课堂更重在"授人以渔"，即教会学生获取知识的方法，以便他们在信息碎片化的浪潮中能够披沙拣金、随时追踪不断迭代的学术热点。除了获取知识，陈旻认为，作为一个医学工作者，更重要的是具备自主推进科学研究的能力。这就意味着要创造新的知识和发现，并形成具有创新性的研究。因此，他在日常教学中还格外重视培养学生从临床工作中发现科学问题的能力，尤其是在研究生教学方面，他着重引导学生将临床和科研工作有机结合，培养学生刻苦钻研的学习精神和独立开展研究工作的能力。

陈旻也始终带着积极的发展眼光看待学生，针对不同的学生采取灵活的培养方法。在学生初步接触科研的阶段，他会将自己视为"放风筝的人"，让学生自由追寻感兴趣的方向。但是在发现他们"快要迷失"时，陈旻会及时给予适当的帮助并将他们"拽回正轨"。由此，学生才能乘风直上、越飞越高。在他指导的学生中，4人获得北京大学优秀博士生论文奖；10人获批国家自然科学基金项目。陈旻也在2016年和2018年先后两次获得北京大学优秀博士学位论文指导教师。这些成就不仅体现了他在教学上的投入和成效，也证明了他在学生培养方面的卓越能力。

陈旻作为一名临床大夫和教育者，他深谙医学和教育的结合之道。他不仅在肾脏病临床实践中积累了丰富的经验，也在教学中展现了独特的教育智慧。他坚持将最新的科研成果融入教学，培养学生的批判性思维和自主研究能力，使他们能够在快速发展的医学领域中脱颖而出。他以自己对医学的深刻理解和对教育的执着追求，影响和激励了一代又一代的医学生。他用行动诠释了"教研兼修，杏林春满"的深刻内涵，为我国医学教育事业的发展树立了典范。

▌ 言传身教，始于热爱

2002年，陈旻从北京大学医学部毕业并获得博士学位，留在北京大学第一医院肾内科；2009年，他又获得荷兰格罗宁根大学理学博士学位并于两年后晋升教授、博士生导师。22年的光阴，是他对医学事业热爱的无声证明。

在陈旻的理念中，教学不仅是知识的传递，更重要的是在教与学的过程中，引导医学生热爱医学事业，注重培养医学生理论与实际应用的衔接与结合，同时形成道德素质和人文素质。"中国有一句俗话叫'师傅领进门，修行在个人'。作为老师，我可能只能教给学生一些最基本的知识，让他们'入门'，最重要的其实是让他们懂得要热爱专业、对所从事的专业有兴趣并且具有职业素养与道德。"在陈旻看来，基础知识固然重要，但只是出入门径，而他的使命，归根结底是将学生引入"正道"，让他们有动力在正确的道路上不断努力前行，"这是一名老师最希望看到的"。

在引导学生发现对专业的热爱的过程中，陈旻认为"身教"是重于"言传"的。"首先我自己非常热爱医学科学事业，所以我会把对医学的这种热爱传递给学生，让他们也获得这种正能量。"除了价值观的引导和情感的支持，陈旻还特别重视对学生科研上的提携培育。他总是亲力亲为地指导学生进行具体的科研工作。在他看来，学生的科研成果、收获是"非常好的正反馈"，也能够印证并强化他们投入科学研究的热情与初心。"带着学生在医学事业与科学研究当中去探索，一旦他们自己有了一定的成果、有了一定的收获，和之前的这种热爱就会形成正反馈，进入良性循环。"而当学生进入研究生生涯的后半段、科研能力渐趋成熟，陈旻则会给予学生更多自由探索的空间，让他们进行更加自主、深入的研究。

每个星期，陈旻都会与其指导的学生开组会，讨论课题的进展以及下一步的研究方向。"学生在研究过程当中肯定不会一帆风顺，一定会遇上各种各样的挫折。"除了带领学生认认真真读相关领域的文献、帮助学生分析和解决具体问题外，陈旻还会积极向学生传达一个信念："老师一直在后面支撑着你，帮着你往前推进。"陈旻的暖意和人文关怀让学生感到自己"并不是一个人在奋斗"，而是全组一起在攻坚克难。

陈旻通过言传身教，把对医学的热爱深深植入学生心中。他不仅培养了一批又一批的医学人才，更是在他们心中播下了热爱医学、坚持科研的种子。如他所愿，他的学生们在正道上不断前行，用实际行动诠释了什么是职业素养与道德，为医学事业贡献自己的力量。陈旻的教导和热情，必将在他们的职业生涯中长久地闪耀。

▎求知不止，探索未息

陈旻主要从事自身免疫性疾病肾损害，特别是原发性小血管炎的转化医学研究。近年来，他也形成了自己鲜明的研究特色和研究方向。2004—2024 年，陈旻以第一作者和责任作者身份共发表 SCI 收录论文 120 余篇，H 指数 40，先后获得了中华医学会肾脏病学分会首届"青年研究者奖"、教育部新世纪人才等奖项。他是国际上本领域非常活跃的专家之一。

陈旻在丰硕的科研成绩面前依然保持着冷静与清醒。他认为，应当对知识保持敬畏，"永远当一个小学生"。"我们的社会正处于一个知识爆炸的状态，特别是医学科学，一直在不断地更新。我们现在掌握的知识，过一两年可能就过时，甚至是错的，所以，我们要想推进医学研究事业，就必须保持谦虚谨慎的态度，永远在学习的路上。"正是这种不断学习和自我提升的态度，使得陈旻在医学科研的道路上不断前行。他强调，只有不断吸收最新的科学研究成果，才能保持科研的前沿性和创新性。科研工作者必须始终站在学术的最前沿，紧跟国际最新动态，才能在激烈的学术竞争中不被淘汰。

周末有空时，陈旻就会背起书包去上自习。阅读文献时，他会认认真真打印成册，拿着铅笔、橡皮和尺子认真圈点，有价值的内容则要记在本子上，以便后续进行深入思考和讨论。这一学习习惯自上学起至今，已经坚持了三十余年。陈旻特别愿意和学生一道做知识的探索者和发现者。在他看来，虽然有老师、学生的角色之别，但在面对科研工作时，则可以平等交流、优势互补，而灵感和妙想也往往是在师生的交流乃至碰撞中产生的。从老师导引学生，变成学生激发老师的灵感，是他最愿意看到的结果。"入门阶段，是我带着学生往前走；然后逐渐变成我们'商量着走'；最后，是学生'引领'着我往前走。"他希望通过自己的倾囊相授，让学生在自己的领域产生原创的新突破，并且成为师弟师妹的"小导师"，形成课题组前后相继的传统。他记得，自己的一名学生在刚进入课题组的时候，科研目标是炎症分子和疾病活动相关性，起初他们的课题想法是比较简单和粗糙的，但是随着几年的持续推进，学生的思考也愈加深入，不仅在初步设想的基础上深入探索了发病机制，还成了疾病治疗的一个很有效的靶点，"是学生引领着我走了一条新的研究道路"，陈旻笑道。

多闻阙疑，求实创新；做研究而未止，为人师而尽心。作为一位在自身免疫性疾病肾损害领域深耕的学者，陈旻不仅以丰富的科研成果和国际声誉彰显了其卓越的科研实力，更以其不懈的探索精神和对知识的敬畏态度，激励了一代又一代的年轻研究者。他深知在医学科学的海洋中，唯有不断求知、不断探索，才能保持前行的动力。他的研究之路，是对知识无尽追求的最好诠释，也是对年轻学者最好的榜样。对陈旻来说，教学和科学事业的探索永远没有终点，而他也将一直奔跑在追寻、求真的路上。

学生评价

- 陈旻老师腹有诗书气自华，胸藏文墨怀若谷，同时又专业精进，对学生的学习和成长认真负责，能够师从陈旻老师倍感荣幸！

- 相比于导师这个称谓，在我心里陈老师更像是一个学识渊博的老父亲。科研上，老师精益求精，带着我们在"卡卡糖国"中不断探索；生活上，老师用自己渊博的学识带我们畅谈天文地理，古往今来，同时又克勤克俭，帮助学生渡过生活上的难关。再次感谢陈老师的谆谆教诲，令我受益匪浅！

- 我眼中的陈老师是真实、真切、真为的。他的真实或许就是那一列我们在他办公室门前贴的提醒他多喝水、多睡觉的卡通贴画。在我们眼中，他并非一个遥不可及的标签，因为他用切实的陪伴教我们如何去做一个真实的人。而他的真切是他拥有一份对科研绝对的赤诚。我深刻感受到的是，几乎每一份我们的论文，都要经过陈老师数十遍无比细致的批注和修改。他的真为则是他始终保持着自我批评和提出问题的意识，他时刻提醒我们去做有用的事、去思考科研的价值和临床工作的意义。

（隋雪纯、廖荷映）

引导学生"见物讲理"

— 刘玉鑫 —

刘玉鑫，北京大学 2022 年教学成就奖获得者，物理学院博雅特聘教授。研究领域为原子核理论、强相互作用系统相变、致密天体的结构和性质、物理学中的群论方法、计算物理等。主要讲授"原子物理学""量子力学""热学"等课程，著有《热学》《原子物理学》《量子力学》《物理学家用李群李代数》等教材，主持"原子物理学""群论"课程教学团队建设。曾获得中国物理学会吴有训奖、北京市高等教育教学成果一等奖、高等教育国家级教学成果二等奖等。

学高为师、德高为范。

做教育是要培养人，必须尊重教育本身的规律，

要让同学们在知识、能力、素质三方面协调发展。

—— 刘玉鑫

▌ 探索教学改革，培养优秀拔尖人才

自 2001 年担任物理学院副院长起，刘玉鑫广泛汲取国内外优秀拔尖人才培养的经验，积极调研、思考、探索教学方式方法改革。经过广泛论证，他对教学和培养模式及方式方法进行了积极稳妥的探索和应用。

在刘玉鑫的推动下，物理学院将由教师全时讲授的教学和培养模式转变为学生在教师指导下的自主学习的培养模式，大力推动开展本科生科研训练与实践，将科研优势转变成为优秀人才培养优势。具体措施包括：对低年级同学进行综合物理实验训练、开展小型项目研究与成果展示；对中高年级同学进行科研项目训练——组织同学们在二年级下学期（优秀的同学甚至更早）进行科研项目申报，通过评审后，学生可直接进入教授们的课题组进行研究工作。这一培养模式被推广到全国，在国内高校中得以广泛开展，对全国物理学科人才创新能力培养工作具有重要的引领作用。

刘玉鑫说："这些措施一方面激发了同学们学习的积极性，使同学们由'要我学'转变为'我要学'；另一方面，使同学们直接接受科学研究的训练，并深入实践，在提高分析问题、解决问题能力的同时，也提高了同学们发现问题和提出问题的能力，提高了同学们开展创新性研究的能力。"

接受过这样训练的学生们在毕业后走上新的岗位时多数得到了较好的发展。例如，2005 届毕业生黄震已经成为航天五院总体设计部副总设计师；2010 届毕业生柯特已成为香港中文大学教授等。据不完全统计，修读

过刘玉鑫讲授的大课、研讨型小班讨论课，以及接受其本科生科研指导的毕业生中已有 60 多位成为国家级优秀青年人才。

"在 21 世纪初的北大，进行这样的教学和培养模式改革不是一件容易的事情。"物理学院现任主管教学的副院长曹庆宏教授感慨地说。1998 年北大百年校庆时，党和国家作出建设"985 工程"高校的决策，即我国要建设"若干所具有世界先进水平的一流大学"。

2001 年，为了推动世界一流大学建设，学校下大力气进行体制改革和结构调整，物理学院在这一改革大背景下由原物理系、原地球物理系、原技术物理系、原天文学系和原重离子物理研究所等机构的全部或部分专业合并成立。首任院长叶沿林教授说："学院的建立和对本科教学的统一管理使得培养模式的系统性改革成为必要和可能。"

学院在成立之初即组织全院教师对教育理念、培养目标、教学体制、课程体系和培养方案进行了深入研讨，在国内外广泛调研，召开了多次教学研讨会。经过反复研讨和争论，全院达成高度共识：采用多样化和个性化的培养模式和模块化的课程体系，实行教学计划和导师指导下的完全学分制，给学生以充分的自主选择空间。

2003 年，学院正式推出模块化的课程体系。"以模块化课程为依托、以科研训练和实践为引导的自主学习和创新能力训练为核心"的培养方案，为北大物理学科人才培养的长足发展并取得突出成果做出重要贡献。据此，北大物理学院两次获得国家级教学成果奖。更重要的是，上述理念和方案被国内外很多院校采纳和实施。叶沿林说："由于这是涉及学生根本利益和北大物理学科数十年教学声誉的深刻变革，因此，特别需要全体教师的积极参与和各方面的精心组织协调。尽管刘玉鑫当时是主管研究生工作的副院长，但他在这次本科教学改革中做了许多实实在在的工作。"据悉，2001 年物理学院成立时，主管本科生教学工作的是郭华教授，但由于健康原因，郭华力不从心，刘玉鑫主动承担并积极完成了教学改革中的多项重要工作。

因材施教，培养学生的创新能力

刘玉鑫认为，因材施教才是最大的教育公平。他对于教育的整体理念是："以人为本、尊重选择、分类培养、共同提高"和"不仅注意分析问题和解决问题能力的培养，更着重发现问题和提出问题能力的培养"。作为教育和人才培养的组织者，高校和院系应该"提供条件、营造环境"，也就是：给天才以空间、给中才以培养、给兴趣转移者以出路，即因材施教，并且由同学自主选定接受要求到何种程度的教育和训练，从而充分调动同学们学习探索的积极性。

从 2009 年开始，刘玉鑫具体负责本科生教学和培养工作。他在 2011 年初的全校教学（副）院长会上提出开设"研讨型小班讨论课"的建议。学校经过广泛调研和征求意见，从 2012 年春季学期开始推动此项措施，并于 2012 年秋季学期开始试点实施，物理学院是首批试点之一。如今，小班研讨课程已在北京大学广泛开展，从首批 6 门试点课程发展到现在的 90 多门大课开设相应的小班研讨课程，每学期约有 350 个小班。小班研讨课也在国内很多高校得到推广。

谈起提出开设小班研讨课建议的初衷，刘玉鑫坦言："这是参照国外的经验而提出的。"十几年前，刘玉鑫注意到，物理学院有学生在本科期间转学到国外顶尖大学就读，这促使他思考："北大物理学院与哈佛大学、MIT 等国际一流大学的物理学科对本科生的教学和培养环节的差距到底在哪里？"带着这个疑问，刘玉鑫与转学到美国哈佛大学、MIT、普林斯顿大学的同学进行了深入具体的交流。通过对比，"发现我们的教学和培养环节与它们的差距主要在研讨和探究。我们国内的同学普遍埋头读书，不善于发现问题和提出问题，不积极主动追溯、查阅、研读经典文献和了解学科最新进展，也不善于提问和表述自己的观点；学校也没有给本科生提供针对这些薄弱环节的具体改善措施"。找到了问题的症结所在，刘玉鑫 2010 年就开始在物理学院酝酿开设小班研讨课。刘玉鑫介绍说，小班研讨课包括两个环节：一是复习大课讲授内容，二是进行专题研讨。"通过小班研讨课，同学们学会了怎么调研文献、怎么撰写文献调研和综述报告，进行科研的准备训练。"开设小班研讨课以后，物理学院本科生在国际重要学术刊物上发表论文数由原来的平均每年30多篇提高到每年约60篇，并且论文的学术水平大幅度提高。同学们参加科研项目的热情也大大提高了。

刘玉鑫讲解公式

在20世纪八九十年代，数学、物理这样的基础学科并不受重视，社会上流传着"造原子弹不如卖茶叶蛋"的说法。为激发同学们的学习兴趣，刘玉鑫在自己长期的教学工作中形成了启发探究式的讲授风格。他在教学和培养的各个环节时刻注重"物理学是见物讲理、依理造物的科学"的学科真谛，清楚展示物理学"见物"和"讲理"的手段、方式和方法，阐明原理，让同学们对接触的问题和原理既知其然也知其所以然，为应用提供基础、为创新提供依据和源泉，并启发调动同学们探索未知的好奇心和主动性。

"'见物讲理'，就是说我们要创造知识，提高我们对自然界的认识，丰富人类的知识；'依理造物'，即我们要发明新的技术，为人类社会服务。"刘玉鑫解释道："'见物讲理'首先要'见'，可以通过各种各样的手段，比如观测、实验等。宏观的天文观测可以'见'到深空天体，微观的用现在最先进的粒子加速器和探测器能'见'到 10^{-15} 米大小的东西。'物'就是我们研究的对象，不只是具体的物质，还包括现象、运动等。研究这些对象的目的是'讲理'，就是说明为什么有这些现象以及表述运动行为的理论，以利于应用。理论对不对要靠实验检验。"

"我们培养人才，要把培养学生发现问题、提出问题的能力放在首位，这是开展创新性工作的前提。"刘玉鑫在教学过程中特别注重讲清楚原理和定律的来源和机制，而且尽量保持物理学展示的原理所具有的清晰的系统性和结构性，引导同学们了解问题是怎么提出来的，又是怎么解决的，也就是新知识创造的过程。

也正因如此，刘玉鑫认为，很多旧教材虽对已有知识介绍得很清楚，但为了培养同学们的创新意识和能力，编著新的具有启发作用的教材就显得很重要也很必要。他不惜牺牲自己的科研时间，花费颇多功夫独立编著了《热学》《原子物理学》等教材，以及可作为教材的专著《物理学家用李群李代数》，还与人合作编著了《量子力学》教材。这些教材填补了多项空白，如《热学》填补了国内教材中关于克劳修斯熵与玻尔兹曼熵的等价性的证明的空白、填补了无法确定系统的热力学势情况下确定强关联非微扰系统的相变的判据的空白等。《原子物理学》填补的空白更多，如爱因斯坦提出光量子概念的过程和采用的类比方法、粒子具有自旋–轨道耦合

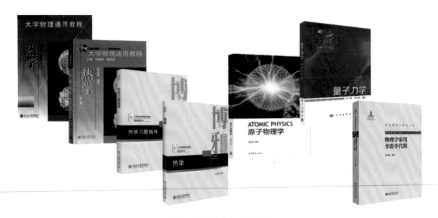

刘玉鑫编著出版的教材

作用的导出过程……这两本教材被国内多位知名教授誉为相关课程教学的"百科全书",他们认为其极具启发性。其 2023 年出版的《量子力学》教材则是国内近年出版的相同教材中学术水平提升了一个档次的典型代表。

教学科研一体,从传承到创造

高校曾一度因评价标准的缘故而存在重科研、轻教学的现象,但刘玉鑫认为,高校最重要的职能是为国家培养人才。"要培养好人才,老师自己首先要做好科学研究,所以,教学科研本来就是一体的,没有孰轻孰重的问题。"

"科学研究是在兴趣驱动下对未知的探索,是满足自己好奇心和创造新知识的过程,全社会都为这个过程提供了条件和支持。因此,我们回馈社会、服务社会是理所应当的。"在刘玉鑫看来,培养人才、科学研究、服务社会、实现文化的传承创新本就是高校应该同时履行的职能。

从现代教育的理念来说,教学不只是教学生学习、传承已有知识,还要教学生通过科研去探索未知、创造新知识。"作为老师,我们不仅要传授知识,还要带后辈去创造知识,这样社会才能发展。"刘玉鑫说,教科书上的知识反映了学科的发展现状,而在教科书基础上的创新才能进一步推动学科的发展。"我一直认为,在教学过程中发现问题、提出问题,才是更有价值的教学。教研相长其实就是教研一体。"

刘玉鑫一直坚持高深的学术水平是做好教书育人的先决条件的信条。他在多体和少体系统研究的基本方法、夸克-胶子相互作用的基本性质(顶角和胶子传播子两方面)、强相互作用物质的相变和相图(反映可见物质质量起源的 QCD 相变、原子核集体运动模式相变两方面)、极端条件下的原子核结构等领域的研究中取得了一批可以写进教科书的原创性成果,为其在教书育人方面取得突出成绩奠定了坚实基础。

"除了传承知识和创造知识,我们还要运用知识去服务社会。"刘玉鑫认为，北大工学院张信荣教授利用二氧化碳制冰服务北京冬奥会就是用知识服务社会的极好例子。张信荣带领团队为北京冬奥会研制了二氧化碳跨临界制冷系统，在"冰丝带"实现了百年冬奥历史上首次使用二氧化碳作为制冷剂。

刘玉鑫从服务人民、服务国家的初心出发，把思想政治教育有机地融入专业课教学中，潜移默化地引导同学们树立正确的世界观、人生观和价值观。他在教学中时刻注意把知识本身的讲授与知识建立的过程相联系，培养同学们的科学品质；通过对典型人物和事件的分析讨论培养同学们在需要的时候义不容辞地献身国家的信念和情操，培养同学们勤奋刻苦、严谨认真、艰苦奋斗、尊重科学、执着探索的精神和能力。"我希望同学们把这些信念和精神融入心灵中、落实到行动上。"

执教三十余年，刘玉鑫始终秉持着为国家培养优秀的创新人才、推动社会进步的初心，他也一直在教学和科研的实践中践行着初心。

学生评价

- 刘玉鑫老师的课程涉及内容兼具广度和深度，会涵盖很多标准课程不包括的内容，非常有挑战性，需要同学们在课下投入相当多的时间，也需要广泛地阅读参考书，结合课堂和自学的内容，可以有扎实的收获。

- 刘老师备课认真，讲课从容、流畅、清晰，边写板书、边讲、边分析，同时结合PPT的播放，一步步深入，便于同学思考与理解，讲课效果好。

- 从各种事情都可以感受到刘院为物院和物院学生的发展所付出的良苦用心！给刘院点赞！

（王梓寒、刘璇）

"教书先生"的
至诚与坚守

— 钱志熙 —

钱志熙，北京大学 2022 年教学成就奖获得者，中国语言文学系教授。主要从事中国古代诗歌史及其相关思想文化背景的研究，侧重于汉魏乐府、魏晋南北朝诗、唐诗、宋诗等领域。主要讲授"中国古代文学史（二）""诗词格律与写作""先秦至唐诗歌理论发展史""陶渊明研究""魏晋南北朝文学专题研究"等课程。出版了《魏晋诗歌艺术原论》《唐前生命观和文学生命主题》《汉魏乐府艺术研究》《中国诗歌通史·魏晋南北朝卷》《唐诗近体源流》《陶渊明经纬》等在学术界有影响的专著。曾获得北京大学青年教学优秀奖、宝钢优秀教师特等奖、北京市高等学校教学名师奖。

大学的课堂是探索知识，是从被动接受到主动探索。

创造力是从熟习的经典中产生的，不是凭空想出来的。

一个好的文学课的老师，对文学要有浓厚的兴趣和理解。

——钱志熙

▍ 认真的"教书先生"

"我的理想就是成为一名教书先生。"乍听起来云淡风轻，但实现将"书"生动、深刻地"教"给学生，需要教师对知识本身有独到的把握和理解，而这并非易事。

大学文学史课程的首要教学目的，是帮助学生掌握文学史知识，提高文学鉴赏、批评能力；在此基础上，还要培养学生在专业方面的研究能力。钱志熙认为，古代文学教学中存在三大难点："其一，文言语体相对艰深，与当下我们使用的汉语存在着不小的距离；其二，中国文学史时间跨度长，研究对象繁多，体量庞大，对初学者来讲上手不易；其三，文学鉴赏与评论具有极高的专业门槛，对教师自身能力也提出了较高的要求。"这也是曾担任古代文学教研室主任的钱志熙在长期教学实践中的观察和总结。

而面对这一问题，钱志熙的秘诀无他，唯有"认真"。认真，是钱志熙在北大从教 34 年的时光中，始终对课堂保持虔敬和谨严。他的本科生课总是依循又不局限于教材，"从曹操到李后主"的魏晋南北朝隋唐五代文学发展史，在他的讲授中，变得脉络可观、气韵生动。他不仅希望帮助同学们了解中国古代文学发展的历史，也希望传递文学的"特点"与"奥秘"："通过这些具体的，尤其是经典的作品，让大家理解究竟什么是好诗、什么是好的文学。"当然，这或许也和他对文学本身的热爱有关，并且坚信这份热爱可以通过授课传递给台下的学生："一个好的文学史课老师，首先本身对文学要有浓厚的兴趣和理解，不然就会照本宣科，也很难让学生感受到作品的美妙。"比较而言，研究生课程则更为"严肃"，意在讲授和传递对于具体问题的研究过程，并融入自己多年治学的经验和心得，旨在授人以渔，培养学生观察并把握文学现象、探究文学本质及发展规律的能力。加上重视原创性、不喜重复的性格，因而在备课方面，钱志熙常常花费大量心血。研究生课讲义，他会在课前逐字逐句准备好，一个学期下来，讲稿的累加便成为一本崭新的著述。

钱志熙教学的"认真"，也建立在扎实的学术研究基础上。"我觉得作为讲授古代文学课程的大学老师，自己应该有长期的研究，因为大学课堂传授的不纯粹是知识，而是主要启发大家来自觉、自由地思考一些问题，以及尝试探索。"多年来，他孜孜以求，教学与学术齐头并进。他以魏晋南北朝隋唐五代这一段的文学史研究为核心，上溯先秦两汉、下贯两宋，完成了多部在海内外享有盛誉的学术著作并多次获奖。《汉魏乐府艺术研究》获第七届高等学校科学研究优秀成果奖（人文社会科学）;《陶渊明经纬》获北京市第十六届哲学社会科学优秀成果奖二等奖，并入选 2021 年度国家社科基金中华学术外译项目，成为中国学术"走出去"的优秀作品代表。

钱志熙在国家图书馆开设讲座

"作为老师，只有自己底子厚，开课才能有底气。"钱志熙的教学内容与自己的学术研究实则相互成就。他及时根据自己的研究内容和最新的学术成果来更新教学内容。也正是由于此，寒暑往来，杏坛四秩，钱志熙的课堂仍保持着新鲜的内容与丰沛的活力。

认真，既是教学，也是钱志熙为人的准则。"做学问不是最高的目的，最高的目的就是做人。"为学先为人，钱志熙希望他的学生们都能做一个大写的"人"："儒家说'文质彬彬，然后君子'。生活在群体中，要跟群体处好关系，还要有修养。"日常他总会告诫自己的学生们，认真做人、诚实做学问，这比什么都重要。钱志熙的许多学生如今都已成长为国内外学术界具有影响力的中青年学者。"他们都是有才气的，很多人靠着灵气与悟性写文章，但还是要沉下去，踏踏实实地做研究，一步一个脚印。浮夸要不得，糊弄自己，也骗不了别人。"

▍ 博采风华，自成心法

1990年，博士毕业后的钱志熙留在北大任教，担任了数门古代文学专业主干课和专题课的教学，并且一直为本科生讲授"中国古代文学史"课程。2010年起，钱志熙为学校和中文系先后开设"中国古代文学史（二）""诗词格律与写作""中国古代文学经典（一）""唐诗分体研究"等四门本科生课程，以及"唐诗分体研究""古代诗文研究与创作""先秦至唐诗歌理论发展史""陶渊明研究""魏晋南北朝文学专题研究"等五门研究生课程。这些课程总时长达1144学时，平均下来，钱志熙每年都要完成109学时的授课，这超出了学校规定的96学时的教学量。

授课越多，钱志熙越认识到"教学的艺术"之重要。在探索自己教学方法的过程中，前辈学者和同侪们的教学方法曾给予他许多启发。他会取百家之长，融入自己的教学之中。在读硕士研究生时，他曾师从吴熊和先生与蔡义江先生。在钱志熙的印象里，这两位先生"很会上课"："他们都是诗词方面的大家，讲起课来生动有趣，不是照本宣科，而是更强调真正的理解。硕士毕业后，我在温州师范学院教书时，便会不自觉地模仿他们的风格，也会学着他们把板书写得漂亮。"

吴、蔡两位老师博闻强识，讲起课来旁征博引，这令钱志熙很受触动。在日常学习中，他便要求自己在读原典时有意识地背诵原文。等到他走上讲坛后，他也能像两位先生一样，对许多文句或段落信手拈来，这在当时也让台下的学生惊叹不已。

1987年，钱志熙来到北京大学攻读博士学位，师从陈贻焮先生。"陈先生的讲课风格很自然，他会像唠家常一样，跟我们聊他的老师们，比如，沈从文先生和林庚先生怎么讲课。跟着陈先生学习，很多时候学到的并不是具体的知识点，而是教养层面的潜移默化。"陈贻焮先生博闻强记，他的这种自然的教学方式，在某种程度上也启发了钱志熙在北大的执教风格。不过，陈先生的"自然"并非"简单"，更多是在深思体悟后的妙诠，在明白如话中贯穿渊源流变的学术理念。这也推动钱志熙将单篇诗文的解读与文体和艺术表现方法演变的把握相结合，综合文字、音韵、训诂、目录、版本、校勘、义理、辞章、考据等学问，渐入"旧学商量加邃密，新知培养转深沉"的佳境。

学术研究之外，钱志熙和他的老师陈贻焮先生一样，都喜欢创作旧体诗词。创作者的身份赋予了他完全不同于研究者的视角。他会将这些经验和感受记录下来，在进行作品赏析时与同学们分享。"写作可以带来艺术层面的体悟与共情，文学作品终究是感性的，如果一个人不能具备文学的感性思维，那大概率不能把文学研究好。"这让他日常的教学内容，在缜密的逻辑和深刻的学理之外，增添了许多情之所至的真挚。学生们常常能从他的讲授中捕获一些幽微的快乐。那些遥远的文本，也不再令人感到有隔膜，身居斗室中的师生们一同思接千载，在时空对话中体会一份"今月曾经照古人"的心意相通。

▎ 以诚相授，亦师亦友

一个好的课堂，必然是教师与学生之间的"双向奔赴"。钱志熙享受与学生的互动，也重视来自学生们的反馈。

点评学生的习作，显然是钱志熙极为看重的一种互动形式。除了文学史和文学批评类的课程，他还在北大首次开设了"诗词格律与写作"课，对古体诗词的写作技艺进行具体的讲授和分析，深受同学们欢迎和好评。

诗法在于会心，要讲授实难。为了更贴合和还原古人创作之法，钱志熙往往将古典诗词的形式特征分为语言和文学两个层面进行全面讲解，并且结合诗话类著述，拈出类目逐一缕析，让学生还原于千百年前的"创作情景"，在情感共鸣的同时，探索"起承转合"背后的渊源流变和诗学义理。为了让学生切实有效地提高诗词创作和审美能力，他在课后会请同学们每人创作一首五言或七言格律诗，并逐一批改。他还会将评为妙绝的措辞和警句，在电子文档中以黄色填充色的形式标示出来，在下一次课堂上遴选优秀习作进行点评。同学们对这一模式反响热烈，因为自己能够得到老师及时的反馈，也能看到其他同学的长处，互相学习借鉴。

不过细究起来，"标黄"并非钱志熙独创，恐怕还要追溯到他的导师陈贻焮那里。在北大读博期间，陈贻焮对这位聪慧且勤勉的弟子很是认可，给予了钱志熙极大的自由空间。说起他的老师，钱志熙总会流露出一种深深的怀念与感激之情。这大概就是古人所说的"薪火相传"之义吧。

"陈先生要求我们每月交一篇读书报告给他，每篇他都会仔细批改，还会将我们写得不错的地方圈点出来。我和其他几位师兄弟，每次都会数我们文章上的圈圈数量，数量少了，回去后还会沮丧好一阵子。"时至今日，钱志熙仍旧津津乐道于当年的许多往事。他说起自己有一篇关于陶渊明的读书报告，几乎全文都是陈贻焮的圈点，神情里难掩孩子气的自得。

与陈贻焮亦师亦友般的相处模式，也被钱志熙不自觉地带入自己与学生的关系中。无论是在他的课堂，还是跟着他做学术研究，学生们从来不会感到拘束。课余时间，他很喜欢和学生们在一起。"我的学生们都很有才华，他们很多人身上都有我不具备的优点。"钱志熙笑着说："还有会画画的、精通音乐的，每次听他们讲一讲这些我不太了解的领域，都会给我不一样的启发。"

学生们各自独一无二的经历和千人千面的感受，在钱志熙眼中都是非常宝贵的财富。事实上，在钱志熙看来，诗词创作之要诀不在于技巧，更在于表达情性之真。因此，他虽然也讲授成法，但更鼓励学生们写出自己的气质和风格。在日常读书和学习中，他也鼓励同学们读出自己的真感受、真想法，而不是为历代诸家评点的观点所束缚。他希望学生们可以充分调动自己的经历与感受，带着感情去读诗，真正读懂诗歌，更要读懂生活。

钱志熙与学生们在一起

钱志熙视学术为终生志业，对于自己能够走上学术道路，他感到很幸运。"我很庆幸自己一直以来都走在我非常喜爱的道路上，并且还能有些研究收获。"他深耕于中国古典学术，并志在绍续和加以发展。

在所研究的众多诗人中，他尤其喜欢陶渊明，那种"闲静少言"的气质、"纵浪大化中，不喜亦不惧"的生命哲学，也正是钱志熙一生向往的境界。事实上，做了半辈子学问，教出桃李满园，无论是学术还是教学，钱志熙都足以担得起他理想的"纯粹"二字。"教书先生"的至诚与坚守，和他汲古开新的古代文学研究一道，皆象征和代表着北大中文系学术承传中丰富而珍贵的部分。

学生评价

- 老师才学深笃、温柔宽厚，每周三个小时的授课是一种细水长流的享受，拉近我们和诗文的距离。感谢老师一学期的付出与辛苦，也许完全没能达到老师的要求，但至少认真地追随了一学期的文学享受。
- 老师很有个人魅力，讲授诗歌的方式能启发同学们思考。
- 老师讲得很好，重点突出也很有趣，能充分调动学生的学习热情。
- 钱老师讲课深入浅出，很耐心，节奏把握得也很好，十分感谢。

（隋雪纯、马思捷、马文婷）

为师之道，尽心、尽职、尽责

—— 邱泽奇 ——

  邱泽奇，北京大学 2022 年教学成就奖获得者，社会学系教授。主要从事技术社会学、社会调查与研究方法研究，引领了中国的数字技术创新应用与社会发展研究，组织创立了中国家庭追踪调查（CFPS）项目。主要讲授"社会调查与研究方法"（国家级一流本科课程、国家精品在线开放课程）、"社会科学方法导论""组织社会学""中国社会分层与流动""大数据挖掘与分析""人群与网络"等课程，著有《社会学是什么》，翻译有《社会研究方法》等教材。曾荣获北京市高等教育教学成果一等奖、高等学校科学研究优秀成果奖、国家图书奖提名奖、中国出版政府奖图书奖提名奖、北京大学优秀博士学位论文指导教师奖。

一个好的老师，有性格无可非议，有脾气无可非议。

但是面对学生，首先要做到的是：

扮演好老师这样一个角色。

你要尽责，教育是一个需要负责任的事情。

——邱泽奇

从"经典"之书到"社会"之书

作为跟随费孝通先生时间最久的学生，邱泽奇的育人理念与老师一脉相承。"社会学系是培养'人'的，好的老师必须把育人放在首位！"邱泽奇说："我希望自己的学生能够读两本书，一本是'经典'之书，一本是'社会'之书。我尽量为他们提供把经典理论带到实践中去的'钥匙'。"这把"钥匙"，邱泽奇从他老师手中获得，又在教育生涯中传递给自己的学生。

1991年，已经有3年没招收博士生的费孝通先生，将邱泽奇招入门下。在读书期间，他每年都会有数个月跟随费先生进行社会调查。"费先生很少直接灌输我们做什么和不做什么。但是，如果你把费先生让你做的事情串起来，就会出现一个清晰的指向。"20世纪90年代初期，费孝通带着邱泽奇去了很多地方。除了每年春天去苏南和江苏的其他地区以外，他们还去过浙江、上海、广东、湖北、湖南、贵州、山东、河南、河北、甘肃、辽宁、内蒙古、四川等地，"每年差不多有一半时间跟随先生在外调研"。毫无疑问，费先生是邱泽奇为人、为师路上最重要的引路人。费先生对学生们最大的影响体现在两个方面：一是对社会的关怀，费先生将对社会的满腔热忱投入学术研究中；二是方法上的指引，费先生指导学生们要把现实放在历史中理解，把中国放在世界中观照。

　　社会学研究一定要关注当下的社会，这是邱泽奇从费先生身上学到的，他也尽力将此传承下去。关注社会与饱读经典并不矛盾，邱泽奇认为，社会学的学科特色是，可以两耳不闻窗外事，也可以两耳只闻窗外事，好的社会学老师应该在塑造学生人格和训练学生思维方式时把两者结合起来。

2004 年，邱泽奇在中英预防艾滋病项目四川省德阳市调查现场

　　2019 级社会学系博士生李由君是邱泽奇的学生，她眼中的邱泽奇是一位"热情活力、好奇心和求知欲、探索欲都远超常人"的老师。回想起邱泽奇带着学生们的每一次调研经历，她发现："和被访者聊天时，邱老师仿佛能够根据短短几句话，快速地观察建构他们的真实生活，既能和被访者共情，又能理性地将其放置在全局化的社会结构中考察。"

　　有一次，邱泽奇带着学生们去甘肃省通渭县孟河村调研，调研对象不仅有企业员工、县乡干部还有年长的村民、回乡的年轻人，每天的行程都安排得很满，李由君形容那时"访谈的间隙大脑都是处于放空的状态"。尽管安排的受访者众多，结构化、模式化的提问可以节省一些时间，但邱泽奇还是引导学生要积极地把握"走下去"的机会，珍视基层社会的每一处细节。

"尽管邱老师已经掌握了非常丰富的调研经验，他还是会非常细致地对待每一次与访谈对象的沟通交流，对调研期间的每件事情都观察入微。"在邱泽奇的热情主动与积极探索精神的鼓励下，学生们在书本知识之外，更加体会到了社会学对社会与民众的关照，更加感受到了实地调研的意义和魅力。

▍多维度的社会科学训练

邱泽奇始终认为："在人文社会科学领域之中，如果我们专注于一个维度，常常会忽略其他维度。"作为一名研究者，从农作物守护到农业古籍整理再到社会学研究，从乡村经济到国企改革再到数字社会与经济，邱泽奇的研究触角广博而深入。他也希望通过课堂向学生传达这样的理念。为此，早在 2011 年，邱泽奇就开始将计算思维与社会科学的结合融入教学探索。

在创办北京大学中国社会调查科学调查中心时，邱泽奇与当时的北京大学 985/211 办公室主任、信息科学技术学院的李晓明教授发生了交集。2011 年，李晓明发现美国康奈尔大学在用的一本教材《网络、群体与市场》(*Networks, Crowds, and Markets*)，他准备将这本书的内容作为课程引入北大，希望找一位人文社会科学的专家共同开设这门课。李晓明与邱泽奇一拍即合，"计算 + 社会科学：一门交叉学科课程的建设与推广"应运而生。

这门开在十余年前的课程也成为北京大学交叉学科课程探索的先行者之一。"2011 年第一次开课只有 7 人，第二年 11 人，第三年就变成 30 多人，后来超过 100 人。现在的课堂要限制规模，年年都满额。"邱泽奇回忆道："学生们发现，这门听起来非常新奇的课程，会将严谨可证的科学方法与变化复杂、充满不确定的社会现象相结合，这种跨学科、前瞻性的尝试让学生们收获颇丰。"2017 年，这门课程获得了北京大学教学成果一等奖和北京市高等教育教学成果一等奖。

而更加多维度的探索则是 2017 年邱泽奇做牵头人开设的"社会科学方法导论"课。他与信科的李晓明老师、政管的严洁老师、新传的王洪喆老师合作，使得这门课甫一推出便成为"爆款"。而开设这门课的初衷，是希望引导学生转变思维习惯。

"这些年在课堂上，我有一个强烈的感觉，学生们越来越少与我深入讨论问题，却越来越多地问我：'老师，我做的对吗？我想的对吗？'"邱泽奇认为，对社会科学而言，解释的多元性和答案的多样性是常见的。开设这门课程就是为了帮助同学们实现从应试教育到批判性思考，再到探索性学习研究的思维转变。"很多时候，并没有绝对的对错，只有优和更优。我希望同学们从对错的纠结中解脱出来，将寻找对的答案转化为面向现实寻找最优解。"邱泽奇说道。

"社会科学方法导论"这门课的一大创新是没有采用传统的知识树模式来组织课程内容，而是采用了知识蜂巢模块方式，由实验思维、测量思维、检验思维和计算思维等四个相互有关联，却有着不同知识根基的模块构成。其中，实验思维讨论整个科学（而不仅是人文社会科学）方法的基

邱泽奇在课堂上

础；测量思维探讨人文社会科学的数据与误差；检验思维分析人文社会科学的证据论证；计算思维探索科学计算逻辑。

又是数据又是实验又是逻辑，会不会让文科学生望而生畏？邱泽奇笑着回答道："并不会！"他表示，在这门课上，学生只需要初高中的科学知识就足够了。开这门课就是希望同学们明白，其实科学研究并没有那么难，难的是可贵的想象力和创造力。邱泽奇希望修过这门课程的同学，即使未来不做研究，也可以比一般人更理性地对待现实世界、对待身边的事物、对待自己。

课程的通识性和授课教师学科背景的多元化很快吸引了社会科学各院系的学生进行学习。元培学院 2021 级政治、经济和哲学专业本科生司一淳告诉记者，在"社会科学方法导论"这门课上，邱泽奇对"实验思维"模块的讲解，让他学习到了实验方法的核心原理以及在社会科学中的具体应用方式。在他看来，这门课程不仅讲授了通识知识，更在学术方法上给他以启迪。"当使用一双用实验法或因果推断'武装'起的眼睛来观察纷繁复杂、不断变化的世界，就更能发现很多表面上貌似存在'因果关系'的事物背后，实际可能存在谬误或者偏见。这种方法论的指导使我能更好地运用自己的理性。"司一淳说道。

▌ "因材施教"与"有教无类"

从业 30 多年，邱泽奇对于大学生的成长路径逐渐摸索出了自己的一套理解。在他看来，真正的因材施教不仅要针对不同学生的不同特点，更要关注学生在不同成长阶段的特征和需求。对应当前国内大学最为普遍的本科四年学制，邱泽奇也将学生在大学阶段的特点用"四段论"来划分，而不同阶段的大学课堂也应该完成不同阶段的任务。

一年级是学生从高中向大学学习的转折期，这一时期最重要的任务乃是建立批判思维，教给学生系统的、成熟的知识体系，帮助学生建立关于

2014年，邱泽奇带队到乌干达金贾医院调查中国对乌干达医疗卫生援助

学科的系统认知。这也是他在"社会科学方法导论"课程中采用知识蜂巢方法展开教学的原因，通过尽量将知识系统化、模块化，让学生迅速掌握基本方法和把握世界的入手点。

但这并不意味着学生在大学阶段需要经历一个纯粹的分科教育。事实上，正如他在"社会科学方法导论"课程中所展现的，邱泽奇非常强调通识教育的理念，并将其作为大学二年级教学的主要任务，即"在成型的、成熟的、系统的知识基础上来构建每位学生自己的分析方法和方法论"。这就要求学生不能只掌握单一维度的知识，尤其在社会科学领域，学生们需要通过学习其他学科的知识去理解与学科关联性特别强的维度。例如，社会学系的学生不能只学习社会学，还要学习社会学关联的其他学科的知识，如国家法律体系、政治权力发展、经济运行规则等。

三年级的学习则进入非常关键的转折期，要求学生们能够从书本框架突破出来，建立自己的知识逻辑和知识体系。因此，课堂教学的重点要转向对学生探索精神的培养。这也是邱泽奇主要教授的年级。他希望学生们能通过课堂学习，"把学到的知识变成自己的知识储备，变成自己的知识能力"，能够对感兴趣的领域提出有创意、有价值的问题，并能回答问题或解决问题。为此，他把社会的具体实践带进课堂，把现实发生的鲜活场景和案例带回课堂，通过提问的方式引导学生去思考。比如，在"组织社会学"课堂上，以中国共产党为案例，从组织目标、组织结构到组织治理，请学生们以中国共产党几十年的实践为事实，理解组织要素和组织运行。

到了四年级，学生就应该具有相对独立的认识问题的能力，把学到的知识和掌握的能力系统化，变成一个有能力去面对社会的人。以社会学专业的学生为例，经过四年的学习，学生们应当能对最新的社会现象建构自己的分析框架和解释逻辑。

研究生的课堂教学更多的是启发性的，通过提问引导学生去思考，把学生的思考汇聚到一个知识脉络和体系中。到了博士生阶段，理想的是师傅带徒弟的模式，帮助学生吃透自己的研究问题，发现现有知识的弱点并围绕有价值的弱点进行改进。"通过不断的交流沟通，慢慢地让学生发现自己的知识和能力长处在哪里，自己的整体优势在哪里。"对于育人，邱泽奇向来有这样的耐心和谨慎。

因为在他看来，与"因材施教"相对应的，是"有教无类"。邱泽奇认为，"每一个学生都是好学生"，大学老师面对的是一群处在生命最好年华的学生，学生没有好坏，而是要看"老师是不是能发现学生的优点，并且用心去挖掘学生的潜力"。邱泽奇认为，好老师要把知识跟现实的发展结合起来，从结合中给学生们提出问题，帮助学生在强制性和兴趣性之间找到平衡点。作为老师，要做到"学生的一言一行都在我眼中"，通过学生日常的行为，了解他们的内心活动以及他们的追求和诉求，引导并帮他们解决问题。

邱泽奇对教师角色的理解是"教子孙的"，育人是一种薪火传递，对自己的学生负责，也是对自己的未来负责、对世界的未来负责，因为"世界未来是他们的"。这些中国文化中最朴素的对教育的认知，也支撑着他的育人之路。

学生评价

- 老师讲课深入浅出、幽默风趣，也能兼顾到学生的真实情况。
- 邱老师专业知识储备丰富，打开了我们社会学的视野，十分感谢您！
- 充实的内容安排、紧凑的课后作业，督促我们更好地了解和学习组织社会学。
- 老师讲课逻辑很清楚，会启发同学们思考。

（王梓寒、何楷篁）

和学生一起寻找答案

— 唐志尧 —

　　唐志尧，北京大学2022年教学卓越奖获得者，城市与环境学院博雅特聘教授。研究方向为植物群落生态学、生态遥感。主要讲授"普通生态学2""野外生态学""生态遥感"课程，参讲"生态学基础与应用""生态学技术与方法"等课程。曾获得教育部自然科学一等奖、北京市自然科学一等奖、中国出版政府奖图书奖。

作为老师，只要真诚、认真地对待每一位学生，

对待学生的每一个问题，跟他们多讨论，

和他们一起寻找答案，就能得到学生的认可。

——唐志尧

从学生到教师：从会学到会教

自 1994 年进入北大城市与环境学系（现城市与环境学院）读本科，到 2003 年 12 月取得博士学位，唐志尧在北大度过了近十年的求学时光。2004 年春天，他站上了北大的讲台，从一名聆听教诲的学生蜕变为传授知识的老师。回忆起自己第一次走上讲台的情景，唐志尧不禁笑了："我那时真的很紧张，说话都有点儿结巴。"

这种身份的转换本就充满了挑战，尤其是当他面对的是一群"特殊的"听众——他的师弟师妹们，以及曾经指导过他的硕士导师崔海亭。"研究生课程'生态遥感'原来的授课老师是我的硕士导师崔海亭，那年他退休了，所以我接替他讲授这门课。台下坐着我的师弟师妹们，崔老师也坐在教室里听我讲课。"唐志尧说，为了隔周的两节课，他每天都在备课，不断打磨教学内容，但还是压力很大，担心没有准备好。

作为"新手"，唐志尧尤为注重台下人的听课感受。他会在课堂上留出一些时间来组织讨论，或者在课后听一听大家的反馈。"我的师弟师妹们对我很包容，崔老师课后也给我一些指导，告诉我哪些地方应该讲得详细点，怎么讲学生更容易接受。"

当年，城市与环境学院生态学系高级工程师朱江玲正在读研一。她回忆道："唐老师讲课非常认真，内容也很好，就是比较紧张，感觉他额头上都是汗。但这也足见唐老师对课程的重视。这门课的内容很丰富，唐老师

增加了很多当时的研究热点，课程形式也很'年轻'，他还带我们去凤凰岭实习，不仅拉近了师生间的距离，还加深了我们对课程内容的理解。"

2005年，唐志尧开始给本科生讲授"普通生态学3"。"作为一门新开课，内容、形式都要摸索，而且我还担任2004级本科生班主任，和学生比较熟悉，就会更担心讲得不好。"回想起来，唐志尧非常感谢学生们的"宽容"："他们知道老师还年轻，也知道我非常迫切地要把知识传授给他们，只是可能还欠些火候。"随着时间的推移，他逐渐找到了自己的教学节奏，教学效果也愈发显著。

在北大求学的十年里，唐志尧上过很多老师的课，他以知识接收方的身份尝试着适应不同老师的授课风格，尽可能多地汲取知识；而当他自己成为老师后，他意识到知识的传递并非单向的灌输，而是需要双方共同努力和理解。他开始思考如何使自己的教学方式更加贴近学生的需求，如何帮助他们更加高效地掌握知识。

经过多年的教学实践，唐志尧已经能够自如地站在讲台上，他的备课时间也大大缩短。回首过去，他深感自己的付出是值得的。"学生们其实并不需要老师拥有无尽的知识和博闻强识的能力。作为老师，最重要的是真诚和认真地对待每一位学生，关注他们的每一个问题，与他们进行深入的讨论，共同寻找答案。这样的态度才是获得学生认可的关键。"

▎ 理论结合实践，培养全面发展的创新型人才

根据生态学专业的特点，结合课堂授课和野外实习，唐志尧形成了"理论与实践结合，课堂与野外并重"的教学理念，建立了"课堂授课、课下讨论、课后总结、野外检验"的教学模式，并且在教学内容上关注学科热点和学科前沿，以培养具有坚实的专业基础、全面综合发展的创新型人才。

虽然上过很多课，但唐志尧觉得最有意思的课还是野外实习。自2017年起，他与朱彪共同负责本科生课程"植物土壤实习"和"野外生态学"

（后来合并为"野外生态学"）。"这门课以前是刘鸿雁老师承担，我们定义它为以能力建设为目的的互动式教学。""这是一门野外实习课程，一般8—10天，最长12天，在北大塞罕坝生态站开展，老师和学生们吃住在一起。白天野外调查、采集植物和土壤样品，晚上回来压制、处理标本，讨论问题，聊聊心得。在这个过程中，师生可以随时随地交流各种问题。"唐志尧认为，野外实习不仅是对学生体能的挑战，更是对他们多方面能力的锤炼。

唐志尧带学生在塞罕坝野外实习

一是认识自然的能力，这是最主要的目的。大部分学生并没有太多野外调查的经历，所以这种能力不是人人都有的。"我们在保障安全的前提下，指导学生在野外进行生态调查观测，让学生亲身接触自然、感受自然的魅力。我们会指导学生识别植物、开展群落和土壤调查、参观野外科研设施、练习使用野外工具和测量仪器，以及应对野外风险。"唐志尧说，他每次带完学生的野外实习，在阅读学生实习报告和实习感想时都充满欣慰和感动。

二是团队合作的能力。学生到了生态站，会住到集体宿舍里，唐志尧会让学生自由组成小组。实习过程中，挖土壤剖面、打土钻，采集、压制标本，测试、分析数据等，都需要分工协作才能完成。"学生各有特长，互相配合得很好、合作得很愉快。虽然过程中难免有摩擦，但学生们多能自主解决，很少会反映到老师这里来。"唐志尧认为，城环的学生很团结，跟学院开展野外实习有很大关系。

三是发现问题的能力。野外实习是一个开放的课堂，同学们面对广袤的大自然，自己去发现问题并思考和解决这个问题，然后完成实习报告。同学们还会提出各种各样的问题：塞罕坝位于河北围场满族蒙古族自治县与内蒙古克什克腾旗交界处，为什么内蒙古那边不种树而到河北这边就要种树？是不是所有地方都种上树才好？种树之后对该地的生态环境有什么影响？为什么不同的地形条件下分布的树木不太一样？混合种植的树木比它们各自的纯林又有什么差别……"我跟同学们说，首先是要提出问题，只要发现问题，就去慢慢探讨，思考解决这个问题的办法。我们的实习报告没有固定的主题，主要就是培养同学们提炼问题、分析问题、解决问题的能力。"

四是科研写作的能力。唐志尧介绍说，同学们在野外实习后提交的报告不是一个简单的实习报告，而是要像投稿的科研论文那样，"对绝大多数同学来说，这是第一次撰写一篇完整的科研报告"。唐志尧认为，这样的训练很重要："不管同学们以后是做科学研究还是从事其他工作，都应该具有这种文字处理的能力，包括获取数据、查找文献、独立思考、分析表达的能力。"另外，唐志尧会让学生在实习报告上写两段话：第一段话是，让学生指出这个课还存在哪些不足；第二段话是，他希望学生能写一点感言。"我觉得这是我最看重的，这个感受经常会超出我们自己的想象，让我很感动。我每次看感言，就觉得上这门课虽然很累，但是值得。这门课的目的首先是认识自然、认识他人，最终最重要的是要认识自己。"

唐志尧倾注大量心血于"野外生态学"课程的建设，旨在通过这门课程，为学生的综合能力发展与创新型人才培养奠定坚实基础。同时，这门课程也拉近了师生之间的距离，使学生们更加热爱自然和生态学专业。

▌ 弘扬塞罕坝精神，把思政教育融入课程教学

在主持"野外生态学"课程的过程中，唐志尧一直在思考：如何充分利用塞罕坝实习基地的独特优势，把思想政治教育融入课程教学之中。"塞罕坝有很多的思政元素，加上我们生态学专业的特点，为课程思政建设提供了得天独厚的条件。"

2021年，塞罕坝生态站被授牌成为思想政治实践课教育基地。随后，城市与环境学院塞罕坝思政实践课程团队赴塞罕坝机械林场开展了"砥砺奋进铸就绿色奇迹，求真力行弘扬赛罕精神"的思政实践课程，由唐志尧和同事吉成均、朱彪带队。同年，"野外生态学"也成功入选北京大学首批课程思政示范课程。

唐志尧说，不管是思政实践课程还是课程思政，都可以让同学们了解什么是生态文明、什么是绿色发展、什么是人与自然和谐共生，让同学们学习并践行习近平生态文明思想，积极投身到生态文明建设中。他分享道："同学们六七月份到塞罕坝，正是那里最漂亮的时候。塞罕坝国家森林公园被誉为'水的源头，云的故乡，花的世界，林的海洋，休闲度假的天堂'。同学们置身于这样的美景中，对生态文明建设首先就有了亲身的感受。"正如参加2021年塞罕坝思政实践课程的李旨航同学所说："我们在理论和实践相结合的学习中对生态文明思想有了更深的了解，也坚定了我们城环人发展生态的信心。"

"在塞罕坝，学塞罕坝"，同学们到塞罕坝进行野外实习或者开展思政实践，一个最重要的内容就是学习塞罕坝精神。2017年，习近平总书记对河北塞罕坝林场建设者的感人事迹给予了高度评价，指出他们55年来在荒漠沙地上艰苦创业、甘于奉献，创造了荒原变林海的奇迹，用实际行动践行了绿水青山就是金山银山的理念，铸就了"牢记使命、艰苦创业、绿色发展"的塞罕坝精神。

"每年实习，我都会带同学们去塞罕坝博物馆、纪念林、防火塔等地

方。每次去，我都深有感触：林场建设者们真的是'献了青春献终身，献了终身献子孙'。"唐志尧说他是一个感性的人，尤其是自己有了孩子后，对林场建设者们的奉献精神体会得更加深刻。

野外实习的学生参观塞罕坝机械林场展览馆

完善课程体系，建设生态学一流学科

2019 年，唐志尧担任城市与环境学院生态学系主任后，将修订培养方案列为工作重点，制订了一套适用于城市与环境学院和生命科学学院生态学专业的模块化培养方案，进一步优化了课程体系。2020 年，北大生态学专业入选国家级一流本科专业。2021 年，唐志尧担任负责人的"未名学者生态学拔尖学生培养基地"获批"教育部基础学科拔尖学生培养计划 2.0 基地"，同年纳入强基计划的招生和培养计划。在唐志尧以及该专业所有老师们的共同努力下，生态学专业建设取得了一系列显著成效。

在课程建设方面，唐志尧始终强调理论与实践的紧密结合。"就是在校园里，上完理论课之后，我都会带领同学们进行实地调查。比如，春季学期的课，我先在课堂上讲理论，5 月份，我让同学们去校园里做样方。有的同学会选择树林、有的同学会选择草地，他们可以有不同的想法，但目的都是在实践中去检验理论知识，从而加深对理论的理解。"

2021 年，唐志尧携手吉成均、王戎疆、姚蒙、朱彪等几位老师共同进行"生态学实验方法"课程改革。他们选取学校档案馆以东的一片树林作为样地，希望通过该课程让同学们了解校园生态系统的全部要素。唐志尧表示："这门课是一次新的尝试。我们五位老师各自做生态学不同领域的研究，比如，我是做植物群落的，王戎疆是做动物种群的，吉成均是做植物解剖的。我们希望同学们通过这门课去了解身边的生态系统，掌握生态学的实验方法。"

对于生态学未来的发展，唐志尧充满信心："在当前国家大力推动生态文明建设这一背景下，生态学面临着巨大的机遇和挑战。从某种意义上讲，生态学专业已经进入最好的时代。我们希望依托拔尖计划基地、强基计划以及塞罕坝国家站，秉承'启发兴趣、加强基础、注重能力、强调素质、开拓视野'的培养思路，不断探索生态学专业学生的多模式、个性化培养。现在有了很好的生源，我们有动力、有信心培养对大自然生命活动有热情、对人类社会和地球环境可持续发展具有高度责任感，并对全球和区域生态问题具有高度敏感性的专业人才。"

尽管从小很向往教书这个工作，但在上大学后经历过一段迷茫，是两位导师的授课让唐志尧对植物、野外植物以及植物与环境的关系产生了浓厚的兴趣，从而坚定地走上了学习、研究植物生态学的道路，并脚踏实地、深耕不辍。他经常寄语自己的学生："大处着眼、小处着手，你可以看得很长远、目标定得很远，但必须一步一步慢慢去做。"

学生评价

- 唐老师讲课有激情、吸引人！
- 唐老师内容讲解清楚、条理清晰，理论联系实际。
- 授课准备充分，PPT 图文并茂，讲课有激情，抑扬顿挫。

（何楷篁、马骁）

做同学们年长一些的朋友

— 刘先华 —

刘先华，北京大学 2022 年教学卓越奖获得者，计算机学院副教授。研究领域为计算机系统结构、微处理器设计、编译优化、软硬件协同设计、领域专用架构设计及实现。主要讲授"编译原理""计算机系统导论""计算概论 C""高级编译技术"课程，译著《计算机组成与设计：硬件 / 软件接口》获得中国新闻出版研究院 2020 年度引进版优秀图书奖。曾获得首届全国高校计算机专业优秀教师奖励、宝钢奖教金、正大奖教金、北京大学教学优秀奖、北京大学优秀班主任标兵、北京市高校优秀本科生毕业论文优秀指导教师等。

诗人以梦为马，我们以码为梦。

即使工作再忙，我们的心中依然怀有诗和远方。

我常常会想象，未来某天的办公桌旁，

屏幕上字符闪耀，仿佛有星星的光芒；

而那时候的你，仍然能够笑得和孩子一样。

—— 刘先华

厚植家国情怀，贡献科技力量

1999 年 5 月，当中国驻南斯拉夫大使馆的上空被浓重的黑烟笼罩，根本分不清东南西北时，炮火也沉重地砸在了刘先华心头。之后，每当被问及选择计算机学科的初心，刘先华总会想起那时，轰炸消息传回后深深弥漫在校园中的悲愤与无助。他深刻意识到只有聚焦国家重大需求、突破关键核心技术，才能牢牢地把握发展和安全的主动权，才能让那一刻不再重演。

而谈到选择教师作为职业的原因，刘先华感慨道："我当年认为，我们在核心技术上的落后，也许不是经历一两代人就能追上的。如果我们这一代追不上，我希望自己能够把知识、经验和教训传递给下一代人，这是我站在讲台上的最大初心。"

自入职北京大学从事教学科研工作以来，刘先华就专注于计算机系统、处理器设计和编译原理等计算机系统底层专业课的教学。他担任了本科生课程"编译原理""编译实习""编译实习（实验班）""计算机组织与体系结构实习""计算机系统导论""计算机系统导论讨论班"及研究生课程"高级编译技术"的讲授。刘先华希望通过这些系统类课程，充分发挥计算机基础学科的支撑引领作用，培养出有志于且有能力在高端芯片、基础软件等关系国家安全和发展的领域深耕的学生。他相信，通过奠定扎实的学科基础和不断的科研创新，一定能培养出更多能够肩负重任的计算机人才，为国家的信息科技自立自强贡献力量。

刘先华为同学讲述芯片设计基础知识

基于自身参与和承担国家重大、重点科研任务以及担任工信部信创工委会技术委员等社会服务的经历，刘先华经常和同学们分享当前我国自主信息技术的迫切需求和最新进展，同时也将国内优势企业如华为、阿里等在系统设计和实现技术上的关键技术和原理介绍给同学，组织和鼓励同学前往华为、飞腾、统信等国产自主软硬件研发单位参观或交流。这既能够让同学们对所学的知识和技能有更切身的感受，也能够激励青年学生为投身国家重大战略需求而努力奋斗。

▌ 让教学改革惠及更多的同学

从教近二十年，"改革"始终是刘先华职业生涯中最为重要的一个关键词。

在刘先华看来，改革能够促进教育方法、教学内容和课程体系的更新，适应社会和科技的发展需求，从而提高教育质量，更有利于培养出具有创新能力和实践能力的高素质人才。

为了提升本科生教育教学质量，刘先华所在的教学团队承担了北大本科教改项目"面向实践能力培养的编译技术教学改革"。在教学改革及平台建设中，刘先华和团队一起进一步完善了课程实践所需的课辅材料，初步形成了较完整的实习课程讲义和辅导资料，并完成实践课程讲稿总计600余页幻灯片。

2020年，刘先华又根据自己参与修订教指委"编译原理"建议大纲的经验，完善了"编译原理"中近300页幻灯片讲稿，在其中增加了现代编译器实现、代码选择生成及调度、中间表示设计、编译优化等多项新增知识点，为同学们提供了丰富的、层次化的教学内容。

除了教辅资料的重新编订，刘先华的"改革"还涉及具体的教学模式。他为项目"计算机组织与系统结构实习课程建设"新增了性能评测和分析、CPU的模拟实现、存储系统模拟、应用优化这四个实践环节。2018年11月，该课程得到了现场评审专家的认可，刘先华也获得了教育部计算机类专业教学指导委员会、计算机学会和中国教师发展基金会联合颁发的首届"高校计算机专业优秀教师奖"。

在对两门本科计算机系统专业课程实践环节的教学改革调整中，刘先华曾安排"计算机组织与系统结构实习"和"编译实习"的课程教学形成互动，请同学们面向RISC-V开放指令系统完成编译器设计实现、开展处理器设计并进行建模、评测和优化。这有利于同学们在实践环节中对计算机系统结构和编译系统的相互影响形成更深刻而具体的理解，也可以全面而深入地锻炼同学们的计算机系统能力。在指导本科毕业设计和操作系统设计大赛的过程中，刘先华对其他系统类课程的知识点互动也做了有益尝试，并收获了同学们积极的反馈。

通过教育改革及时调整专业设置和课程内容，使教育培养的人才更符合国家需求，提高同学们对行业和社会的适应性，这正是刘先华致力于计算机系统类课程建设与改革的初心。他始终坚持，要让教育方法、内容和体系在不断地创新中惠及更多的同学们。

▌ 理论联系实际，实践检验真知

刘先华深知，计算机学科不同于其他纯理论学科，它要求同学们不仅掌握扎实的理论知识，更要通过实际操作来验证和深化这些理论。所以，刘先华常常强调："我希望同学们能够在理论和实践中取得平衡，因为计算机学科必须有实践，只有通过深入研究和亲身体会，才能真正理解计算机系统。"

进入具体的教学工作，刘先华一方面着眼于设计专门的实践环节，要求同学们通过编写代码、设计系统来加深对理论的理解；另一方面，他注重培养同学们"凝练概念"的能力，鼓励同学们通过实践操作不断积累经验、总结规律，反过来推动理论的进步和发展。

"在我看来，言行一致是非常重要的，我们应该做实实在在的事情，解决真实的问题，真实地解决问题。"刘先华指出，实践与理论的双向互动最终指向的是实际问题的解决。如何在悟透理论、掌握经验的基础上攻克具体的科技难关，是计算机教学的关键所在。依托自己承担的计算机系统类国家重大科研任务，刘先华积极引导同学们把所学的内容应用于科研前沿。他所在的团队为计算机系统结构、微处理器设计、编译优化、软硬件协同设计等领域提供了强有力的技术支持。看着同学们把所学的知识应用到具体问题之中，攻克了一个又一个科技难题，刘先华感到由衷的欣慰。做有价值的事情并不容易，解决真实问题所带来的成就感不断激励着他成为更加优秀的"知识传递者"。

"我认为在课程教学和研究生培养实践中，除了学习具体的知识和技能外，思维高度的提升同样至关重要，只有两者兼顾才能实现连续而系统的创新。"

在刘先华看来，计算机虽是一门注重应用和实践的科学，强调"务实"和"落地"，但研究者和教育者决不能忽略它在理论层面的抽象要求。通过总结多年的教学经验，刘先华意识到，要做好复杂系统的设计或优化，不仅要直面局部的、具体的技术问题，更要学会站在宏观的角度进行框架设计。在课堂上，刘先华总会跟同学们强调系统中"层级"意识的重要性，并和他们分享图灵奖得主 Butler Lampson 的话："在计算机系统中的许多问题都可以通过添加一个层来解决。"刘先华进一步解释道：计算机系统的设计和优化就像是搭建一座高楼大厦，需要每一层都稳固可靠，才能确保整个系统的稳定和高效。结合实际的项目和案例教学，同学们对计算机系统各个层级之间的相互关系和相互作用形成了更为深刻的认知，并逐渐养成了全面的系统思维。

教育的最终目的是培养能够解决实际问题的人才，而不是纸上谈兵的空想家。在刘先华的悉心指导下，同学们不仅在理论和实践中找到了平衡，更在实际应用中取得了丰硕的成果。他们开发的多项技术被成功应用于各个领域，产生了显著的社会和经济效益。对此，刘先华说："果树是用它的果实来命名的；而编译器的成功与否，取决于它所生成的程序。同学们的成功是老师最大的骄傲。"

▌ 师生在教学中双向互动和成长

师生关系对学生的个人成长影响深远，对教师自身的职业体验和学校的整体氛围也至关重要，在学生学习和生活中扮演怎样的角色是每个从教者都必须认真思考的问题。在这个问题上，刘先华给出的答案是："我希望自己是一个年长一些的朋友。"

刘先华经常强调师生关系中的双向互动和共同成长："老师和学生之间是一种平等的、建设性的关系，充满了互相学习的可能性。我更愿意使用'同学'这个词，因为老师和学生其实是'同时学习'的。"一方面，老师在传递知识时应当鼓励同学们发展自己的想法和观点，创造一个开放、互动的课堂环境。在这个环境中，同学们不仅是知识的接受者，更是积极的参与者。他们的思考和疑问能激发更深层次的探讨，促进知识的深化与扩展。另一方面，刘先华也希望同学们认识到老师"普通人"的一面。尽管老师在专业领域有着丰富的知识和经验，但老师和同学们一样，在人生的旅途中也有许多需要不断学习和提升的方面。老师也会面对挑战和困惑，也需要通过学习和实践来不断完善自己。认识到这一点，同学们可能会更加自信地表达自己的见解，不再畏惧错误和失败，而是把它们视为学习和成长的机会。

在强调平等相待的同时，刘先华也始终铭记教师在师生关系中的示范和引领作用。在他看来，好的老师应该保持内心和言行的一致，否则就会在教学和生活中显现冲突。"老师的责任不仅仅是在讲台上的那50分钟，而是要由内而外地在日常生活中得到自然体现。"具体而言就是，老师要在科研工作上保持严谨和踏实，激发同学们对知识的尊重和热爱；在日常生活中做到诚信和敬业，帮助同学们树立正确的价值观和人生观。

刘先华作为教师代表给信息科学技术学院本科毕业生致辞

"请珍重自己，像优秀的程序那样，保持自己的独立性和完整性。"这是刘先华在信息科学技术学院本科毕业典礼上送给同学们的话语。虽然时刻关心和爱护着同学们，但刘先华并不希望他们永远环绕在师长的羽翼之下，而是希望他们逐渐养成独立承担责任和解决问题的能力。"回顾我们国家的历史，特别是在解放初期，有一代人在很年轻的时候就肩负了国家的重要科研、军事或政治任务。他们中的很多人虽然年轻，但在重大而艰巨的任务的锻炼下，最终取得了卓越的成就。"刘先华认为，教育的最终目标是让同学们具备自主学习和终身学习的能力。一代人有一代人的担当。正如历史上的年轻一代在国家需要时挺身而出，今天的青年学子也应在学习和成长过程中锻炼自己的能力和意志，准备好迎接未来的挑战和机遇。而"年长一些的朋友"，也将永远在身侧，陪伴着年轻的同学们，在这条路上继续前行。

学生评价

- 刘老师非常耐心，鼓励学生提问，有效开展互动，课程安排很合理。
- 刘老师教学经验丰富，教学内容充分翔实，讲授清楚，教学效果非常好。
- 刘老师授课重点突出、逻辑严密、态度认真，用 PPT 和程序讲解相结合的方式授课，课程有理论和实践部分，两部分安排合理。
- 刘老师采用 PPT 与板书相结合的方式授课，PPT 整洁优美。

（廖荷映、马骁）

教学是一种双向的互动

—— 先　刚 ——

先刚，北京大学 2022 年教学卓越奖获得者，哲学系教授。研究领域为德国古典哲学、古希腊哲学、西方哲学史。主要讲授"西方哲学""黑格尔逻辑学""谢林艺术哲学"等课程。主编二十二卷本中文版《谢林著作集》，合编二十卷本中文版《黑格尔著作集》，著有《哲学与宗教的永恒同盟》《柏拉图的本原学说》《永恒与时间 —— 谢林哲学研究》等专著，翻译出版十余部德国古典哲学经典著作。曾获得北京市哲学社会科学优秀成果二等奖、北京市高等教育教学成果一等奖、"洪堡学者"荣誉。

我最大的体会和感受就是：教学不是单方面的输出，而是一种双向的互动。

老师要把知识、真理传授给学生，但在现实的认识和研究的过程中，

我们经常会得益于学生的反馈。

或者说在教导学生过程中，自己对这个问题获得更深入的了解和认识。

所以，一方面是我们在教学生；另一方面我也经常感受到，

学生对我的一种反向的激励与启发。

——先刚

▌"做好科研就是最好的备课"

先刚的求学经历并不复杂，本科和硕士就读于北大哲学系，随后到德国图宾根大学留学，获得博士学位后回到北大哲学系教书。浸润在哲学的世界里，先刚的教学理念慢慢成形，北大哲学整体全面和专精相结合的教学传统，西方现代大学革新者洪堡"教学与科研相互支撑、相互促进"的教育理念，在先刚头脑中融合。在近20年的教学中，先刚将理念与实践融合、创新，不断探索符合教育规律的哲学教学方法。

先刚的学术研究方向侧重于德国古典哲学和古希腊哲学。他迄今发表四部专著、十余部德国古典哲学经典译著，以及五十余篇论文。这些研究成果都是先刚源源不断的教学资源。在先刚眼里，教学、科研本不应该存在界限："老师在科研上取得的成果和突破，不正是学生最需要的东西吗？""做好科研本身就是最好的备课。"即便给本科生授课，先刚也会不断加入最前沿的研究成果，扩展学生视野。在大学，教学重要还是科研重要？这是一个亘古不变的话题。"教学和科研的相互促进是一个很自然的事情。"先刚说："一位优秀的老师，首先是一位在科研上出色的老师。他必须从事非常深入的研究并取得出色成果，才有资格成为学生的引路人，这

是科研对于教学的引领作用；反过来，知识不仅是一个人的单打独斗，更多的是和一群志同道合的人共同探讨。通过在教学活动中和学生的互动，教师可以获得很多的激励和刺激，包括学生提出的各种质疑，能够成为他的一种问题的生长点，让他在他的研究里面有一些新的想法，打破他自己一个人在进行研究时的一些固有的或者是一些僵化的模式，形成一种比较良性的循环互动的关系。"

概念抽象、充满思辨的西方哲学课程，时常令人感到高深莫测、望而却步。但是，先刚开设的课程，无论是通论性的"西方哲学"，还是专业性的"黑格尔精神现象学"，总是异常火爆，甚至过道都挤满了站着听讲的学生。哲学系本科生徐明博说："'西方哲学'课上，老师讲授很多德国浪漫派哲学，还用一两节课讲述不是考试内容的柏拉图本原学说，让我对哲学的兴趣更加浓厚。"

先刚对教育的热情得益于他在燕园求学的经历，在这里，他受到了耳濡目染的熏陶，老师们的榜样作用让他认识到这是一个具有极大的意义和价值的事业，"不仅自己能够追求知识，而且能够把这些知识拿来传授、与人分享"。正因为热爱，虽然超额完成教学量的背后是大量的备课工作，但他并不感到多累。每次授课前，先刚都会花时间认真备课，甚至有时还要挑灯夜战。即使是最驾轻就熟的"西方哲学"课程，他也会如此，并总是乐此不疲。

先刚坦言，同样的内容虽然讲过多次，但总觉得还可以有更好的呈现方式。每学期他都要对课件进行多次修改，调整各部分的顺序、详略和逻辑，不断尝试、探索学生更容易理解的讲授方式。在最近几个学期的"西方哲学"课上，先刚结合自己的研究心得创新运用了一种"平行穿插式"的教学法，把整个哲学史划分为古代和近代两个平行的阶段，不完全按照时间线来讲述历史上哲学家的思想，而是聚焦问题，对比处于古代与近现代两个时期相近位置的哲学家对相同问题的思考方法。"在康德身上能看到柏拉图的影子，在黑格尔的理论中能听到亚里士多德哲学的回响。西方哲学史上的哲学家不再是孤立的个体，而是仿佛跨越时间之流互动起来。"哲学系本科生陈雨坪体会颇深，"西方哲学"课程让她收获了对哲学思想、哲学史融会贯通的理解。

先刚表示，通过多年的教学活动和对教学方法的不断探索、精心打磨，让自己的科研也有非常大的突破和进步。"一遍遍地授课、与学生的交流，让我清楚了自己的研究在哪些方面还存在欠缺和薄弱之处；学生提出的一些问题，也让我的学术研究受到启发。"

要理解哲学家，更要与哲学家对话

经典阅读讨论课是哲学系分量很重的一类课程。每学期，学生会选择一个经典哲学文本进行精读，在课上对学习成果进行报告。先刚会首先点评同学们的报告，纠正理解不到位之处，然后带着大家进行更详细的梳理和分析。

先刚被学生亲切地称作"先格尔"。他推崇黑格尔、了解黑格尔，也深知如何带领学生与跨越时空、文化的先哲们对话，启迪心灵。

先刚与学生共同阅读讨论谢林的《世界时代》

先刚对哲学术语概念的严格辨析让博士生潘楚璇印象深刻。有一次在对英文 idea 和德文 idee 概念意涵进行辨析时，先刚强调，这个概念在指与现实事物分离的思想时（比如，在英国经验论那里），应当翻译和解读为"观念"；而如果是指思想在与现实事物分离的同时又把它们包揽进来（比如，在德国唯心论那里），就应当翻译和解读为"理念"。"这样的区分让我对哲学概念有了更加深刻和牢固的理解，也深感概念辨析的重要性。"潘楚璇说。

先刚认为，对概念的严格辨析是从事哲学研究、理解哲学家思想最为基础的工作。他要求学生具备分析经典文本的能力、过硬的语言能力、准确表达自己思想的能力等。为此，先刚开设了不同类别的课程，既有"西方哲学"这样的本科生基础核心大课，也有"黑格尔精神现象学""黑格尔逻辑学""谢林艺术哲学"等主要面向高年级本科生和研究生的偏重于哲学原著研读的讨论课，此外还有"哲学专业德语""哲学研究与写作"等培养学生科研技能的支撑课程。

潘楚璇还领略到先刚的严谨、严格。在论文写作中，有一次潘楚璇的一篇"得意之作"被先刚敏锐地发现，在主线之外还有一条"隐藏"的论证线索被淡化了。"老师告诉我，虽然论证得很精彩，但只有勇敢舍弃和主题关系不密切的部分，文章才会变得条理清晰。"潘楚璇说。

先刚也注意培养学生自我探索的能力。让徐明博印象深刻的是，在课堂讲授与课后交流中，先刚会着重强调核心概念与总体思路，但往往"不会特别细枝末节地进行讲授""概念的细部与语境留给我们自己来澄清，概念演绎的具体步骤也需要我们自主探寻"。潘楚璇深有感触地说："虽然经典阅读和分析遇到不少曲折，但在老师亲力亲为的示范和启发下，我养成了良好的学术方法和思维习惯。在理解哲学家的路上，我还是收获了不少豁然开朗的时刻。"

对本科生的教学，先刚还是以讲授为主，尽量讲授重要的知识点和问题线索。"本科生要培养整全式思维方式，不要求过早地进行专精的研究，要多涉猎一些学科，比如美学、中国哲学、历史学等。"先刚将这个过程比喻为建造金字塔，只有塔基足够牢固，塔尖才能达到更高的高度。

过硬的语言能力、分析经典文本的能力，这些在先刚看来，也仅仅是最基本的工具，最终还是为了让学生理解哲学家的思想，进入哲学家的思想世界。"不能准确把握哲学家的思想，做再多的工作都是自娱自乐。"但仅仅理解哲学家是不够的，还要能够和哲学家对话，在哲学家思考的基础上进一步拓展他们的思想。这也是先刚在教学上用心良苦的目的所在。

▍ 攀登高峰的引导者

徐明博难以忘记那次课堂经历。课上，他作了谢林的《世界时代》阅读报告，不过稍微有些偏离主题，遭到老师的批评。但课后，先刚特意让他留下来，在讲述准确的理解后，先刚表示很欣赏他提出的独特见解，希望他保持活跃的思路。"老师说，自己本科时也充满'天马行空'的想法，还给我分享了自己学术成长的心路历程。""这节课后，我对这个主题兴趣更浓，也更有继续探索的动力了。"徐明博说。先刚深知，老师在学生攀登与哲学家思想对话这座高峰中发挥着关键作用。他认为，好教师的特质就是自己本身有对于知识的热情和热切的追求以及深入的理解，这样他才有能力、有资格把这些东西传授给学生，并且让学生理解、领悟。除了准确传授知识和方法外，鼓励也非常重要。"在解读艰深的文本时，人难免会有畏难心理，这时帮助学生树立信心是非常重要的。""我会手把手带着同学们分析一段晦涩的经典文本，让大家看到，这实际上并没有那么难懂，而且道理还挺有趣、挺深刻的。"先刚笑着说。

潘楚璇在撰写硕士论文时遇到思路"卡壳"，求助于先刚。先刚没有让她继续攻坚，而是让她把这部分内容先放一放，"去阅读一些其他文本，回过来再写可能会有新的发现和灵感"。"这样的'曲线学习法'让我日后的写作和科研受益不少。"潘楚璇说。

　　他是学生眼中的哲人、严师，也是知心朋友。虽然先刚在学习方面对大家要求严苛，但同学们并未因此与他产生距离。先刚时常会幽默地批评一些他不以为然的观点："现在哲学史的主流哲学家们在他们那个时代都是非主流，总有一些平庸得多的哲学家聒噪一时""雅各比作为'哲学的奸细'以一种独特的方式参与了哲学史"等。学习科研之余，先刚和同学们的活动也很丰富，一起爬百望山、吃火锅、打羽毛球……强身健体的同时也增进了师生感情。

　　Kanfischegel——这是先刚发明的一个词语，糅合了他最为钟爱的四位德国古典哲学家康德(Kant)、费希特(Fichte)、谢林(Schelling)和黑格尔(Hegel)的姓名，也是他的微信昵称。"老师将学术科研做进了生活、揉进了人生，这既是生活学术化，也是学术生活化。"陈雨坪笑着说。每次先刚在课程群里分享课件时，她总有这样的感受。

　　在先刚看来，走上哲学研究这条路是很自然的。"我在北大求学时遇到的老师们给我示范了一种与高深的学术研究浑然结合的恬淡生活。我对这种状态也很向往，自然地就想模仿他们、超越他们。"先刚躬行老师们的理念，也用这样的价值观感染着、鼓舞着、温暖着他的学生。

　　先刚不记得教学生涯中什么是最有成就感的时刻，因为在北大的每个时刻都是满足的。"我会长久地沉浸在一种幸福的感觉之中，无论是站在

先刚"黑格尔美学研究"课后

讲台、埋首伏案，还是漫步校园，做教师是一件很快乐的事情。"先刚说，如果要为他将近 20 年的教学活动总结一个教育上的箴言，那便是"取法乎上"："作为北大的老师，要以最高的标准来要求自己，在本专业、本领域要成为最好的学者，这种责任、自信心在我的心里面打上了烙印。我也以这个标准来要求我的学生，我希望他们做到最好，而且我们能够做到最好。"

学生评价

- 很喜欢先刚老师，课程非常有趣，先老师真性情。讲得也很清楚、详略得当。
- 先刚老师古今对照式的授课方式令我获益匪浅。
- 先老师能够用非常平实的语言讲透哲学知识，对小白来说很友好。
- 先刚老师的课堂气氛自由轻松、内容丰富多彩、结构层次清晰，感觉非常好！

（陈雨坪、郭弄舟）

教学是心灵的沟通

—— 王正毅 ——

王正毅，北京大学 2022 年教学卓越奖获得者，国际关系学院博雅特聘教授。主要从事国际政治经济学理论、区域化比较、世界体系与中国等方面的教学与研究。主讲的课程"国际政治经济学"曾被评为"国家精品课程"，并入选"国家级一流本科课程"。代表性著作有：《边缘地带发展论：世界体系与东南亚的发展》《世界体系论与中国》《世界体系与国家兴衰》。先后主持编写普通高等教育"十一五"国家级规划教材《国际政治经济学通论》，"马工程"重点教材《国际政治经济学》。曾获得多项国家和省部级人才计划奖励，包括国务院政府特殊津贴、教育部"跨世纪优秀人才培养计划"、北京市优秀教师等。

当你站在课堂上，看着学生求知的眼睛，

透过他的眼睛进行心灵沟通的时候，

那种喜悦是无法用语言来表达的。

—— 王正毅

教学以专，求知以严

从 1994 年的北京大学初设课程，到 2008 年的国家级精品课程，"国际政治经济学"走过了 20 年的发展历程。从全国较早开设"国际政治经济学"课程的高校，到全国第一所拥有国际政治经济学本科专业的高校，北京大学也始终走在中国国际政治经济学领域的前列。作为国际政治经济学专业的创办人，王正毅对于课程建设和课堂教学都有着独特的思考与见解。"教授不是明星，最重要的是要沉下心，专心做好教学和科研工作。"

"专心"二字，说来容易，行之则难。在 35 年的教学生涯中，王正毅教过本科生、研究生，在反复沉淀与打磨中，王正毅专心探索教学之道，也形成了自己的教学理念。

对于本科生，王正毅认为最主要是掌握最基本的概念以及由这些基本概念构成的知识框架，"如果我们的学生对基本的概念掌握不好，基本上后边思维都是乱的"。建立知识框架这样的教学理念可以说是贯穿王正毅的教学始终。他常对学生说："信息就是信息，没有分析框架，它永远成不了知识。"在本科生的大班教学中，为引导大家构建一个知识框架，他还在考核方式上下功夫。期末闭卷考试通常分三部分：前两个部分为基础的概念和命题，重在记忆，无须发挥；第三部分为理解性回答，需要用所学的国际政治经济学基本概念来分析现实政治。这既可以帮助学生掌握基础知识，也能检测学生的理解程度。

王正毅在本科课程"国际政治经济学"课堂上

而到了研究生阶段,则是从基础概念的掌握过渡到专业性的培养。王正毅认为,硕士阶段要培养学生相对独立的研究问题和分析问题的能力。通过阅读经典著作,能够对照前人的研究思路,获得启发。"硕士生一定要掌握这个学科中最重要的思想,要重视经典,阅读经典著作和文章。"而博士生则是创造性的,"博士生一定是研究前沿的命题、前沿的理论、前沿的方法"。

在研究生的"国际政治经济理论"课上,王正毅曾经要求学生阅读金德尔伯格的《1929—1939年经济危机》并在课堂上进行汇报。然而,学生的汇报并没有达到他的期望。他要求学生下周再做汇报,并且和学生们一起用了5周的时间完成了精读。王正毅在最后总结道:"你看了金德尔伯格的《1929—1939年经济危机》,从历史学的角度,他是怎么说的?我们应该收获什么?从政治学的角度,我们收获了什么?从经济学的角度,我们收获了什么?"学生们恍然大悟,原来读书还能这么读!一直到第二个学期,他们还在说:"王老师,您上学期的那门课让我们读金德尔伯格,我们收获特别大。"

"很多学生说我严格,但是对待学术怎么能不严呢?"王正毅的教学以严谨著称,这首先表现在他对"国际政治经济学"这门课的定义上:"尽管有的学生我不认识,但是只要问一下国际政治经济学的定义是什么,我就能从回答上判断他是不是北大毕业的。"

尽管对待教学如此严格，王正毅和学生们的关系却一直很好。他认为，这一师生关系是建立在对知识敬畏的基础上的。"我经常说，来大学要对知识有所敬畏。如果一个学生对知识没有敬畏，他就很难尊重老师。老师如果对自身所从事的知识积累工作没有敬畏的话，也得不到学生的尊敬。"逢年过节，王正毅总是能收到学生的电话问候，这也是他感到非常自豪的一点。"35 年的教学里边，我名气不大，名声还挺好的。这些名声不只是来自于学界同行的评价，最重要的是来自学生的评价。"

▌ 有效教学的四个要素

北大的国际政治经济学专业有两本本科生教材，一本是王正毅编写的《国际政治经济学通论》，一本是朱文莉编写的《国际政治经济学》。王正毅一直强调教材编写的重要性，拥有高水平的教材也是他认为有效教学的第一个要素。"知识是有传承的，知识的传承应该是通过教材。学生在听课的过程中可以有发散性，但是高质量的教材是基础。教材的知识必须稳定，但同时还要不断与时代同行，不断创新。"一流的课程必须要有一流的教材，而编写教材也对教师的科研提出了更高的要求。在王正毅编写的教材中，每一个知识点涉及的领域都有著作或者文章，"没有科研的教学是平庸的教学"。

王正毅认为，有效教学的第二个要素是相对高的科研水平。"只有提高科研才能够提高教学水平，其表现就是引领学生探求知识的创新。"王正毅的课堂从来不会照本宣科，他不念稿子，也不念 PPT，就拿着一支粉笔来回走。"不是想到哪里、讲到哪里，是因为之前的教学科研都有准备。"

有效教学的第三个要素是一个好的教学团队。"如果没有一个好的教学团队，学生的水平是忽高忽低的。"观察世界范围内的教育，王正毅特别注意到学科知识的传承性。"如果你没有个好的代际传承的教学团队，你的学科也没法建立。"

有效教学的第四个要素是教学的体系性。王正毅认为，学科的上下游是相互配合的。"本科教育一定要转变学生从高中到大学的思维。如果学生听不懂或似懂非懂，那你的教学一定有问题。如果学生说完全听不懂，那这个课一定是要有前置课。"对于他所教授的"国际政治经济学"课程，他一直坚持要放在高年级，因为学生需要在一年级学习国际政治概论、政治学原理、经济学原理等基本概念，打好基础，否则学生会反复在基本概念上提问，难以达到教学目的。

正因为王正毅对于"有效教学"的执着，他的课堂上很少有学生低着头。"因为当学生们低着脑袋的时候，我就发现，不是他们的问题，是我的问题，是教师讲解的问题。"他在讲课时会观察学生的行为，"只要他能够对着眼神和你交流心灵的时候，那学生的眼睛是冒光的，他懂了，他学到了"。教师是用最浅显的语言，力图讲最深奥的东西。王正毅尤其重视学生的反馈和意见。他的随堂测试中，一定会有一个问题是问学生对目前教学的建议。学生的回答他都保留着，并且在每年上课时都会整理过去三年的学生意见，在课堂上念给新一届的学生听。"超过二十个人的意见我要念，超过二十个人的夸赞我也都念。"他笑道。

▎ 读大我之书，也读小我之书

在本科课堂上，王正毅常常在一开始就和同学们分享一段话："来到了北京大学，首先是'从容'，来到北京大学干什么？是求知来了，而不是其他。求知最主要是提高自己的能力。"

王正毅尤其强调读书的重要性，他经常和学生说要读两类书："一类是影响人类历史进程的大我之书，一类是构建自己知识框架的小我之书。"前者如达尔文的《进化论》、马克思的《资本论》；后者则因人而异，因为每个人的兴趣爱好不同、关注点不同、个体追求不同。王正毅认为，读书没有限制。"我就是乱读书的人。我记得上大学期间，最吸引我的书是数学史、物理学史，特别是数学史上的三大危机，对我后来的影响都比较大。"

在开设课程时，王正毅不希望自己的课占用学生过多的时间，"五十多个课时足够了。感兴趣的同学可以往前走，如果兴趣并不是全在这里，也要理解"。他经常和学生讲，北大是一所好学校，好就好在它是个综合性的大学，而且基本上在所有学科里边都有优秀的教师。"无论对什么感兴趣，你都能在这里边找到全国有影响的老师。"

"我们这一代只是过渡代，知识结构具有时代的局限性，但年轻的一代就不一样了。"王正毅的言语中，处处透露着他对学生的殷切期望。"我希望我的学生们在北大能得到的，不仅仅是与国际接轨的学术训练，还要有具备北大特点的东西。"他认为，学生们在北大学到的最重要的东西应该是如何提高自己的学习能力，如何发挥自身的优势。"知识是有时间性的，只有学会不断提高自己的学习能力，才能始终顺应时代的发展，走在时代前列。"

做一个有知识、智慧、情趣的人

"知识、智慧、情趣"，这六个字概括了王正毅对学生的希望。具体而言，知识的积累是所有现代社会教育体系的基本目的。然而，在教与学的过程中，所学到的知识不一定都能转化成智慧。王正毅认为，智慧即感悟自己生命存在的意义、创造生命存在的价值。这一过程关乎学生将来对个体、家庭、社会、国家，乃至对人类的认知。而作为社会中的人，存在于各种各样的环境和关系中，因此，情趣涉及生活层面，是现代社会心理建设的重要内容。"知识是求真的，智慧是扬善的，情趣是唯美的。希望大家能够成为追求真、善、美的人。"这是王正毅在课堂上对学生提出的期望，也是他对自身教学的激励与追求。

做到这六个字并非一件容易的事。在北京大学国际关系学院毕业典礼上，王正毅曾以"三心"赠予学生。"第一是常怀感恩之心。不只是感恩自己的父母，同时感恩曾经帮助自己，以及曾分享自己痛苦和快乐的所有

学生赠送的"三心教授"画像

人。第二是常怀欣赏之心。我们在这个社会中生活，要学会欣赏周遭的人和物，这样才能够使我们精神焕发。第三是常怀自我完善之心。心灵的自我完善是一个长期的、复杂的过程，它需要知识，但是要超越知识。"毕业时，学生还曾专门送了他一幅"三心教授"的画像，以感谢老师的教导。

"当你站在课堂上，看着学生求知的眼睛，透过他的眼睛进行心灵沟通的时候，那种喜悦是无法用语言来表达的。"谈及多年教学最大的感悟，王正毅说："如果要用一句话来总结，我最大的感受就是帮助学生进行知识积累，促进学生进行知识框架的构建。"

学生评价

- 王老师讲课内容丰富有趣，能从课程中感受到老师对学科的热爱，特别喜欢王老师的课。
- 老师讲课很好，课程设计很合理，是多年的大课。老师平时也非常注重学生的反馈，上课体验很好，希望继续开下去。
- 上王老师的课，学到的不仅是知识，还有很多研究思路和方法，谢谢老师！
- 非常感谢老师一学期的教导。老师不仅教了书本内容，更让我学到了人生的哲学与道理，让我寻得生活的方向与目标。感谢遇到如此向善的老师，教导我们更善良、更努力！

（王梓寒、何楷篁、王英泽）

涓涓细流，汇聚成海

— 孟涓涓 —

孟涓涓，北京大学 2022 年教学卓越奖获得者，光华管理学院教授。研究领域为行为经济学、人工智能和经济行为。主要讲授"行为经济学""高级微观经济学""微观经济学""人工智能与社会经济"等课程，开设的慕课"行为经济学"获得"最美慕课——首届中国大学生慕课精彩 100 评选展播活动"一等奖。多项研究成果发表在国外顶级学术期刊。曾获得北京大学教学优秀奖、北京大学中国工商银行奖教金优秀教师奖、光华管理学院"厉以宁教学奖"。

有一句话我特别喜欢："教育是一个灵魂对另一个灵魂的碰撞。"

教育中真正难忘的那些瞬间，确实是超越了知识性的讨论。

你跟他/她在一个瞬间，在你们交流的过程中，

有一种心灵的交互。

—— 孟涓涓

▍不断"成长"的课堂

2001 年高考，孟涓涓以 683 分摘得云南省文科第一名，进入北京大学光华管理学院就读，继而前往美国加州大学圣迭戈分校攻读经济学博士学位，毕业后任教于北京大学光华管理学院至今。虽然燕园之于她是再熟悉不过的"故土"，不过由"问学"到"从教"，孟涓涓坦言还是经历了一段持续的探索过程。

在教学方法方面，孟涓涓将"框架性"作为传递知识的基本理念，清晰展示学科逻辑而非零散的知识。她认为，科学的方法论和整体性的视角对于学术研究至关重要，既重视精擅具体领域的具体问题，同时在讲授的过程中努力将不同研究点连接起来，从而形成一个完整的学科体系。

光华管理学院的课程受众既有本科生、研究生，也有面向业界的MBA、EMBA 等课程，不同的学生群体对知识的需求有很大差异，孟涓涓时常感到自己未能完全满足学生的期望。因此，她注重让自己的课堂具备"成长型"的特质，将学术研究与实际应用相结合，关注业界动态和社会需求，为学生提供具有实践价值的学习内容。她尤其注重运用热点案例，将前沿的研究融入课堂，使理论知识与实际情境相结合。例如，在探讨自控力时，她引入了关于如何帮助人们戒除抖音成瘾的研究，引发了学生的热烈讨论。同时，她还积极分享最新的学术进展和行业动态，如人工智能

孟涓涓录制在线课程

和社会经济领域的发展。她不断更新自己的知识体系，让课堂教学与前沿热点紧密结合，引导学生的求知欲和探索欲。

"我的第一篇论文是在博士生的课堂上因为灵感迸发而产生的。"课堂中产生的启发和灵思，曾经让她受益匪浅，并持续地带给孟涓涓以重要收获。"当我与学生针对某个话题进行交流互动时，我会突然对某个概念进行思考，发现可以深入研究的点。将这些瞬间传达给学生，让他们了解最新的研究话题在哪里，这对于教学相长非常有益。"

当然，潜心探索教学方法、追踪学术前沿的最终支撑力，是对于职业的热忱与认同："教师应该热爱自己的科研和教学。"在孟涓涓心里，只有真正热爱并享受这个过程而不是"只为了工作而勉强"，才能够在教学中保持高度的热情和专注。同时，这种热爱还能够激发教师的创造力，促使她不断探索新的教育理念和模式，让课堂在"成长"中不断注入新的内容与活力。

立足燕园，孟涓涓的课堂还"生长"到更广阔的天地。她相信知识没有围墙，并积极通过开设慕课等形式将知识传播给更广泛的受众。相比于平时在课堂中讲述的内容，她的慕课中涉及的知识点更加浅显易懂、生动有趣。她希望把慕课作为参与社会服务的机会，从而更好地理解社会需求、把握时代脉搏，为自己的教学和研究提供更多启示和灵感。

2017 年，芝加哥大学的理查德·塞勒因为在行为经济学和行为金融学领域有开创性研究而获得诺贝尔经济学奖，行为经济学作为一个前沿学科进入大众视野，人们越来越希望了解这个热门学科。为了让公众特别是学生对这门学科有所了解，以及在中国普及行为经济学知识，2018 年，孟涓涓在互联网"慕课"平台公开讲授"行为经济学"课程。该课程以环环紧扣的课程设计、妙趣横生的现实案例、丰富严谨的专业知识、赏心悦目的课件和风趣幽默的课堂风格，激发了一大批学生的学习兴趣。自开课以来，该课程就备受学生欢迎，并从千余门课程中脱颖而出，获得"最美慕课 —— 首届中国大学生慕课精彩 100 评选展播活动"一等奖。

"有很多人在慕课平台留言告诉我，通过观看慕课，他们对这个学科产生了浓厚兴趣，这些课程在他们的生活中很有帮助。有学生甚至在线下上我的课之前就已经提前学过慕课中的内容。"课程平台的反馈，既给予她鼓舞和动力，也为她继续改进教学方法和提高教学质量提供了有益的参考和借鉴。

▎呵护学生"纯粹的求知欲"

孟涓涓十分注重与学生的互动和交流。"要努力与他们建立长期的、真实的关系，而不仅仅是在课堂上的短暂接触。"她鼓励学生积极参与课堂讨论，鼓励他们提问、发表观点，并密切关注他们的学习进度和反馈意见。通过布置多样化的作业、组织小组研究等方式，促进了学生之间的合作与交流，有效地提升了他们的团队协作能力和创新思维。

孟涓涓的教学强调启发同学们的内省、思辨能力以及自主探索的科研热情和素养，侧重在学生自主研究项目中体现课堂知识如何学以致用。在教授"人工智能与社会经济"这门课程时，孟涓涓精心为学生安排了企业

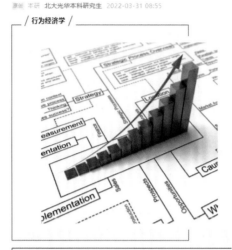

源创 本研 北大光华本科研究生 2022-03-31 08:55

/ 行为经济学 /

/ 课程概述 /

《行为经济学》是目前经济学中的前沿和热点研究领域。行为经济学从探究理性人假设是否完全符合现实出发，把心理学和经济分析方法相结合，研究人的心理因素如何影响经济行为，进而给出独特的政策建议。

本课程系统地介绍行为经济学的主要内容和方法论，讨论其产生发展的过程，以及它和新古典经济学的相互促进关系。本课程将根据大量的实验室实验，田野实验和实证据来讲述实际决策中人们如何系统性地偏离理性人假设。

本课程共有两次作业，并且需要选课同学结成4-5人小组完成独立且原创的研究设计。作业针对课堂上提出的理论与模型进行考察，包括模型的计算以及寻找生活中真实的经济学例子进一步阐释模型。研究设计考察同学们对于问题的发现、抽象建模和解决的能力，综合了对于本课程所讲授的原理、方法、现象的评测。研究设计要求在课堂上进行展示，老师和其他组的同学提出问题和建议，小组进行回应和改进。最终，小组修改后提交正式的研究设计，老师反馈评语。

"北大光华本科研究生"公众号上发布的课程作业

访问模块，让他们有机会实地了解企业运作、与业界专家座谈，从而更深刻地理解所学知识的实际应用。这种教学方式不仅拓宽了学生的视野，也增强了他们的实践能力和社会责任感。在讲授"行为经济学"本科课程时，孟涓涓不仅会花大量课外时间和同学一对一讨论课程科研计划，还尝试将优秀的小组作业及评语一同发布在光华本研公众号上，增加对大家成果的肯定和互动。这种激励措施极大地调动了同学们的积极性；而在课程中获得的鼓励，也增强了他们的热情与自信心。

孟涓涓特别珍视那些能够真诚追求知识的学生。"他们与我讨论问题时眼中透着光芒，而不是例行公事。"她鼓励学生保持好奇心和纯粹的求知欲，认为这是一种极为宝贵的品质。她希望通过教育为学生创造改变的可能，让他们意识到这个世界上有很纯粹的东西，"北大培养的正是这种纯粹的感觉"。

从教十余年，孟涓涓取得了卓越的科研成果，培养出了一批又一批优秀的商学院学子。她也用自己深入浅出的讲授在慕课平台上激发了许多人对于经济学的兴趣。但是，如果要细数教学生涯中难忘的瞬间，不是她的某一篇具有创新意义的论文，也不是某个课堂上反复强调的知识点，而往往是那些超越了知识性的讨论，是她与学生在心灵层面的交互。"这些瞬间包括夸奖和批评，但都是建设性的。"

课堂之外，孟涓涓还通过"知明时光"等活动，鼓励学生找老师聊天，分享学术、生活等各方面的困惑和心得。她希望能够做一个良好的倾听者，倾听学生的声音、关注学生的心理健康，成为他们成长道路上的良师益友。

正如孟涓涓最喜欢的一句教育格言："教育是一个灵魂对另一个灵魂的碰撞。"这里的"碰撞"代表双方是平等的，是两个独立鲜活的个体，在尊重的基础上轻轻"助推"对方自我驱动去思考和行动，自觉、自愿地朝着正确方向前进。

▎从"经师"到"人师"

自 2010 年回到北京大学登上讲台，在十多年的教学历程中，孟涓涓的教育理念历经了发展与升华。

孟涓涓介绍，古代"教师"角色有两种阐释方式：一种是"经师"，专注于知识的传递与授受；另一种是"人师"，致力于触动学生心灵，传授人生智慧。孟涓涓坦言，作为入职不久的年轻老师，她主要还是停留在"经师"的阶段，聚焦于知识的系统讲授，缺乏和学生较深入的接触。随着教学经验的积累和自己的感悟，她逐渐意识到，教育不仅仅是知识的传授，更重要的是心灵的启迪和智慧的点燃。单纯的知识传授虽不可或缺，但如若未能触及学生心灵深处，那么，教育的意义便大打折扣。

"老师和学生的交流有其自身的特点和优势。学生们往往更加信任并愿意听取老师的建议。老师不仅具备丰富的专业知识与人生经验，更能够为学生提供独特的视角与见解。对于那些在学业或生活中遇到困惑与问题的学生来说，一位优秀的老师不仅是他们知识学习道路上的引路人，更是他们人生道路上的良师益友。"因此，孟涓涓致力于让学生把上课学到的知识真正用到自己的生活中，将所学之识转化为生活之智。曾有一位同学出于对前途的迷茫来找孟涓涓谈心，在耐心倾听之后，她不仅给出了分析和建议，还送给这位同学一本书——《当下的力量》。不久之后，她收到了同学的来信："从上次见完您后的这一个月，我的内心发生了很多改变……老师，我觉得您带给我的不仅是学业上的帮助、为人处世的方式道理，还有生命中的一抹光亮。"这封回信也带给了孟涓涓很大触动，让她更加努力和坚定地用自己的智慧与经验为学生们指点迷津、照亮前路，帮助他们在成长的道路上不断前行、不断超越。

"我的教学目标是让学生真正理解、应用和体验所学的知识，通过建立与他们的良好关系，激发他们对学习的兴趣。"最初，孟涓涓对于教学形式和内容的关注点主要集中在确定讲授内容和制作PPT上。但她也逐渐认识到，仅仅依靠这些是不够的，她需要更加注重如何深入讲解每个概念、如何将其与学生的实际生活相联系，让学生产生触动。此外，孟涓涓还会在课堂上分享自己的个人生活经历，以增加课堂的趣味性。

以"人师"为目标，孟涓涓特别注重培养学生的觉知力。觉知力与历代文化中的一些理念相契合，如儒家的修身养性。尽管传统教育中关于生活和自我修养的内容在正规教育中的分量可能不够，但是她将觉知力的培养融入课堂内容中，通过教导学生如何审视自己的决策模式，加强对身体、思考和为人处世的觉知。

孟涓涓认为，在当今这个快节奏、高压力的社会中，人们往往容易为外界所左右，而忽视了对自身状态的观察与思考。因此，她鼓励学生们学会觉知自己的思想与行为，学会在纷繁复杂的世界中保持清醒的头脑与独立的判断。这种觉知力的培养不仅有助于学生的身心健康，更有助于他们在未来的道路上走得更加稳健与自信。

以学术为底蕴，建筑"成长型"课堂；不止于传递知识的"经师"，更致力于成为授业传道的"人师"，在孟涓涓身上，北京大学的"学子"与"教师"身份完成迭代与更新；问学、教学与治学在二十余年的时光里交融流动，也成就了她在这座园子里不变的守护与深情。

学生评价

- 孟老师很棒！授课深入浅出，我受益匪浅。
- 老师很认真负责，能调动课堂气氛，内容翔实，有理有据。
- 孟老师讲课条理非常清晰，内容很新颖，收获非常大！
- 孟老师讲课很有趣，时常给我们分享她的经历引人思考。

（董开妍、隋雪纯）

教学相长，孕育人心

—— 李 蓉 ——

　　李蓉，北京大学 2022 年教学卓越奖获得者，北京大学第三医院教授。研究领域为多囊卵巢综合征及不孕不育的诊断和治疗。主要讲授"不孕症及辅助生殖技术""现代生殖医学之工程技术"等课程，著有《遗传与优生》《生殖医学》《生殖内分泌疾病诊断与治疗》《妇产科学》《生殖工程学》等教材。曾获得国家科技进步二等奖、北京市茅以升科技奖、北京市高等教育教学成果奖、北京高校继续教育高水平教学团队、北医三院"良师益友"导师以及"杏林医师"优秀教师奖等奖项。

教学的过程是一个教学相长的过程，

需要我们投入更多的时间和精力，用心去了解学生，

并且帮助他们实现自己的发展的目标。

——李蓉

▌ 临床教学当以实践为先

"临床医学的教学要以实践为先。"这是李蓉在教学中一以贯之的原则。"有了临床的实践，才能发现我们面对的每一个患者的具体问题，才能更好地为后续的治疗工作提出想法和建议。"

从 2010 年起，李蓉开始承担北京大学医学部妇产科学的临床医学教学工作，主要教授临床医学 8 年制的同学、临床的研究生。在病例讨论课上，李蓉经常结合多年临床经验凝炼出典型案例，设置临床场景，向同学们描述患者出现的症状体征，引导同学进行讨论。学生需要根据表象进行判断，并结合患者性别、年龄、伴随症状、个人体质和家族史等因素，通过进一步"询问"，给出检查方案和治疗意见。

"希望通过这门课培养学生缜密的临床思维能力。"李蓉拿急腹症举例："急腹症是妇科常见的疾病，其原因可能是因为腹腔里有出血，也可能是因为腹腔里有炎症，还可能是一些器官出现扭转后引发……虽然患者都是疼痛的症状，但医生要根据患者疼痛的细微差别，准确判断疾病的可能性。"

临床教学最初基本上是以病人为案例，在病患的身上做一些实践。后来，临床教学逐渐改用模拟教学的方法。随着技术赋能教育，李蓉在教学中积极推动运用 AI 等新技术进行模拟教学，为学生提供更加接近真实的临床教学平台。比如，在阴道超声引导下进行的取卵手术。在李蓉的指导

下，学生会先在模拟器上反复训练，直到形成身体的肌肉记忆，"以减少意外和偏差给患者造成的影响，提升患者就医体验"。

李蓉在指导学生

"临床思维能力也需要从临床实践中积累而来。"李蓉一直非常注重学生临床思维能力的培养。医生在接诊每一个患者的时候，也许只能获得患者的一些感受。如何把患者的感受和疾病相关性进行对应的联系，就需要临床的医学生有很好的基础知识和基本技能，这样才能对临床诊断做出快速的反应。因此，李蓉在临床教学过程中，结合案例采用启发式的教育和循序渐进的教学理念，或整理"草蛇灰线、伏脉千里"的病症，或借助病例梳理关键知识点，或抽丝剥茧、顺藤摸瓜将问题全貌展开……在这个过程中，李蓉深深感到，"要想给到学生一杯水，自己先要有一桶水"，教师只有学而不厌才能更好地把思想和想法教授给学生。

▎ 双向互动，创新教学模式

李蓉认为，随着科技发展和健康中国建设持续推进，临床诊疗观念也要与时俱进。比如：子宫肌瘤过去考虑切除器官，现在更多考虑切除肌瘤保存器官；过去想着的问题是怎么让不孕不育患者怀上孕，而现在更关注如何让患者生得好。"这就需要从课程体系到整体治疗观念的革新，并将其传授给学生。"

因此，李蓉和项目组教师一起，从课程设置到教学方式，对生殖医学教学改革进行了大量探索，建立了"器官系统为中心"的课程体系和教学模式，即以女性生殖系统的某个器官为核心，以此向外发散讲述相关疾病发展的过程，在讲述中穿插各类专业知识。传统教学由于要对疾病逐一讲述，学生在学习过程中会经历知识的重复。这虽有助于加深记忆，但费时不少。"在新的教学模式下，学生可以把更多时间用在实践探索和掌握前沿知识上。"李蓉说。

在教学方式上，李蓉尝试突破传统医学教育的局限，在教学中更加注重临床医学的实践性。传统的医学教育是分成一些不同的基础医学学科，给学生打好基础后，再让学生进入临床实践，发现病人的病症，之后以这个问题为导向去看原来的基础知识在临床上的应用。改革教学模式后，李蓉减少了大课教学，把临床基础课和临床课揉在一起，将课堂转变为学生提需求、跟老师进行讨论互动的翻转课堂模式。让临床医学生见到患者以后，学生带着患者提出来的问题，直接去不同的基础医学课程中获取答案；最后，再让有经验的带教老师把他获取的答案进行一些总结提炼。在自学、互动、模拟与应用中，学生逐步巩固自己的基础知识，提升专业基本能力。

在李蓉看来，这种新的教学模式更偏重应用，也更有利于学生临床思维方式的养成。然而，刚开始推行时，就连一些经验丰富的教师也感到不适应，个别教师甚至认为讲授过于"超前"。"我们经历了至少三次集体讨论备课"，每位教师要讲哪些内容、哪些知识给学生复习、前沿知识安排到哪部分讲述……李蓉和教师们一起，将备课的过程变成重新学习、打磨教学技能的过程。

▌ 因材施教，培养研究能力

李蓉深知提高研究自主性的重要价值。她针对不同学生的学习背景、知识储备、性格习惯等因材施教，从不会一刀切地要求每个学生每周都汇报科研进展，而是针对不同的同学给予个性化的帮助和提点，逐步引导他们独立自主地完成研究设计。"刚

李蓉在手术室

开始，学生的研究思路不太适合临床，或研究方法不是最优，"李蓉说，"这没关系，这些都是学生走向独立研究的必经之路。"

柏佳丽最初和李蓉结缘于本科科研训练项目。在项目面试时，看到多数同学选择偏临床方向的研究课题，而自己选择的是子宫内膜容受性分子机制探究这个偏基础的方向时，柏佳丽有点惴惴不安。李蓉立刻联系基础实验室高年级学生到现场沟通、琢磨课题，并嘱咐经验丰富的师姐多教她实验方面的知识。兴致勃勃的柏佳丽在课题组的第一周，就快速上手了细胞实验、分子实验和动物实验，每次和李蓉汇报"微不足道"的小进展、小计划时，总能收到李蓉的笑容和鼓励："还不错，下周的实验可以再摸索一下方法，验证一下。""这极大地激发我的科研热情。老师的鼓励让我迈出了科研训练的第一步。"柏佳丽说。

对于偏临床的项目，李蓉也会给予针对性的具体指导。多囊卵巢综合征是临床上常见的生殖功能障碍与代谢异常并存的内分泌紊乱综合征，影响我国大约 5.6% 的育龄期女性。这是临床中遇到的实际问题，也是妇产生殖医学关注的重点所在。在李蓉的指导下，学生从非编码 RNA 的角度

探究 PCOS 女性子宫内膜功能受损的具体机制，探索以环状 RNA 为起点的调控通路，致力于阐明 PCOS 无排卵与代谢异常的病理机制，拟为 PCOS 的临床治疗提供新靶点。

虽然在研究选题上给学生很大自由，但是李蓉对学生科研质量的要求与指导却是严格与细致的，这是在科研中的共同性标准。忙完一整天工作的李蓉经常为学生修改文章到深夜。"每一封邮件老师都会仔细阅读并一一提出问题，很感动。"2020 级妇产科（生殖医学）专业博士生刘芬婷说。

▍ 在沟通共情中教学相长

李蓉一直强调，医学的本质是人学，需要人跟人打交道的沟通能力。但李蓉发现，很多学生都是独生子女，小时候的成长环境中并没有特别多的沟通机会，导致沟通能力有所缺失。为此，李蓉从 2010 年左右开始给医学生引入"临床沟通技巧"课程，教授学生怎么跟患者进行沟通，体察患者在疾病过程中的痛苦，快速地适应临床治疗的工作环境。课程将一些原来的实践经验系统化、理论化，让学生能够更好地在沟通互动中与患者共情。

李蓉曾组织学生到福利院做义工，让学生亲身体悟患者的疾苦和不便。她也希望通过这种方式，增加大家与患者"共情"的能力。"医生如果不愿意了解患者的痛苦，或做不到从身体上、心理上感知患者的细微变化，那就很难帮助患者真正解决问题。"

第一次和李蓉出诊的刘芬婷，在潜移默化中体会到了"医学的温度"。"平等对待患者、尊重患者、关怀患者，背后是李蓉对患者的共情，是李蓉'见彼苦恼，若己有之'的仁心，这是我医学生涯中的宝贵课程。"刘芬婷说。

共情，是耐心倾听，是感同身受地理解他人；共情，也是一种文化传承。"要与患者共情，也要在教学过程中与学生共情。"

李蓉还清楚地记得刚参加工作时，自己的老师——"试管婴儿之母"张丽珠，当时已经 70 多岁，仍然坚持每周一次查房，并要求学生们提前一天准备好所有病例，无论是患者的身体情况、身体发生的细微变化，还是化验的指标数据，"都要了然于心"。

"我也这样要求我的学生，"李蓉说，"切身站在患者的角度考虑问题"。

在严格的训练过程中，妇产科形成了良好的教学传统。一代帮扶一代、一代带领一代，梳理总结新的教学理念、教学形式和教学思维，进行教学研究和文章撰写，把自己的教学经验不断地传授给年轻的教师。每个阶段都有新的优秀教师涌现，不断地激励科室里的所有老师发挥积极向上的教学精神，也促进老师们教学能力的提升。

每一代年轻人都有他们自己新的思想和想法，只有了解、理解学生的成长过程，才能跟学生有更好的沟通和互动。李蓉始终尊重学生、倾听学生、和学生共情，关注学生在发展的过程中的一些想法。正如她所说："教学的过程是一个教学相长的过程，需要我们投入更多的时间和精力，用心去了解学生，并且帮助他们实现自己的发展目标。"正是这样的一种理念促使着她不断提高教学质量，为社会培养更好的、优秀的临床医学的专业人才。

学生评价

- 李蓉老师的课堂授课内容往往不局限于课本和指南。她通过各种丰富的多媒体授课方式给我们介绍相关领域最前沿的研究发现，培养我们敢于质疑、勇于创新的品质。课中，她结合临床病例帮助我们加深对知识的理解，课前的准备也提高了我们自主获取知识的能力。
- 李老师的讲授非常清晰，知识体系完善，与基础课程结合紧密，同时结合临床，能够带领我们用临床的思维进行知识的融合，带领我们融会贯通；其中的人文内容让我们既有感慨，也有共情，让我们体会到了医学伦理的教育意义，对于我们是非常有价值的。

（郭弄舟、王梓寒）

教学是个良心活

—— 柳 彬 ——

柳彬，北京大学 2023 年教学成就奖获得者，数学科学学院教授，获国务院政府特殊津贴奖励。主要研究领域为微分方程定性理论。主要讲授"高等数学""线性代数""常微分方程""微分方程定性理论"等课程，著有《常微分方程》教材。曾获得教育部中国高校科技进步一等奖、北京市高等教育教学成果一等奖、教育部青年教师奖、北京市高等学校教学名师、北京市优秀教师等奖项。

教学是一个良心活。

作为老师，你要精心地去准备每一门课程，

让同学在两个小时之内有所收获、

增长知识、增强自己的推理技能。

这才是一个要紧的事情。

—— 柳彬

兴趣是最好的老师

"我的父母是大学老师，我的两个哥哥开始的时候也是老师，在这样一种家庭环境下，我对教师和教育并不陌生，对教育也挺有兴趣的。当我发现自己有机会当老师的时候，我就毫不犹豫地选择了这个职业。"从1980年考入北大、1990年博士毕业留校任教至今，因为对数学浓厚的兴趣，因为对教育教学的兴趣和热爱，柳彬在这个园子里一待就是44年。除了期间有几次出国的进修访问外，他一直站在北大的讲台上，传道、授业、解惑，并乐此不疲。他这样说："回过头来看，我觉得兴趣是最好的老师，它决定了你能走多远。"

数学散发出的推理、逻辑、和谐与简洁等特质，是吸引柳彬对数学不断探索的兴趣之源。对于学生，柳彬也坚持以兴趣为主导。柳彬曾在课堂上讲到，漫漫文明长河中，数学的发展有时源于对实际问题的研究，有时则依赖于人们对纯数学最朴素的求知欲，正如人们对一元 N 次方程的兴趣催生了群论的发展。"这是一门优美的学科，吸引了无数人前赴后继为之奉献出毕生的精力。"柳彬带领无数学子在他的课堂上见证这种纯粹的优美。正是一位位像他一样的教师，为学生们打开了数学的大门。

因兴趣而热爱，因热爱而坚持。柳彬曾在一次教授茶座上给学生题写了这样一句话："择吾所爱，持之以恒。"无论一个学生或一个人做任何一件事情，坚持是必要的。无论是做科研还是教学，只要能够长久地坚持下来，总能有所收获、有所进步，也许会有所成就。而持之以恒、坚韧不拔才是教育更为重要的意义所在。

▎"教学是个良心活"

在大学普遍"重科研、轻教学"的大环境下，柳彬将"教学是个良心活"做到了极致。他说："你看着底下坐了很多的学生，你说你不好好准备去上课，你真的对不起自己的良心。"

20世纪90年代，柳彬第一次给数学系的同学上课的时候，他的老师就要求他不光要给同学上课，还要亲自批改学生的作业，因为只有这样，老师才可以了解同学的学习水平是什么样子以及课堂进度是否合适。"了解学生的水平，这是你需要知道的一件事情。"此外，老师还要精心设计、准备教案，把科研中的体会和成果也融进课堂，保证"无论你这门课教了多长时间，每次都应该有新的东西出现"。这对提升学生的水平以及老师自己的科研和教学水平都是有帮助的。

在谈及自己的教育理念时，柳彬这样说："你一定不要把你的教育目标放到那些极其聪明、接受能力很强的人身上，你要把你讲课的目标放在那些可能接受能力没有那么强，或者说反应稍微慢一点的那些学生身上，这样的话，你的课会讲的让绝大多数同学都听得懂。"

柳彬回忆起一件往事：读博士期间，有一次丁同仁教授出去开会，让柳彬代讲两次课。讲完之后，现场的学生们似乎都没有什么问题，但导师回来后，发现同学们并没有很好地理解柳彬讲授的内容。丁老师一语点醒了柳彬："你不能够认为同学已经跟你会的一样多了，你一定要假设他会的没有那么多。"出身于教师世家的柳彬，也曾从父亲那里得到过类似的提示："我父亲说的甚至更加直白：'你一定要假设他们什么都不会，你如果能够把它讲明白了，你的课就讲好了。'"导师和父亲的经验之谈，柳彬始终放在心里，并且转化为立足基础、稳扎稳打的教学理念，并将其贯穿于课堂教学中。

相比成绩单上的数字，柳彬认为，教育所培养起的思维习惯或许更为重要。在一堂微积分课上，柳彬专门用"影响世界的三只苹果"的故事告诉同学们：网上的很多信息一定要通过自己的分析、思考去把这些知识变成自己的。有一段时间，互联网上有一种说法：有三只苹果曾经深刻影响了人类社会的发展，一只是被亚当和夏娃吃掉的，一只是落在牛顿头上的，还有一只是苹果公司的 logo。但是，亚当和夏娃毕竟只是传说；现在就说苹果公司改变世界，未免为时尚早；而牛顿在万有引力研究中的杰出贡献，追根究底，是他艰苦工作的成果，是大量的数学演算和严谨推理的成果。

接着，他便向同学们介绍了万有引力背后的数学计算。这堂课，讲的不仅仅是微积分，还有柳彬对同学们培养独立思考的能力、科学求真的作风的期盼。作为一位数学老师，柳彬看重的不仅仅是学生们有没有掌握某一个定理，他更由衷的期盼是："通过我的讲述，学生们不仅能了解数学是怎么一回事，还能培养出逻辑思维能力、推理能力，知道不能随意地下结论。"

▎"不看书"和坚持板书的教学风格

一支粉笔、一面黑板，无需参照课本和讲义。教室左右两块黑板，左边列大纲，右边书写详细的证明，像一幅演绎着代数奥秘的画卷，伴随着柳彬抑扬顿挫的讲述徐徐展开。偶尔对上同学们迷茫的眼神，他便会放慢讲课的节奏，带着大家再次梳理重难点。一堂线性代数课下来，黑板擦了又擦，但书写的内容却清晰、连贯地印在了每位同学的脑海中。这是柳彬从教三十四年生涯中一节最普通的代数课。

课堂上板书授课的柳彬

"不看书"式的上课风格传承自柳彬研究生时的导师 —— 丁同仁教授。丁老师既在学业、科研上给予了柳彬莫大的帮助，也对柳彬的教学方式产生了深刻影响。他告诉柳彬："在为本科生上课时一定不许看书。可以抄一些例题，但讲授主要内容时，绝不可以捧着书本或讲义照本宣科。不管你讲两个小时还是三个小时，内容你要自己记住，书可以摆在那儿，但你不能看。"三十多年来，柳彬始终如一地严格遵守着这一原则。每周四小时的线性代数课，他总会花至少三个小时的时间精心备课，确保对要讲授的内容足够熟稔。

每节课，柳彬在黑板上一笔一画写下无数定理和证明，把逻辑推理的每一环都清晰地展示给学生们。正如他所说："毕竟数学不仅是由一堆理论构成的，我们要让学生知道数学的理论，更要让学生理解这些理论的由来，以及所有的严谨推理的过程。""数学跟其他学科不一样，是培养人的逻辑思维能力的，所以，这类课程需要一板一眼的推导演算，这个过程如果用 PPT 的话，学生是达不到他接收过程的效果的。"这也是柳彬几十年来一直坚持黑板教学的原因所在。即使在疫情三年期间，哪怕是底下没有学生，同学也许在另外一个教室里面听课或者在家里听课，他依然坚持写板书，一边推导、一边讲解、一边观察同学的反应、一边调整讲课进度和内容。除了定理的推导与证明，柳彬老师还会亲自演算许多例题，把对基本概念的理解和强调都蕴含在一次次完整的推导和计算中。板书的一笔一画之间，所呈现的正是证明的逐步推进、思路的渐进展开、定义的运用发展，以及数学自身所昭示的纯粹的逻辑与极致的美。

▌将教学的"良心"代代相传

一门数学课毕竟是短暂的，一个学期、一个学年甚至大学生活，在人生中也不过白驹过隙。但教育中曾播下的种子，蕴力无限。柳彬从 2008 年开始分管数学科学学院的教学工作，一直到 2017 年 7 月。在这期间，柳彬一直做的，便是如何将数学学院的优良传统与教学风气传承、发扬并推广。他致力于推动数学学院教学体系的改革与创新，以完善课程培养体系，推动人才培养工作。

自 2010 年起，柳彬开始担任重要基础课"常微分方程"的课程主持人，致力于优化课程内容体系，探索研究性学习课堂教学模式。他撰写的《常微分方程》教材，亦被全国多所院校选为教材。2020 年，柳彬获聘公共数学教学研究中心主任。任职期间，柳彬主持北京大学公共数学课程的教学改革，使高等数学、高等代数等公共基础课的教学质量获得全面提升。

柳彬编著的《常微分方程》教材

柳彬在采访中曾说过："我没有什么特别远大的志向，就愿意做点自己喜欢的工作。上课和带学生做科研这两件事情都是我的兴趣所在，每次在课堂上得到同学们的掌声都特别幸福、特别满足。我现在还参与数学学院本科生招生，将那些喜欢数学、有特长且喜欢北大的中学生招到北大来读书，为北大数学的人才培养做一点

柳彬于 2020 年获聘公共数学教学研究中心主任

自己应该做的事情。"对下一代有帮助、对学校有贡献、对社会有回报，在具体的数学科研与教学上落实这些要求与目标，这就是柳彬的追求，也是柳彬的成就。

从北大学生到一名广受爱戴、躬亲育人的数学教师，柳彬也身体力行地践行着他对北大学子"为社会做点贡献"的殷切寄语。秉持着"教学是个良心活"的原则与信念，柳彬不断精进学术，将自己的学识倾囊相授，在娓娓道来的讲课中激发无数学子对数学的浓厚兴趣。后来，有学生回忆起柳老师曾经的教导时说："柳老师课上会讲一些自己的成长经历和对数学的理解，他想要传递一种不焦虑、踏实做事的心态。他想强调的是，一定要多花时间去思考，不要浮躁。"

德国哲学家康德曾说："在这个世界上，有两样东西值得我们仰望终生：一是我们头顶上璀璨的星空，二是人们心中高尚的道德。""头顶上璀璨的星空"抽象出来，便是纯粹的数学；"心中高尚的道德"具象起来，便是处事的良心。眼到、手到、心到，这"三到"即是柳彬的课堂讲授之"道"；会心、真心、良心，这"三心"则是学生在柳彬课堂上所得之

"欣"。以数学之美为桥，最终达到的是心灵相通。柳彬不仅将数学中纯粹的优美传授到北大的校园，更将数学教学的"良心"传递到下一代数学人的心间。

学生评价

- 柳老师讲课节奏感特别好，很清晰。这学期预选课时，好像有450人选了柳老师的课，但只有150个名额，能选上感觉也很幸运。
- 老师板书漂亮，讲课思路清晰生动，浅显易懂。我觉得老师的讲义非常好，补充的定理都不错，强推！
- 柳老师对教学内容掌握极为娴熟，从头到尾没有与教学内容无关的话语，全部内容现场推导，推导顺畅。他的讲解引人入胜、逻辑严密，整堂课为黑板书写，学生可以很好地跟上。我认为是质量极高的一堂数学课。
- 柳老师教得超级好！讲得很清晰也很有条理！特别好！柳老师经验丰富、深入浅出、讲解细心、有耐心，是我遇到过的最好的高数老师。

（郭弄舟、赵凌）

教学是幸福且
荣耀的事

—— 潘剑锋 ——

　　潘剑锋，北京大学 2023 年教学成就奖获得者，法学院教授，获国务院政府特殊津贴奖励。研究领域为民事诉讼法学、司法制度和仲裁法学。主要讲授"民事诉讼法"（国家级一流本科课程）、"纠纷解决""习近平法治思想概论"等课程，著有《民事诉讼原理》《民事诉讼法学教程》等教材，主编"北大法学教育改革丛书"，参与国家马工程重点教材《民事诉讼法》编写工作。曾获得北京市优秀教师、北京市高等教育教学成果一等奖。

教学不仅仅限于知识的传授，
还有价值观、人生观的教育和品格的塑造，
要把学生培养成国家发展和繁荣的建设者、
社会进步的推动者、人民利益的维护者。

——潘剑锋

用"笨办法"教课的老师

从 20 世纪 80 年代留校至今，潘剑锋已从教 40 年。这 40 年的教学生涯常常让他感到幸福。"特别是看到学生不断在成长，在工作岗位上为国家、社会做贡献，就觉得喜悦。这可能是其他职业很难体会到的。"而潘剑锋的课堂也让学生感到幸福——扎实的内容、循序渐进的体系、完善的知识架构，总是能将每一个知识点都讲深、讲透。如果让潘剑锋总结他的教学"秘籍"，他会强调用"笨办法""用最准确简明的语言将最基础本质的东西向学生展示出来"。

每次课上，潘剑锋都会先对上一周课的内容进行梳理总结，以做好知识体系间的过渡、联结。在他看来，要先打好基础，稳稳站立在宽阔平坦之处，然后再向更高、更远处求索，"高手过招，比的都是基本功"。

面向法学院本科生讲授的"民事诉讼法"课程每周两次，每次上课前他都会提前十五分钟左右到达教室，再次翻阅讲义和课程 PPT，整理思绪，为课程做准备。修正后的《中华人民共和国民事诉讼法》颁布之后，潘剑锋立刻买了一本回来，将各部分内容温习一遍，又把 PPT 中的法条、案例一一替换为最新的，"自己足够熟悉了才能够给学生讲"。对于不同的教学对象，潘剑锋也主张因材施教。对于本科生，他更多地强调基础知识以及知识的系统性；对于法学本科背景的硕士，他将重点更多地放在理

潘剑锋在讲台上

论、专题、制度立法层面，具体落脚于民事诉讼法这一部门法，还会兼顾司法的相关问题；而对于非法学本科背景的硕士生，他将重点落脚于兼顾基础与专题，以及制度在实践中的运行情况。至于博士生，他的课程内容则主要着眼于学术方法、学术理论以及学科前沿问题。

在教师应当发挥的作用方面，潘剑锋也有自己的理解："老师跟学生的差别在什么地方？老师对知识熟、悟得透，所以可能三五分钟就能讲透学生要花三五个小时才能够搞通的东西。"他重视提炼重点、难点问题，并多花时间进行讲授；对于次要内容，他则主张提纲挈领，并注意对学生进行具有体系性的提示。此外，潘剑锋还会提前对课程总体进程做好学期内的规划，以避免"先慢后快"，实现及时把握课程节奏，以循序渐进、稳步推进。

潘剑锋多年来讲课的一个体会是，除了热情投入外，要真正觉得它是件"有意思的事，甚至是一种艺术性的创作"。他用心打磨自己的教学技能，通过不断的总结反思，潘剑锋认为：上好一门课的关键在于课前准备、课堂表现、课后总结三方面的结合。课件准备、课后答疑、批改作业或试卷，他都亲力亲为。针对如何提高学生的课堂积极性，他提出了"专业问题生活化，生活问题专业化"的教学思路。关于课堂内容的把控问题，他认为，应当提前确认核心重点，将讲授内容作明显的主次区分，对于核心内容要讲深、讲透；对于辅助性内容则要提纲挈领地说明。为了做到年复一年地讲同一门课却仍然热爱讲这门课，就要找到一些内容和方法上的创新点，找一些新的、更有典型性的案例，要与时俱进、不断创新，把科学技术的发展，如电子技术、人工智能技术等应用到教育教学当中。

对于指导学生，潘剑锋则将"用心"二字践行到了极致。他坚持一对一和学生细聊，深入了解每个学生的不同特点和面对的具体问题，在思维的交锋与循循引导中帮助学生勾勒前行的路径。价值观、人生观的教育和品格的塑造同样是教师的使命，他和学生说得比较多的一句话是"正确认识自己"："当人们看不起你的时候，不要泄气；当人们表扬你的时候，你也不要过于膨胀。"潘剑锋对学生们最深刻的影响未必只是在学术方面，而是在如何做人方面，在怎么为国家、为社会做贡献方面。这在潘剑锋看来，对人才培养的影响是更深远的。

▍"大家长"与改革者

"大家长"，是法学院师生对潘剑锋的爱称。不喜欢标榜自己的潘剑锋对这个称呼基本认可，这个词恰切地承载了他的种种期许 —— 他希望整个学院像一个大家庭那样团结友爱，希望每一位老师在学院里工作都有归属感和幸福感。他就像一位慈祥的长辈，对年轻人的发展与成就倍感欣慰。

潘剑锋的学生刘哲玮为这一爱称赋予了更清晰的内涵："这个家长一定不是中国传统宗族威严家长的形象，而是温和兄长、宽厚长辈的形象。"但师生们同时也知道，大家庭的"家长"其实不好当。

法学院是一片思想活跃、争鸣迭起的沃土，滋养孕育着思想的锋芒、个性的见解与独到的立场，而潘剑锋像个温和沉稳而不失智慧的园丁。他懂得如何将意见的分歧限在学术领域之内，或是就事论事，或是鼓励开诚布公地展露对具体事宜的不同看法。由此，一片不受纷争侵扰、凝聚共识

2006 年，潘剑锋和同事傅郁林以及毕业生们在未名湖畔

的净土得以留存，并涵纳彼此的团结友善，以及对法学院这个大家庭的热爱。

车浩形容潘剑锋的工作风格是"走群众路线"。潘剑锋总是像对待家人一样，一对一地倾听老师们的心声，特别注重老师个人的感受和想法。碰上院里的老师在个人发展或教学方面遇到挫折时，潘剑锋常常会单独请他们吃饭，推心置腹地倾听、交谈。更可贵的是，潘剑锋总是用心体察，熟谙每一个人的特性。潘剑锋和老师们的"交心"也不囿于时间和形式。与他共同工作了十余年，车浩笑着回忆说："有时候吃着饭就聊起来了，有时候我忽然想到一个事，可能半夜十一点电话就拨过去了。"情之所至、兴之所起时，思想与情感的共鸣便在此刻生发。

潘剑锋不仅承担着"大家长"的角色，他还是一位大刀阔斧的实干家。2011 年，潘剑锋任法学院副院长，主管教学。他以课程改革为抓手，大力推进教学改革，新开案例研习课、实务课程和论文写作课三大类课程。同时，为了回应与国际接轨的人才培养需要，全球教席、国际机构实习等一系列国际化的培养体系也逐渐建设起来。

开设新课程无疑是一件困难而耗费心力的差事，而潘剑锋笑说自己用的办法就是"忽悠忽悠再忽悠"。他给老师们开会，强调课程的意义和价值；拉着老师们在未名湖边转，转到饭点就请老师们吃饭，边吃饭边继续聊。老师们被他的真诚打动，便大多答应试试看。就这样，几年时间，六门案例研习课渐次开设起来，反响甚佳，其中两门还入选了国家一流本科课程。

回想自己任院长期间推进的这些工作，潘剑锋总觉得是自己运气好、年岁长，大家愿意给自己面子。刘哲玮却能真切体会到老师用心之良苦，"我觉得他在很为别人考虑的情况下，其实牺牲了很多自我的东西。要很妥帖地去对待每一个人，这其实需要耗费大量的心血"。他的博士生杨棱博也能清晰地看见老师努力平衡各种事宜时的矛盾与挣扎。"如果沉浸在学术问题中，可能花个两三天的时间就把整个事情想明白了，效率高的话，可能论文初稿一周左右就能出炉。但潘老师的时间可能都因为学院里的很多琐事而碎片化了。他每天只能有零散的时间去深入思考，成果的产出可能就会稍慢一些。"潘剑锋也深谙这一点，但他有自己的执着和坚持。在他看来，带着整个法学院向前走，要比自己多发几篇论文、有多少学术成就更重要。

▎教学共同体：传承与引领

潘剑锋常常感念自己在北大法学院从学生到老师这一路上，导师刘家兴，以及赵震江、杨春洗、魏振瀛、张文、刘守芬等学院老师对自己的关爱和帮助。关心学生、重视教学、团结一致，这是潘剑锋切身体认到的北大法学人的共同情怀。他也在用自己的方式将这种理解加以确认和传递。法学院独有的氛围，清晰地呈现于渐渐形成的"传承"中。

"我求学时，老师们对待学生就像对待自己的孩子一样。"而今，在潘剑锋的学生们眼里，他们也是被当成"孩子们"悉心对待的。在他所指导的学生的记忆中，逢年过节，潘老师总有好吃的分给大家。对于年轻教师，潘剑锋也给予最大的支持和关怀，让学院努力提携扶持，为他们提供展现自己的舞台，减少他们的困难和负担。同时，他也在不断地向年轻教师强调要重视教学，鼓励年轻人放开手脚大胆去干，给予他们充分的信任和施展的空间。刘哲玮时常感念自己最初踏上教学之路时获得的帮助和指导："老教师们会教我们怎么样改进和投入教学。他们自己也亲力亲为，这就是一个很好的带头作用。其他老师看到了，就会觉得这些事情是大家应该共同做的工作。"

重视教育和人才培养是一个周期极长且需要耗费大量资源的过程，但潘剑锋相信，于暗夜中擎起炬火，从来都是北大该做的事情，也是法学院该有的情怀与境界。"教师是我们的职业，教书是我们的工作，把课讲好是教师的立身之本，教书育人是教师的职责、事业和使命，教师在成就他人时，实际上也在成就自己。"潘剑锋常常挂在嘴边的两个词，就是"坚持"与"实干"，通过坚持和实干穿透浮泛的形式，直抵事物的根基，营造和形成关心学生、热爱教学的氛围。在潘剑锋等人的推动下，北大法学院的教学沙龙已经举办了近30期，在学院发挥了良好的传帮带作用。2024年，潘剑锋作为第27期的主讲人，将自己执教40余年的心得体会总结为"课堂讲授中要处理好的十类关系"，与青年教师分享。与他的教学风格一样，他的分享缜密简练、穿透本质。潘剑锋就是这样在一言一行、一点一滴中，亲身诠释着"传承"的意义。

北大法学院的责任与使命还不止于自身的发展，更关注全国法学教育的协同发展。因此，课程改革之外，潘剑锋也努力促进院校间的教学交流。从2014年起，北大法学院每年组织全国高端法学教育论坛，积极推动法学教育成果的共享和推广。在潘剑锋的支持下，车浩等人承续了这一思路内核，举办了两届全国法学教育师资研修班，邀请专业领域一线教师来参加论坛活动，并丰富论坛形式，用现场课堂展示等方式，使法学教育经验共享更生动可感。在此意义上，传承与引领形成奇妙的映照嵌合，法学院始终传承、践行着敢为人先的悠久传统，在时代进程中敏锐捕捉未来的发展方向，引领整个学科向前迈进、开拓创新。

1986 年的秋天，文史楼，年轻的潘剑锋第一次给本科生开课，略带紧张地讲完一节课时，一抬眼，他看到了导师刘家兴在窗外站着"旁听"，还微微向自己点了点头 —— 刘老师关心年轻教师的教学状况，又担心给他平添压力，便默默伫立于窗外。数十年来，潘剑锋的学生们也渐渐加入法学院这个"共同体"，他对年轻教师们的教学能力很有信心，让大家在课堂上自由发挥。在学院科研楼走廊上碰面时，他鼓励指点，偶尔谈上几句教学的心得体悟，末了，他还是叮嘱着"要多与学生交流，才能理解学生的问题或困难"。法学教学的传承，就在这些身影之中了。

学生评价

• 潘老师是超级好的老师！老师的课对我提升很大！帮助很大！老师讲课很有意思，学识素养非常深厚，而且老师非常亲切，人非常好！

• 潘老师讲课真的很好，不止教大家专业知识，更教给大家一些道理，真的很受用！

• 在老师的讲授下，我不仅在民事诉讼法方面学到了很多，在整体学习法学的方法、塑造自己关于这门社会科学的认识、转变自己对于社会和世界的价值观念等方面也有了一些不同于过往的思考和感悟。

（史雨）

传道、授业、解惑

— 李立明 —

李立明，北京大学 2023 年教学成就奖获得者，公共卫生学院教授。研究领域为大型人群队列研究、慢性病病因研究和老年保健流行病学研究。主要讲授"高级公共卫生""系统流行病学""中国公共卫生理论与实践""老年保健流行病学"等课程，主编《流行病学》《中华医学百科全书：流行病学》《公共卫生导论》等教材。曾获得教育部优秀教材一等奖、高等教育国家级教学成果二等奖等奖项。

咱们讲传道、授业、解惑，这是教师的最高境界。

天行健，君子以自强不息，我用这个来激励自己，

同时也激励我的学生。

——李立明

▌言传身教，德育为先

李立明是恢复高考之后招收的第一批大学生，自 1982 年本科毕业进入研究生阶段，李立明就开始了流行病学的教学工作，至今在讲坛耕耘已逾四十年。

李立明的教学理念是：言传身教、德育为先。四十年来，教书育人，切己亲证，李立明认为"传道、授业、解惑"是教师的最高境界，并在实践中对三者的内涵有了更为深刻的理解。

传道，一是传"做人之道"，要清清白白做人、认认真真读书，这是对老师最基本的要求；二是传"做事之道"，要肩负北大的家国情怀，"天下兴亡，匹夫有责"，培养学生的责任感；三是传"做学问之道"，最主要的就是要知其然，更要知其所以然。

授业，一是"授之以渔而非鱼"，要传授给学生学习的技能、获取知识的技能、科学研究设计和实施的技能，而非提供现成的结果；二是"授之于理而非理"，教给学生的应该是道理、哲理，而不是空洞教条的理论；三是"授之于势而非事"，要认识趋势，而非停留于具体事物上。要让学生学会用历史的、辩证的眼光看待问题，关注事物的发展过程。

解惑，主要包括四个方面：一是要实事求是。教师并非全才，无法全能全知，所谓"知之为知之，不知为不知，是知也"。二是要有国际视野。

"天外有天，人外有人"，目标高远，才能不断进取，获得新知。三是立足国情。生活在中国的土地上，要能够反馈，去了解祖国和我国公众的健康需求，探索问题、落实服务，帮助百姓解决健康问题。四是要培养学生的自知之明。这个自知之明不仅是精神层面的问题，也是医学层面的问题。"你要知道自己身在哪个层次、哪个位置、能干什么，这对于人才的培养作用显著。"

还有最重要的一点，李立明强调："老师一定要和学生具有一个同等的地位，能够以情相惜、互相理解，能够以理相服、说服同学。而不是老师要求学生干什么，学生就一定要干什么。学生学专业的时候，特别是研究生，一定要让他选他喜欢干的事，这样才能变成他今后的职业选择，而不是老师去干涉，决定他的人生。"

"栋梁之材要树立家国情怀、常怀感恩之心。"李立明一直秉承实践育人的理念开展教育教学工作。2020年新冠疫情伊始，大年初二，他培训并率领公共卫生学院研究生志愿者赴中国疾病预防控制中心，师生共同投入支援新冠疫情防控工作。在抗疫过程中，研究生志愿者们作为抗击疫情的生力军，肩负起了守护生命的责任和使命。李立明说："希望年轻人一定要热爱公共卫生事业，因为公共卫生工作的特点是公益性、利他性、功成不必在我性，而且这是社会回报周期很长的专业。要从事公共卫生事业，就

李立明在指导学生

要具有献身精神。因此，他希望年轻的公共卫生工作者能够真正热爱这项事业。同时，能够为老百姓的健康做一些事情，我想这就是我们终身的荣幸。"

有学生对李立明有个"爱称"——"老李"："老李之老，老在学问、老在阅历、老在智慧。对老李的爱，始于其学术造诣、忠于其传道授业、醉于其人格魅力、陷于其家国情怀。"李立明的言传身教和家国情怀，影响了一代又一代学生。学生们将他放在心中，使他成为自己的精神力量。在追随他的过程中，学生们也成长为更好的自己。

▎ 理论与实践相结合，科研支撑教学

李立明常年活跃在教学一线，对课堂教学充满热情。他承担的课程包括本科生、硕士研究生、博士研究生多层次，也面向学术型、专业学位型等多类型学位教育开展授课工作。他既有培养专业思想、激发专业热情的"预防医学导论""高级公共卫生"等课程，又有面向前沿的"系统流行病学"。他还承担了国家级精品课程"流行病学"的建设工作。

李立明延续北京医学院的优良传统，与同仁们搭建"老中青"团队课程体系，形成两个备课制度，由教学秘书协调，统一备课、相互听课，有效地保证了教学脉络的连贯性、主体思想的一致性以及授课内容的互补性。

"预防医学导论"是李立明教授的主要课程之一。这门被多数医学生诟病为"最枯燥"的一门课，却成了李立明的学生们最享受的课堂之一。在课堂教学中，李立明富有激情，能够用很生动的例子、很简单的类比来说明一些复杂的问题。他讲课时常生机勃勃、充满活力，能够很自然地把授课内容与听众最关心的问题联系起来，给学生以信心和鼓励。"老李在讲台上如同职业演说家一样，把枯燥的理论课讲得生动鲜活。听他的课，会被激发出一种投身公共卫生的责任感……"大一时，原本打算换专业的

李立明参加会议

北大医学部学生李昱，在听了李立明讲授的"预防医学导论"课后，深深被他"风趣幽默、旁征博引"的讲台魅力所折服，进而被预防医学知识所吸引，最终他彻底打消了换专业的念头。

"流行病学是现代医学的方法学，这样的一个基础方法的学科对于本科生的教育来讲至关重要。"谈到自己对教学的理解，李立明强调，不同专业背景讲的内容不太一样，但是核心是运用哲学的思想对科学研究的设计实施与评价做出相应工作，所以，这个教学是以方法学为主。"本科我们给他的是基本的知识理论和方法；对于研究生来讲，最重要的就是四个字'因材施教'，培养他们的创新能力、独立科研的思维能力、批判性思维和独立的科学研究实施能力。"

同时，公共卫生专业又是一个实践性很强的专业，要通过"干中学"解决公众健康的基本问题。李立明非常重视培养学生的实践能力，他曾举例，在一项关于吸烟对肺癌及其他慢性病的影响的研究中，他带领学生到北京市西城区开展吸烟调查。其中，一个被调查者在有新婚妻子在场和不在场两种情况下，对自己开始吸烟的时间以及每日吸烟的数量给出了截然不同的回答，这唯有亲身经历这样的实践调查才能体会。"做流行病学调查一定要得到真实的数据，这就是我们所说的培养学生的这种实践的能力和获取这些基本信息的能力。这对于我们最后判断人群中的健康危险因素的流行和对人群预防建议的提出是至关重要的。"

"做流行病学主要的研究对象就是人群，解决人群中的健康和疾病预防的问题。所以，最重要的就是针对本国的卫生问题，发现本国的病因，有针对性地采取干预的措施，预防和治疗相关的疾病，这个就是咱们医学的最根本的目的。"李立明带领团队四十年来深耕于慢性病流行病学领域，建立了世界领先、享誉全球的宝贵人群研究资源，建立了中国最大规模的50万人前瞻性队列以及独特的双生子人群队列。这些研究资源不仅是团队未来数十年的科技发展争优创新的沃土，更是具有中国特色的世界一流卫生医疗人才培养和教学实践平台。

"北大平台拥有优秀的生源，因此，一定要有优秀的教学资源去保障学生们享受到最高质量的教学，从而为国家培养出高质量的人才。"这是李立明的教学信条。

创新教育，引领改革

20世纪90年代，全世界出现了一次医学教育改革的潮流。最早，我国的医学模式是"生物医学模式"，由苏联辅助建立，注重疾病的病原学，如针对传染病的研究，主要是通过传染源、传播途径、易感人群这些问题来研究和解决。然而，随着社会工业化的发展，以心脑肿瘤为代表的慢性病成为现代流行的疾病，对人群的健康威胁日益凸显。过往，人们只关注生物医学，譬如，痢疾杆菌导致的痢疾、霍乱弧菌导致的霍乱，随着工业化时代个人生活方式改变，出现了如肥胖、吸烟、饮酒、不合理的膳食、缺少体育锻炼等现象，这些都是导致心脑血管疾病的危险因素。这是公共卫生事业发展的第二个阶段。再之后，进入"大众生态环境"阶段。人们的健康不仅仅受个人生活行为方式的影响、受病原变异的影响，同时也会受到环境的影响，如空气污染、水污染、土壤污染等。因此，在教学中，李立明认为，需要考虑生物医学模式转变下的教学改革。"公共卫生领域有一句非常重要的名言：'公共卫生没有最好，只有更好。'需要随着卫生问题的不断变化来发展我们的公共卫生教育，培养我们未来的公共卫生人才。"而随着技术的发展，特别是大数据、AI技术等的发展，李立明也意识到，这些技术"对于我们的教学也带来了革命性的改革创新"。

1997年，李立明作为发起人和先驱者建设公共卫生专业型学位培养项目，率先试点招收应用型公共卫生硕士。他的一系列教育改革工作——《应用型公共卫生硕士培养模式研究与实践》获北京市高等教育教学成果一等奖、国家高等教育教学成果一等奖。时隔二十年，李教授再次牵头建设公共卫生专业博士（应用型）人才培养试点项目。他率领团队潜心研究高层次公共卫生人才培养规律，开创新型课程"中国公共卫生理论与实践""系统流行病学"，广受学生好评，培养模式得以在全国推广。

李立明与组内老师和学生合影

"习近平总书记提出要构建起强大的公共卫生体系，建设一批高水平公共卫生学院。我理解，这个建设的内容主要就是要解决培养一批顶天立地的，既有国际视野又理解中国公共卫生实际，并能解决中国公共卫生实际问题的专业人才。我们国家缺少的就是这种应用型的专业人才。这是我们现在一直坚持公共卫生改革、高水平公共卫生学院建设和公共卫生研究生改革发展的一个重要内容。"作为公共卫生教育家和战略科学家，李立明还承担了中国工程院战略研究与咨询项目，开展我国现代公共卫生体系及能力建设战略研究，主持探索我国公共卫生科技创新型人才培养模式，为推动国家公共卫生事业的发展不懈探索。

从教多年，李立明愿以一句格言来勉励学生："天行健，君子以自强不息。"这既是对学生的激励，也是对自我的激励。李立明一直立足当下、立足国情、言传身教、锐意改革，将公共卫生人才培养和中国公共卫生事业的良性发展演绎成了他生命中的一种情怀。

学生评价

- 听李老师上课就像是听妙趣横生的故事大会。李老师时而同我们分享自己的求学经历，时而带我们窥见我国基层的民生万象，他对我国公共卫生事业经久不衰的热情和兴致感染着课堂上的每一个人。当然，李老师的课堂上干货满满，印象最深的是李老师讲自己毕业论文的写作思路。我想，在论文的讨论部分首先提及自己的局限性，直到现在依然是需要勇气的。

- 每次听李老师讲课，我们都感觉时间过得很快。当一个个活灵活现的故事伴着我们的笑声落幕，当 PPT 翻到课堂小结和谢谢大家，我们都期待老李"返场"。而李老师做事绝不拖沓，他总是在我们意犹未尽之际，潇洒地披上西装，迈着流星大步走出教室，留下所有"迷弟迷妹"用崇拜的目光相送。

（佘福玲、刘润东）

因为热爱，源于真诚

— 谢广明 —

谢广明，北京大学 2023 年教学卓越奖获得者，工学院教授，国际先进机器人及仿真大赛的创立者。研究方向为智能仿生机器人、复杂系统动力学与控制等。主要讲授"魅力机器人"（国家一流线上课程）、"控制数学基础""机器人学概论""机器人工程创新实践"（与央美合开）等课程，著有《机器人引论》（北京大学优秀教材），担任 *Mathematical Problems in Engineering*、*Bioinspiration & Biomimetics* 等多个国际国内期刊的主编或编委。曾获得国家自然科学二等奖、教育部自然科学一等奖等多项奖励。

老师和学生之间是一个自然真诚的状态。

了解学生的真正想法，再去讲，

大家一起商量着来，

针对每个学生不同的需求因材施教。

—— 谢广明

▎ "让脑子动起来"

毕业于清华大学的谢广明，站在北大的讲台上已整整 20 年。谢广明还在清华读博时，导师郑大钟就曾给他这样的教诲："成为老师要踏踏实实地上每一门课，不要随便应付。要是上不好课，就不能叫老师。"导师的话在谢广明心中留下了深深的印迹。在北大任教后，谢广明承担了研究生专业课"控制数学基础"的教学任务。他认真吸取前辈的教学经验，也在一次次教学尝试中思考合适的授课方式，最终确立了"教研结合，研教互促"的教学理念，把科研前沿课题引入教学内容，"这样的话，学生学起来会觉得更有价值"。

在课堂上，谢广明会先向学生讲授数学基本概念，然后通过"设问式"启发学生对知识点沿某一方向进行思考，在训练中逐步提高同学们自主提问的能力。讲到数学工具时，谢广明会提出一些小的研究课题，引导同学们思考这些工具如何运用到问题的研究中。通过这些方法，同学们加深了对知识的理解，培养了独立思考的能力，对数学工具的运用也更加熟练。曾有一个学生就谢老师在课堂上给出的问题和思考方向进行深入研究，研究结果发表在 SCI 收录的国际期刊上，可谓是水到渠成。

课堂内容与科研方法的结合非常锻炼研究生的科研能力，这便是"教研结合"的好处。谢广明最大的愿望是尽可能多的同学能在他的课堂上有所收获。他说："我希望学生有自己的想法，而不是执行我的想法。等到没人给你喂食的时候，你自己怎么获取食物？"

研究生课程"机器人工程创新实践"结课汇报

独立思考是谢广明一直坚守的品质，这与他过往的经历有关。谢广明儿时成长在农村，由奶奶养育长大，奶奶自幼就教育谢广明：凡事不应求人，要靠自己的努力，"往怀里揣烙饼"。高中时，谢广明时常遇到连老师都不会做的题，有的同学抱怨题目和老师，谢广明却意识到"人要为自己负责"，自己钻研题目，从不抱怨。一路走来，谢广明以独立思考的品质走过了许多重要的人生关口。他深知，独立思考对科研乃至人生发展的重要意义。工学院2022级博士研究生吴家汐说："谢老师对待科研认真细致，注重培养学生的研究能力和自主学习能力。其严谨的教学态度和注重科研能力培养让我受益匪浅。"

科研国际化水平的提升，对学生英语水平的要求越来越高，于是，谢广明也有意识地培养学生们的国际视野。早在2010年，谢广明就开始尝试让博士生在组会上用英语作报告。积累了一定经验后，谢广明积极响应学院开设英文课程的号召，开设了工学院所在专业第一门英文授课课程。考虑英文授课对学生有一定难度，他准备了双语课件辅助学生对照概念，并将课件提前发给学生预习。谢广明认为，语言使用的关键是练习，虽然英文授课有一定难度，却能帮助学生们在实践中提升语言能力，从而更好地适应科研过程。"谢老师全英文授课，帮助我们扩展对于专业术语的了解。同时，课堂上会完整地推导公式的原理证明，谢老师教学态度严谨。"工学院 2020 级博士研究生李东岳接受采访时说道。

因为热爱，因为责任

在常规的教学、科研之外，谢广明对北大工学、机器人学科的发展一直怀有热情，希望尽可能地为机器人学科的普及和发展做出自己的贡献。

2009 年，谢广明开了一门本科生公选课"机器人竞赛入门与实践"，这是如今公选课"魅力机器人"的前身。公选课既非老师的教学任务，也非学生的培养方案要求，开设与选课完全出自个人的意愿和兴趣。说起开设这门课的原因，谢广明提起多年前成立机器人协会的往事。

成立机器人协会，谢广明本希望招募对机器人感兴趣的同学们一起举

谢广明带领学生参加国际机器人竞赛

行各类研究与活动，但每年能够招入的学生数量都很少。"我们做了很多年，每年拿着我们可爱的机器鱼、机器狗去百讲前招新，但就是吸引不了几个学生。"这让谢广明意识到，校园里工科氛围的薄弱。为了让这种状况得到改变，他开设了"机器人竞赛入门与实践"课程。2010年，在科学网的博客里，谢广明写道："为了让北大多一个学生了解机器人，为了让北大多一个学生具备工科素养，为了让北大多一点点工学氛围，我有义务要上好这门课。"

从最初开课到现在，十五年的时间过去了，"机器人竞赛入门与实践"变成了"魅力机器人"，课程也由一门侧重实践与竞赛的课程变为侧重科普和兴趣的课程，并开放给清华大学等多所高校，还上线了"学习强国"App、B站、抖音等新媒体平台。从最开始忧虑没有学生选课，到现在成为工学院首门线上国家精品课程，中间经历了许多困难、反思与调整。但谢广明的初心仍然没有改变，他希望课程能够浅显易懂、激发同学们的兴趣，同时传达的知识具有准确性，能够或多或少纠正大家对机器人的误解。"机器人就像电脑或网络一样，未来会进入各行各业，与大家的生活、工作紧密相关。希望这门课能产生一些影响力，提高全校学生在这方面的素养。"

指导学生参加机器人竞赛也是谢广明培养学生的重要环节之一。参加比赛不仅是为了取得成绩，更重要的是能够使其得到全面锻炼和成长。每参加一场比赛，谢广明和同学们都要投入全部身心和精力。从到达赛场，到检查场地、调试设备，再到紧张的备赛，熬夜甚至通宵都成为常态，"流汗、流泪、流血都可能出现"。比赛还可能出现各种突发情况，如场地出现问题、电脑突发异常、与主办方沟通失误……"面对对手、面对裁判、面对观众，甚至面对记者的采访，你如果从来没遇到过意外，就不知道该怎么应对。"竞赛虽然辛苦，却是对学生最好的锻炼和考验。

谢广明是在未名湖"遛鱼"的教授，他带领学生团队在新原理、新方法上进行创新，在国际期刊上发表成果，做出的机器鱼不仅可以像真鱼一

机器鱼南北极首航

样在水下游动、感知环境、相互交流，还游出未名湖，游向南极、北极，两度参加极地科考，跟国家的重大需求结合起来。不仅如此，谢广明还响应国家号召，把科研、教育和人才培养联合在一起。除了培养人才去做科研、去解决行业问题，他还向基础教育延拓，在北大附中建立水下仿生机器人创新实践基地，让青少年从基础教育阶段就可以接触水下机器人，接触有意思的技术。"他可能既学到了机器人的知识，同时也对海洋工程这样的方向有所了解，以后对他们选择大学专业，从事行业工作的话，会有帮助，为咱们国家培养人才也奠定了很好的基础。"

"家和万事兴"

在教学中，谢广明希望老师和学生之间是一种"比较自然的、真诚的状态。在这种状态下，我会了解学生的真正想法，这时候我再去讲什么、讲快点、讲慢点，或者讲深点、讲浅点，心里会有把握"。每个学生的特点都不一样，谢广明会针对不同的学生、不同的需求因材施教。

平时在实验室里，谢广明和学生的关系比较亲近随意。"大家在实验室里不会拘谨，有时候我进来，可能大家忙着，也都不理我。"谢广明对学生的管理也更接近于"放养"。"我希望大家是自己在驱动，不管是博士生还是硕士生，都能自己规划好自己。"

博士生卢裕文评价谢广明："尊重学生，但不纵容学生，有时候也非常严厉。"谢广明对待学生，如同长辈对待家中的孩子，既是严父，也是慈母。他会在组会上严肃认真地指出学生报告的不足，在学生重新报告后又毫不吝惜对其进步的赞许；会默默观察学生在组会上的举动，要求每个人都认真报告，尽力思考提问。他为主动要求每周见面交流的学生欣喜，"真是令人高兴的进步"；也为执着考研的学生感慨，"无论最终能否和你结上一段师生缘，都希望你有一个好的未来"。在博客里，我们看见一个除去了滤镜的谢广明，他将自己的思考和情感悉数袒露，我们在其间看到一颗赤诚的真心，对科研、对学生、对教育。

"我也不是干预他们的生活，只是希望他们能够走好人生的这一阶段。"谢广明像父亲一样严格培养学生们的能力，又像母亲一样关心他们的生活。他给学生创造相亲机会，也因为无力帮助学生支付手术费用而自责。这些关怀似乎超越了师生的义务，到了朋友和亲人的程度。他将学生视为亲人，"希望实验室成为一个'五好大家庭'，家和万事兴"。

虽然称谓从"小谢"变成了"老谢"，但谢广明自己并没感觉到老。在生活、工作中，他还总是保持着年轻的心态，每周至少踢一场足球，愿意跟学生在一起，他也希望学生在面对各种各样的挑战时，能"努力，微笑，向前冲"，满怀激情往前走。他寄语学生："主动、激情、耐心是最重要的品质。"他希望同学们能明确人生的目标与意义所在，主动追求、做自己热爱的事情，并能持之以恒。只有这样，在人生路上才能走得更高、更远。

学生评价

- 老师上课很风趣幽默，翻转课堂的教育形式很新颖。
- 非常喜欢这门课。我了解到了很多从前不知道的机器人领域的相关知识，收获很大。

（陈雨坪、何楷篁）

持之以恒，无悔我心

— 杨哲峰 —

　　杨哲峰，北京大学 2023 年教学卓越奖获得者，考古文博学院教授。研究方向为汉唐考古、古代陶瓷。主要讲授"田野考古实习"（国家级一流本科课程）、"中国考古学·秦汉考古""考古文献与论文写作""战国秦汉考古研究"等课程，出版专著《汉唐陶瓷考古初学集》和《历史时期考古研究》。曾获得北京大学教学成果一等奖、北京市优秀教师、北京大学优秀教学团队奖。

教学本身是一个互动的、互相帮助的过程，
要把信息正确地表达出来，
要考虑学生的吸收状况。
同学们提出的问题对老师来说也是一个促进。

—— 杨哲峰

▌"做老师就是要为同学服务的"

"认真与奉献，无疑是教师育人的精髓，而奉献精神更是其中的首要之义。"1990年，杨哲峰硕士毕业后留校任教。他回忆道："那时，我也不知道自己留校以后应该干什么，但我是这样一个人：只要有给我安排的工作，我都会认真地做。"

杨哲峰似乎对未来并无过多规划，但他却以脚踏实地的步伐，深深扎根于教学工作中。任教之初，他既教授本科生的"中国历史文选"课程，又亲自带领同学们进行田野考古的基础实习。十年后，他开设了首门研究生专业课——"汉唐周边地区的考古研究专题"，后更名为"汉唐边疆考古研究"。1999年，古代建筑专业开始招收本科生，院系安排他主讲一门新课"汉至清历史文选"，后来更名为"中国历史文献"，并扩展到给全院的本科生讲授。在杨哲峰看来，"文献"与"文选"虽是一字之差，其内涵和视角却大不相同。因此，他立即对课程内容进行了深入的调整和更新。

在外人看来，基础课的教学或许显得单调乏味，只是年复一年的重复。然而，对于授课老师而言，其要求远不止于此。事实上，与专题课相比，主干基础课看似浅显，实则要求授课老师既要对学科全局有深入的洞察，又要紧跟时代的步伐，捕捉最新的研究动态，并以通俗易懂的方式传达给学生。所以，在讲授"中国考古学·秦汉考古"这样的主干基础课时，他坚持每年更新讲义，将最新的研究成果融入课堂，为同学们提供学科前沿的资讯。

杨哲峰在课堂上

有一年，杨哲峰在课堂上提到秦阿房宫的设计理念与天象之间的联系，课后就有本科生兴致勃勃地前来探讨古代建筑群"法天象地"的问题，并渴望了解相关的文献线索。这位同学从此深入古建筑研究领域，最终踏上了学术之路。谈及此事，杨哲峰脸上有掩不住的笑意。"做老师教学生，首先讲的是奉献精神。教课的时候其实也想不起来什么'个人的提升'，本来就是为同学们服务嘛！"

为了更好地为学生服务，杨哲峰不遗余力地探索各种教学方法。他深知教学并非简单地传授知识，而是需要让水平不同、兴趣各异的同学听得明白、学得进去。"围绕教学计划，考虑到学生的兴趣是很重要的""高年级的课和低年级的课，你也得考虑他们不一样的学习状态，考虑他们所处的学习阶段。需求不同，方式就要适当地变化"。所以，在学期初的第一节课上，他都会详细介绍课程设计，征求学生们的意见和建议，尽最大努力去满足学生的想法。

授课本身是一个教学相长的过程，有时候同学们提出的问题对老师来说也是一个促进。最近几年，杨哲峰接手了一门新开的硕博合上课程——"考古文献与论文写作"。他坦言，这门新课对自己也是一个很大的挑战。但是，"为了让学生把论文写得更好，更早地进入状态，我自己花了很长的时间去准备，每次课的时候我都会跟他们交流，听他们的意见和想法，在这个过程当中，我也会促使自己不断地提升自己"。接受采访的时候，他办公室墙角的大书柜里满满当当地放着这些年攒下的学生论文，有些夹着签，有些折着角。随手拿起一本，便是他指导的获得"北京大学优秀博士毕业论文"称号的学生论文，沉甸甸的像一方砖。

在写作课上，杨哲峰经常引用过去同学们论文中出现的错误作为教学示例。然而，他更喜欢用自己的失败经验作为教学案例。他强调："得让大家知道，老师也不全是正确的，直到现在我也是在跟大家共同探讨更好的方法，教学和学习是我们互相帮助的过程。"他认为，多讲讲自己的经历，"我自己学习和教书的过程当中，包括自己做研究的过程当中，我自己有哪些失败的教训"，既能够拉近师生之间的距离，又可以避免同学们重蹈覆辙。

▎ 关心、平等与尊重

大四时，成绩优异的杨哲峰取得了保研资格，并接受系里建议，跟随宿白先生学习汉唐考古。宿先生时任国家社科基金委员会考古学组的组长，正好缺一位秘书，遂指派杨哲峰出任。在宿先生的悉心指导下，杨哲峰开始系统阅读汉唐时期的历史文献，并投入大量精力收集、整理、研究有关汉代的考古资料。宿先生对杨哲峰的指导与关心不仅限于学术方面，更延伸到生活之中。在同学们眼中，杨哲峰似乎自然而然地承袭了宿白先生指导学生的独特风格。

杨哲峰将自己的指导看作是"把把关"，重要的是"让大家既不跑去旁逸斜出的小胡同，更不要钻进劳而无功的死胡同"。对这一点，杨哲峰指导的 2021 级博士生钟俊宁深有体会："我们现在年纪轻，想法也新，最好能自己在前面先跑一跑，老师在后面拽拽我，别让我走偏了、走歪了就行！"

钟俊宁曾打算写一篇关于汉代夫妻合葬墓的文章，一开始，他计划主要讨论同穴埋葬，杨哲峰听后则表示这一想法"太小"，他希望钟俊宁能够把异穴合葬也纳入考察范围。在杨哲峰的启发下，钟俊宁的视野得以拓宽，能够更为全面、系统地思考汉代合葬的问题。

在大家眼中，杨哲峰与学生相处时，始终秉持着平等与尊重的原则。钟俊宁读本科的时候，有一次去办公室找杨哲峰谈本科生科研项目，由于当时与老师并不熟悉，自然十分拘谨。谈话结束后，钟俊宁准备告辞，杨哲峰"刷"地一下站起来，坚持要将钟俊宁送到门口。这一细节以及由此带来的感动与温暖，让钟俊宁一直记在心里，久久不忘。

杨哲峰的另一位博士生李婉明，对老师的关怀同样心存感激。2018年，杨哲峰生了一场病，元气大伤。然而，他在身体尚未完全恢复的情况下，仍与李婉明就博士论文选题进行了长达六小时的深入讨论。论文写作期间，正遇疫情，很多交流只能线上进行。在李婉明与杨哲峰的微信聊天记录中，杨哲峰对她的叮嘱与教导比比皆是。毕业以后，每当李婉明在工作和研究中遇到问题，最先想到的就是寻求杨哲峰的指导和帮助。杨哲峰很早就意识到关注学生心理状态的重要性。有一年的期末考试，一位平时成绩优秀的学生因熬夜复习而错过了考试时间，未能按时完成答题。杨哲峰听说缘由后，担心这次失误会影响他的心态，宽慰许久，直到他情绪平稳了才离开。在杨哲峰看来，关心学生的心理健康同样是老师义不容辞的责任。

教学一线在教室，也在田野

考古学是一门实践性很强的学科，所以，对于考古文博学院的同学来说，除了日常的校园学习，还有一段别样的"第二课堂"体验，那就是本科三年级上学期的田野考古实习。"田野实习可以说是个很重要的分水岭，参加过实习了，他再回过来听你讲的话，那就不一样了。他会把自己在实践过程当中出现的一些问题和讲课内容结合起来，尤其涉及对器物或者遗迹现象的观察和理解，一定要结合很具体的一些个案，通过一些个案的解释，让同学们明白应该怎么去考虑。"在这段时光里，大家要亲赴发掘现场，放下书本，拿起手铲，和老师同吃同住，完成一场有苦有乐的实践之旅。留校之初，学院给杨哲峰的教学任务之一就是带学生进行田野考古的基础实习。三十多年来，他始终坚守初心，无怨无悔地投身于现场教学的每一个环节。

组织一个年级的学生，在外地进行一个学期的实习，要考虑许多课堂教学难以想象的琐碎问题：先要和地方上对接，把准备发掘的遗址范围清理出来，如果地表有植被或者作物，还涉及收割、赔偿等问题，相应的交涉有时候得拉锯好几个回合。

给同学们安排好住处也是一大要事。发掘现场往往比较偏远，住得太靠近遗址，同学们的生活往往不够舒适便捷；住得太远的话，每天的往返

杨哲峰指导学生进行田野考古实习

交通又成问题；租用民房集中住宿的话，还要协调好和周遭住户的关系，其间种种都得反复权衡。此外，连接网络、建立库房、协调经费以及聘请厨师等事宜也需一一落实。对于关键的实验设备，杨哲峰更是亲力亲为，确保它们安全送达实习现场。2015 年开展宝鸡雍城遗址考古实习工作的时候，他开着越野车，长驱 1200 千米，将设备完好无损地送达现场。

考古工地的条件虽然艰苦，但在老师们的组织、指导下，大家分工协作，同学习、同劳动，总能收获许多宝贵的回忆。考古文博学院 2019 级博士生黄智彤说："有一次我们去考察，进站时耽误了一会儿，高铁检票时间快到了，老师就带头让大家往检票处跑，到达后发现我们竟然都跑不过他，大家非常开心地笑了。"

每当先民的生活痕迹逐渐显现，那种激动与自豪的感觉，难以用言语表达。然而，对于杨哲峰而言，相比于参与发掘所获得的种种体验与收获，他更珍视的是实习中历练出来的团队精神。他常说："团队精神是田野实习中最重要的收获之一。考古工作不是一个人做得了的，它必须得协作。"

即便没有小说中的水银江海、暗箭机关，考古工作也时刻面临着许多安全隐患。经常担任领队的杨哲峰十分清楚，这是丝毫不得大意的。他始终强调预防工作的重要性，时刻保持高度的安全意识，细心考虑每一个细节，把"将同学们安全带回校园"始终放在心上。

考古文博学院 2022 级博士生杨丹侠回忆自己 2018 年在雍城遗址田野实习时说："那会总能看到杨老师在工地上询问同学们发掘情况，帮大家查漏补缺的身影。"杨丹侠和几个同学合作发掘了一座汉墓，清理过程中多次向杨哲峰汇报进展。杨哲峰听完同学们的汇报后，会详细询问发掘过程中的一些细节，如顶部坍塌后具体还留存了什么、它的边界是怎么判断的、封门砖是如何砌筑的等等。"当时的我们对于这些问题并没能很好地回答。我们意识到，在发掘时，我们并未深入思考这座墓葬蕴含的问题，在之后的发掘中应该进行更加全方位的考察。"正是一次又一次对田野发掘的总结与反思，许多令人惊异的学术发现才诞生于高天之下、原野之中。

当被问及是否有经常勉励同学们的话时，杨哲峰思索良久，说了"持之以恒，无悔我心"八个字。他说："有自己的选择、有自己的坚守、去发展自己的兴趣，我觉得这样的人生才会是无悔的人生。"杨哲峰坚守教学一线三十余载，无论在课堂，还是在田野，他都致力于为同学们提供最好的服务，让他们从中获得成长与收获。

学生评价

- 老师认真负责，上课深入浅出，课程在课时紧张的情况下仍特别设置了讨论环节，调动了同学们的积极性。
- 老师讲解清晰、全面，他结合自己的很多实际经验进行讲解，内容十分丰富，对我们很有启发。
- 老师上课重点非常突出，图文并茂，有时还喜欢讲些段子，非常幽默。

（何楷篁、郭弄舟）

"忠"爱教育，"慧"及体育

— 赫忠慧 —

赫忠慧，北京大学2023年教学卓越奖获得者，体育教研部教授。研究方向为体育教育训练学、体质与健康、体能训练。主要讲授"运动健身方法与实践"（国家级一流本科课程、北京市虚拟仿真实验教学示范课）、"体适能"（北京大学"优秀教学团队"，课程思政示范课程）、"身体活动流行病学"等课程，著有《比较体育研究》《像哲学家一样思考》等专著，主编《体育与健康》（"十四五"职业教育国家规划教材）、"科学健身系列丛书"（国家优秀科普图书奖）、"体育与健康教学案例精选"丛书、《中小学生公共安全教育》等。曾获得教育部新世纪优秀人才、北京市高等学校教学名师等荣誉称号。

作为一位老师，

首先是以德育人、学高为师、身正为范，

通过言传身教教给学生怎么做人，

老师的示范作用非常重要。

—— 赫忠慧

▌ 以爱施教，以体育智

赫忠慧的教师梦植根于童年时期。家里常立着一块小黑板，她曾无数次模仿老师的模样走进教室。一年级时，她就立下了"当一名人类灵魂的工程师"的梦想。受益于家庭浓厚的体育氛围，她在体育方面也有一定的基础，所以，在报考大学时毅然地选择了北京师范大学体育系。2000 年从体育系硕士毕业后，她坚守儿时的初心，把简历都投向了高校；而这其中，北大的竞争尤为激烈，她在一百余位竞争者中脱颖而出，入职燕园执教，迄今 24 年。

赫忠慧坚持"以爱施教"的理念，从关心爱护学生的角度进行体育课程的创新与改革，让学生更容易接受新知识、新技术、新方法。在教育的广阔天地中，体育课以其直观而紧密的师生互动独树一帜。二十余年来，赫忠慧与学生之间的互动，随着岁月的流转，呈现出不同的色彩。初为人师，她与学生们之间保持着"姐姐和弟弟"般的亲昵；随着时间的推移，师生的关系也更多地转变为"母亲和孩子"。她像母亲一样给予学生们无微不至的照顾和关怀。她从不吝啬分享，将自己的生活智慧倾囊相授。每次组会后聚餐，她喜欢与学生们围坐一堂，除了关心学生们的学习进展，她最喜欢分享生活的趣事，成为学生们眼中的"操心的妈妈"。

一个曾受教于赫忠慧的北大学生，在西藏支教之余，给她寄来了一封满载感激之情的信笺。信中写道："赫老师，我在一个非常偏僻的小村子里用您教的健身方法进行锻炼，以保持更好的体能。非常感谢您教的实用方法，让我度过了一段艰难的时光。"学生的这份真挚反馈，让赫忠慧更加坚定了她"以德育人"的教育理念。她始终认为，教育不仅仅是传授知识，更重要的是引导学生学会做人、明白生活的真谛。在教授学生的过程中，她不仅注重言传身教，用自己的言行向学生传递处世之道，还亲身示范，耐心指导他们如何掌握一项运动技术、一个健身方法。看到自己的传道授业不经意间能对学生的人生有一点积极的影响，赫忠慧说："这些都是对于我付出的最好的回报。"

除了课堂上的"以爱施教"，身为体育社团的指导教师，她在课余的社团活动中十分推崇"自我教育"的理念。她表示：在北大，五十多个学生体育社团如繁星点点，包括山鹰社、自行车协会、滑雪协会等，社团的管理、会员训练的组织，乃至交流竞赛的策划，无一不体现着学生自我管理、自我教育的能力。

"学会、勤练、常赛"不仅是新时代教育管理部门对大学生体育学习的要求，也是赫忠慧对北大学生坚持"体育育人"的期待。她期望学生们在学习运动、参与运动的过程中，感受其以体育人、以体育智、以体育心

赫忠慧与选课学生在教室里合影

的独特价值，领略北大体育所带来的"身体上的淋漓尽致，心灵上的自由洒脱"的独特感受。

▌ 以智促教，为体育插上科技的翅膀

在体育教学的实践中，她一直走在创新的前线。立足北大多学科交叉的背景，她致力于将新理念、新技术应用于体育教学，引导同学们科学训练、快乐运动。

为了帮助体能弱势的学生群体通过正确的锻炼方式促进身心健康，赫忠慧和体育教研部的同事王丽文老师于2007年共同开设了体适能课程。此课程不仅致力于传授正确的锻炼技巧，更强调以运动促进健康，为学生提供一个科学、系统的体能提升平台。在课程的初期阶段，教学内容着重夯实学生的身体健康基础和日常活动能力。随着北京奥运会和伦敦奥运会的成功举办，全民对体育的热情和认识达到了新的高度，身体运动功能训练这一概念也愈发受到大众的关注。

在深入研究教学理论与技术内容后，赫忠慧团队精心提炼并开发出了一系列丰富多彩的教学资源。针对体适能课程的构建，他们不仅在教学方式上进行了深度的拓展和更新，更在教学内容和评价方式上进行了大胆的改革和创新。2021年，"体适能教学团队"被评为"北京大学优秀教学团队"，这也是第一个获此殊荣的体育课程教学团队。

在教学内容的创新上，赫忠慧及其团队将身体运动功能训练的前沿理论、新技术和新方法巧妙地融入教学实践之中，并且紧密结合学生的实际需求，对教学内容进行了精心改进。她们深谙先进训练理念的价值，比如，引进身体功能训练以及体能训练的理论，更加强调学生需掌握正确的动作要领，旨在预防和避免运动损伤的发生。在教学中，她创新使用了教学案例法，通过巧妙地抛出一个个饶有趣味的"引子"，点燃了同学们对体育专业知识的学习热情。比如，她曾以奥运冠军刘翔为例，探讨他在比

赛前进行的长达一个半小时的准备活动对普通人热身运动的借鉴意义。又比如，通过解读"百米飞人"苏炳添体能训练方案的调整，引导学生思考田径短跑训练的新趋势和发展方向。

关于评价方式，赫忠慧及其团队也紧跟时代步伐。他们探索如何借助人体姿态研究，极大地节约人力时间，建立起一套标准化的、量化的评价体系，从而有效提升教学质量。随着人工智能技术的应用，赫忠慧率领团队加速对智能化评价系统的研究进程，将体能训练内容的主观评价转化为客观实时的智能反馈。他们研发了身体运动智能评价方法（AI-FMS），利用智能技术进行细致的动作筛查，并在汇聚了海量数据的基础上成功搭建了"AIPE（爱体育）数据交互平台"。如今，系统已经更迭到 3.0 版本。它提供了一套人工智能助力体育教学的新范式，不仅能够评价动作，还能与标准动作比较，给予练习者评价反馈与改善建议。

恢复线下教学后，赫忠慧进一步将视角转向线上线下资源混合式教学，率先将人工智能技术引入线下课堂，建设体育智慧教室，以非限定视角即时捕捉学生的身体动作。这一技术处于国际领先地位，在北大的体育教学中有很好的应用，能够为学生和教师提供更加准确、实时的运动数据反馈，极大地提高了教学成效，助力学生实现更高效的体能训练。

针对人们的体育需求已经由单纯的运动转向科学运动、探索运动的最

赫忠慧在课堂上

大健康收益，赫忠慧对下一步的教学改革也有了设想：一方面，要加强研究，综合各学科知识提高科研能力，解决痛点问题，"体育有很多的实际困难，需要新技术来帮助我们解决，很多时候我们觉得体育的实践性和指导性受挫，主要的原因还是在于研究能力的欠缺"；另一方面，要坚持改革，与时俱进地反馈问题，继续坚持边学习、边研究、边实践、边创新的传统，让体育"插上科技的翅膀"。

▍构建科学健身知识图谱，打造铂金健康校园

在北大丰富的学科支撑下，赫忠慧汇集了来自计算机学院、工学院、计算语言学所以及计算中心等多领域的专家学者，共同致力于构建科学健身体育知识图谱。这一工作需要将体育领域的文本、图像、声音、视频等多模态资源信息进行整合，形成一个全面、系统的知识体系。这项工作的成果不仅在学界具有示范引领意义，更有着广阔的应用前景。

她一直致力于将学术成果向科普性、技术性、实践性转化。她所在团队研发的"身体姿态评价及运动干预"虚拟仿真实验项目，通过身体姿态筛查，能及时发现并纠正学生们的不良体态，如脊柱侧弯、头颈前伸等，为学生的健康成长保驾护航。她说："我们会带着探索的精神去研究问题，同时也要对已有的成果进行优化提升，不断地创新，这也是北大体育人应该有的精神。"

在此基础上，她也希望将科学的运动理念传播到更广阔的范围，让运动帮助师生提升身心健康。例如，看到北大师生睡眠障碍与情绪健康问题日益凸显，赫忠慧和她的团队研究如何通过运动减压，促进正性情绪，改善负性情绪和睡眠障碍。"我们提出了运动的双向调节作用，在高应激情况下，人们会过度紧张；在低应激时，可能会有拖延的发生。因此，我们认为，运动改善情绪存在着双向调节作用。它能够调节不同的应激状态，向比较稳定的中间值转化。"

在赫忠慧和同事们的努力下，健康运动的理念在北大校园风行。2019年，国际大学生体育联合会（FISU）启动的全球大学"健康校园"项目，北京大学是全球首批七所示范高校之一，同时也是亚洲首所试点高校。赫忠慧也被选派参与《"健康校园"基本标准》的制定工作。她是唯一一名来自亚洲、代表中国参加标准制定专家组的学者。她再次把自己和北大同事在教学改革中总结的智慧推广至更大范围。2021年2月22日，北大成功通过了《"健康校园"基本标准》总计100条标准中的99条，获得健康校园的"铂金"认证。同时，北大首次提出了健康校园建设中多部门"协同联动"的管理路径，以及"智慧校园"身心健康数据平台的建设构想，得到了国际组织的充分肯定和认可。这些"慧"及体育、以智助体的创新举措，不仅为北大的健康校园建设注入了新的活力，更在国际舞台上展现了中国大学的体育风采。

赫忠慧认为，"运动是痛并快乐着的过程"，会给人带来先苦后甜的独特体验，是对自我极限的挑战与超越。在直面痛苦的瞬间，我们需要鼓足勇气，当对身心的考验达到顶点，我们需要"再坚持一下"，随后迎来的便是更加灿烂的未来。这样的未来，是健康的象征，是身体活力的体现，更展示出积极向上的精神风貌。

学生评价

- 老师人很温柔，讲课生动细致，是我本学期最喜欢的老师，希望有更多的同学选这门宝藏课。
- 课程设计得很好，训练和讲解得很科学，帮我纠正了许多动作。
- 老师的课堂很注重同学们动起来，参与到运动中去。一学期下来，我学到很多锻炼中实用的动作，也收获了快乐的体育课堂和认识了新朋友。

（刘璇、刘润东）

有理有据有观点，有趣有用有意义

— 尚俊杰 —

尚俊杰，北京大学 2023 年教学卓越奖获得者，教育学院长聘副教授。研究方向为学习科学与技术、游戏化学习（教育游戏）、教育数字化等。主要讲授"学习科学""教育游戏专题""游戏化创新思维""学习科学与未来教育"等课程，著有《学习科学导论》（教育部教育学类专业教学指导委员会推荐教材）、《信息技术应用基础（第二版）》（普通高等教育"十一五"国家级规划教材、教育部文科计算机基础教学指导委员会立项教材）、《网络程序设计——ASP（第四版）》（北京高等教育精品教材）等教材。曾获得高等教育国家级教学成果奖、北京市高等教育教学成果奖。

为荣誉而奋斗，不让良心焦虑。

我们实际上是要为内心的荣誉而奋斗，

我们不能愧对祖国和人民对我们的期望，

就我来说，我不能愧对一个北大老师的称号。

—— 尚俊杰

▍幽默的"故事大王"

"有理有据有观点，有趣有用有意义"是尚俊杰的教学理念。他的眼睛总能敏锐地发现生活中许多与教育学相关的细节，并把它们融入课堂：佳能相机由胶卷时代进入数码时代、小学一年级教材上"a、o、e"等符号的印制与排版、微信的拼手气红包……这些生动的例子让抽象的知识概念变得活灵活现，也让尚俊杰的课堂充满了吸引力。

除了对生活小事的捕捉之外，尚俊杰还是个"故事大王"。他曾用一条鱼的故事讲解"建构主义"：一条一直生活在水里的鱼，因为好奇陆地上的牛长什么模样，便请青蛙向它描述。听到青蛙说的"四条腿、两只角"后，它建构了鱼身上加上四条腿、两只角的模样，并认为那就是"牛"。通过趣味十足的小故事，同学们真切地理解了"我们每个人的知识都是基于自身的经验来进行建构的"这一理论观点。

他生动的讲述也收获了学生的认可和教学的成功。"尚老师讲课可幽默了，他总是能把很晦涩的东西用浅显生动的语言讲出来，你一边笑着，一边就学会了许多。"这份成功的背后，是尚俊杰对于教学一次一次的打磨。他会给自己的课堂录音，在课后听录音复盘，及时删去多余的话，并加入新的构思。正是由于一轮轮扎实的努力，他开设的"学习科学""游戏化创新思维""学习科学与未来教育""教育游戏专题""信息技术与高

2008 年，刚刚博士毕业的尚俊杰开始授课

校管理""数字化学习与生存"等课程，在知识的海洋中翻起欢乐的浪花，做到了既有闪亮观点，又有鲜活趣味，常年受到学生们的青睐。

他出版的教材也同样要"有理有据有观点，有趣有用有意义"。他认为，从儿童成长的角度来看，理解"有用"或是"有意义"显然很难。随着年龄的增长，来自家长、老师等的外界压力使他们逐渐"免疫"，这时，让学习有趣就显得尤为重要。为此，他参考哈佛大学《心理学》等优秀教材，主编了一本图文并茂、穿插故事的教材《学习科学导论》。这本 74 万字、600 多页的教材力图将知识讲得透彻而又有趣，并贯彻尚俊杰的教育理念。"从事教育的人，需要始终怀揣着一颗教学的赤子之心。"尚俊杰如是说。

▍游戏化学习：让教育回归本质

事实上，"游戏化学习"不仅是尚俊杰的教学理念，也是他的研究领域。21 世纪初，于欧美教育学界影响颇广的"游戏化学习（教育游戏）"在亚洲开始流行。面对这一全然陌生的崭新领域，尚俊杰心下颇为忐忑，但"既然已经答应去做了，那就得尽最大努力做到最好"。于是此后，他全身心投入游戏化学习研究，并逐步发现了其精妙之处与优势所在。"游戏化学习让我看到，好的学习方式是多么重要。在初高中阶段的课程教学中，有无数孩子可能因为种种原因，过早地被现行的标准化班级式教学所淘汰，而换一个方法，可能就会带来完全不同的结果。"

而尚俊杰在教育游戏方面的实践，早在 2007 年便已悄然"上线"。那时刚学成归来的尚俊杰，在与联合国儿童基金会以及教育部中央电教馆的项目合作中，引入游戏化学习、快乐学习的理念。从一开始，他将脑与数学认知领域的研究成果，同教育学理论融合，开发出帮助儿童更好地学习加减法、培养数感的"怪兽消消消"游戏；到积极落实项目试点，提出"新快乐教育"，加快推进学习科学的最新研究成果与课本教学间真正的对话、贯通；再到与企业合作，创造出更多于幼儿教育、大众教育有益的教育游戏或游戏化学习平台……

面对在线教育的最新趋势，尚俊杰当然也要紧追前沿。"当 MOOC 课程推广到每一个偏远角落以后，究竟是让全球的教师'更平'了还是'更尖'了呢？"这是尚俊杰个人公众号"俊杰在线"于 2014 年 12 月 1 日发布的第一篇文章《谁动了我的讲台——信息技术环境下的教师角色再造》中提出的一个问题。尚俊杰很早就开始关注在线教育的问题，并积极探索各种在线教育平台。疫情之前，他就曾主动与教师发展中心沟通，提出要试用 Classin，并且一边试用一边给 Classin 提出一些建议。到疫情来临时，学校全面启用 Classin，满足了北大乃至全国各地高校学子停课不停学的需求。而后，Classin 进入中小学，尚俊杰又从中学生家长的身份出发，不断发现新的问题、提出新的建议。

"很多开发者自己不使用这些在线教育平台，就很难注意到这些问题；而使用者即便注意到了问题，也很难有渠道去反馈并提出自己的建议。我既然有这个条件，理应做出自己的一点贡献。而且在这个过程中，我自己对在线教育的理解也更加深刻了。"

如今疫情已然结束，可在尚俊杰看来，在线教育的优点应该得到延续与发展。"一方面，在线教育能够提升教学质量、促进教学创新改革；另一方面，它能让更多想要学习的孩子拥有更多、更丰富的学习资源，这在一定程度上也有利于促进教育公平。而且，利用在线教育或许可以实现破坏性创新，从而使教育实现跨越式发展。"

除了在线教育，在游戏化学习的相关研究上，尚俊杰也有了新的点子。他曾给九十几岁的爷爷买过一个平板电脑，结果老人家带着一些老年人，拿着平板看《动物世界》、玩游戏，不亦乐乎。后来，他又注意到阿尔茨海默病等一系列老年问题，决定开展利用游戏促进老年人学习、延缓阿尔茨海默病的研究。从儿童到老人，游戏的开发内容自然有区别，加上目前关注这一领域的学者比较少，可以说，这是一项"开拓性的工作"。"这项工作的确存在一定的风险，但我觉得这项研究是很有意义的，它能提升老年人的认知能力，从而减缓阿尔茨海默病。"实际上，利用游戏防止阿尔茨海默病，有国际权威研究结果的支持。只不过，设计什么样的游戏效果会更好，还需要深入研究。此外，游戏在特殊儿童教育中的应用，也是尚俊杰近些年来特别关注的内容。

▌ 为荣誉而奋斗，不让良心焦虑

作为一名教育学专业的教师，尚俊杰的育人阵地不止于课堂。"从心底里热爱孩子"的他，还怀着立德树人、以教育为终身事业的满腔热忱，引领众多学子走进教育学的事业。

作为导师的尚俊杰对学生总是关怀备至。他常说："我觉得我对他们有责任，就像父母对待子女一样。"学生学术生涯遭遇迷茫，尚俊杰会基于个人经历提供建议，却并不强求他们遵循；学生因找工作而焦头烂额时，尚俊杰会用河南家乡话给他们打气，鼓励他们"小车不倒只管推"；当班上学生遇到困难，尚俊杰更是鼎力相助、全心帮扶。有一次，他听说班上一个学生负责组织的讲座有个专家临时来不了，便连夜准备了救场的报告，化危机为转机，呈现了一场"有趣有用有意义"的精彩讲座。

在他的悉心关注和指导下，他担任班主任的教育学院2020级教育博士班克服了疫情条件下在职学生学习组织的困难，在一位班长和两位副班长的带领下凝聚起了班级的"团魂"。班集体凝聚力极强，集体与个体共同奋进，相辅相成，最后获评2022年度北京大学优秀班集体，更为未来培养在职博士提供了借鉴。副班长于晶认为，这个班级之所以如此团结向上、追求卓越，与班主任尚老师有莫大的关系："他的以身作则给我们树立了一个良好的榜样。"

尚俊杰带领学生一起滑雪

在尚俊杰看来，"北大老师"的称号给了他诸多的荣誉，而他能做的就是"为荣誉而奋斗"，不断追求卓越。因为只有这样，他才能"对得起祖国、人民和学生"。为了时刻提醒自己，他把"为荣誉而奋斗，不让良心焦虑"作为座右铭，在反思自身的同时，激励、影响着诸多后辈学人。尚俊杰的第一个硕士将宇已毕业工作十多年，他还是会时常想起尚俊杰当时的教诲，行事之前总会先反问自己，是否对得起这份荣誉、是否对得起自己的良心。

　　尚俊杰走上教育学的路可谓"一波三折"：1999 年，刚从北大力学系硕士毕业的尚俊杰，在老师的引荐下，选择在电教中心任教；2000 年，随着校内院系调整，他转入教育学院教育技术系，并于 2004 年赴香港中文大学攻读教育学博士，自此深耕于教育游戏学等领域。时隔多年，他依旧记得，自己站在一个个事关未来的重大分岔路口时，内心的迷茫与无措。"当时的学生接受到的生涯规划教育其实是薄弱的，我们并不清楚各个学科的未来发展，也不明了什么时候究竟该做些什么。"彼时，年轻而懵懂的尚俊杰，常常倾向于遵从师长的指引，被动地做出自己的抉择。"我其实一直只是个'老师指哪我就打哪'的标准好学生。"尚俊杰幽默而谦虚地调侃着自己，可随后又立即正色道："而做一个好学生的重要标志，除却听话，还有一条——'要做就要做到最好'。"他在学术领域奋斗多年的心得，也是他为自己的学生所指引的道路。

　　"要努力成为一个卓越的人。"这是研究生张鹏入学时，尚俊杰告诉她的第一句话，而在追求卓越的道路上，勿忘"要善良地做学术"。"这个'善良'，不仅仅是指学术态度的端正。"张鹏说，导师向她强调的"善良的学术"，还有更深一层的含义：在学术写作中，往往需要引证许多前人的研究成果，并在总结前人不足的基础上推进自己的研究。尚俊杰告诉她："在总结时，要客观公正地去论述过往研究的不足之处，不能为了凸显自己的研究成果而过分指摘他人。"在尚俊杰的指引下，张鹏满怀的学术热情得到了极大的保护，她继续在学术道路上深耕不辍。

　　如今的尚俊杰正沿着"学习"之路进发，依托他承担的国家自然科学基金、国家社科基金等课题，他努力将学习科学、游戏化学习、人工智能整合在一起，重塑学习方式，回归教育本质，让每个儿童、青少年乃至成人都高高兴兴地沐浴在学习的快乐之中，尽情享受终身学习的幸福生活。与他一同走在这条路上的，是许许多多以这个亦父更亦友的老师为榜样，"为荣誉而奋斗、不让良心焦虑"的学生。而他们，已经或者即将踏上教学岗位，传承尚俊杰的教育理念，把"有理有据有观点，有趣有用有意义"的教学带给更多人。

学生评价

- 老师教得非常好，对我的帮助很大。老师上课幽默生动，能够将知识点很好地教给我们。老师还安排了实践，极大地提高了我们的动手能力！
- 课程设计安排合理，结合不同游戏化案例分析，非常有意思。
- 课程安排合理，讲课内容丰富，足够引人入胜。
- 老师的讲课节奏安排得宜，展现出优越的能力，真是难得一见的优秀教育家。老师对学生的关心与照顾也是无微不至。他不仅对每一位学生都呵护有加，更在各方面表现出无比的善心与良苦用心。

（刘润东、董开妍）

在"破"与"立"之间
守护教学初心

— 王志稳 —

　　王志稳，北京大学 2023 年教学卓越奖获得者，护理学院教授。研究领域为老年护理、循证智能决策。主要讲授"护理学导论""护理研究""循证护理方法""护理领域的机器学习与智能推荐"等课程。主持建设课程获批 2 门国家级一流本科课程、1 门全国医学专业学位研究生在线示范课程、1 门北京市课程思政示范课程。编写《护理科研方法》《护理研究》《护理领域证据整合与转化方法》《老年健康评估》等教材，获北京高等教育精品教材奖；出版《认知障碍老年人激越行为的非药物管理》《器械相关压力性损伤预防指南（2020 版）》等专著。首创院校协同助推知识转化模式，获中华护理学会科技奖一等奖。

教学工作其实也是一个自我学习、教学相长的过程。

——王志稳

▋ 始于热爱，在教学中蜕变和成长

时间回到 2002 年，对于刚刚研究生毕业的王志稳来说，选择成为一名教师，除了个人的兴趣和意愿推动之外，更多是时代的选择。当时，护理硕士研究生非常少，因此，硕士毕业之后留在高校从事教学和科研工作就成为她必然的选择。

王志稳在硕士就读期间曾参与和主持过针对出国护士培训的教学设计和课程授课。在这个过程中，她锻炼了自己将生涩的理论知识归纳和凝练，并形象生动地传授给学生的能力，并且逐渐发现了自己对于教学工作的热爱。"很多学生对你讲授的知识能够理解，能够感同身受，并且能够尝试去运用它解决问题，这让我对于教学工作的热爱又增加了一层助推剂。"

在教学中，王志稳会根据学生的认知特点摸索出对抽象知识的具体讲述方法，并把生活经验或者学生既往的经历与已有的知识和案例进行融合类比，从而在帮助学生更快地掌握基础知识的同时，还能让他们做到举一反三。在她看来，"教学不只是去传授知识，更多的是让学生意识到在某个领域还有哪些未知的知识，以及能够用哪些资源或途径去探索和获取这些知识"。

在引导学生进行自主探索的过程中，不仅学生会有收获，老师也收获了全方位的自我成长。随着时代的变迁，学生获取信息的途径也发生了巨大变化，尤其在医学领域，知识更新非常快。王志稳认为，要做好教学工作，成为一名优秀的教师，就不能固守成规，而是要不断丰富自身知识和技能的积累，要推动自己对知识更深入的掌握，要能发现新问题，要形成独具风格的教学技能，还需要不断探索新的教学方法。因此，教学工作其实也是教师自我学习和不断成长的过程，"真正是一个教学相长的过程"。

从 2002 年至今，扎根教学一线二十余载，王志稳推动建设了"文献阅读与评论""护理研究""循证护理方法""循证护理实践""护理领域的机器学习与智能推荐"阶梯式创新能力课程群。她建设并主持的"护理研究"课程，获评国家级线上线下混合式一流本科课程。教学中来自学生的正向反馈不仅激发了她的工作热情，也给她带来了莫大的成就感，达到了教学相长的最佳境界。

▍"翻转"课堂，"破立"之间

2006 年，参加工作四年的王志稳从前辈手中接过"护理研究"这门课。她认真梳理了课程的任务、定位和培养目标，开始探索教学与考核方式的改革，把闭卷考试改为形成性评价，让同学们通过制订检索策略、设计研究方案、撰写研究计划书、评阅论文等，尝试将理论知识进行整合和应用。

"在这门课中，我觉得更重要的是培养学生整合与应用知识的能力，以及厚植科学思维方法和科学精神。"改革课程评价方式的道路起初很艰难，备受质疑。部分教师担心没有闭卷考试，学生会不认真听课。王志稳却非常从容："如果你强迫学生听，他总会有其他的方法来应付你。我跟学生说，你可以不来上课，但是你得保证经得起我提问，你得比我懂得多，所以没有学生敢不来。"王志稳很少查考勤，但是一听大家的汇报展示，学生哪些知识点没掌握透彻，她一清二楚。

事实上，相比于通过考试检查学生掌握知识点的情况，研究计划书

王志稳在课堂上

的撰写具有更大的考核难度。王志稳在教学中发现，让还没有太多临床经验、不了解临床问题，也没有做过科研的本科生们写研究计划书，常常会出现不知从何写起的问题。为此，王志稳贴心地在课程中引入"抛锚式教学"，结合审稿过程中及高水平期刊发表的论文，针对不同类型研究遴选和编制典型案例，向学生抛出问题，激发他们的思考。"我给他们一个'脚手架'，把设计一个研究的过程变成问题清单，学生参照问题清单去思考和讨论，就能设计出这个研究。"这样，对学生来说既有一定挑战度，又可以通过小组合作实现"跳一跳"就能够得着的目标。

"我的课堂上大部分是以翻转课堂为主。"在课前，王志稳通常会要求学生提前阅读案例，在线上提出问题。看过同学们提出的疑问之后，王志稳会快速地把这些共性问题整理到授课 PPT 里，并在课堂上针对共性问题进行分析和讨论。除此之外，王志稳还会在线上提供拓展性的案例，激发同学们自主学习和探索的动力。"只有这样，学生才会把学习变成自己的事情，而不是我为了考核他才去学习。"

翻转课堂的设置，不仅帮助学生基于问题强化对知识的整合和运用，还能针对学生的个性化差异设置弹性化的学习目标。例如，在统计分析软件应用的翻转课堂上，王志稳会设置基本学习任务和目标，在课堂上实时查看每个小组的任务推进情况，如果有小组已经完成了基本任务，她会当场再给这个小组布置一个更高的学习任务，并引导学生自主探究完成任务。最后，让这个小组在班上展示，体验自主学会新方法的成就感，并激发同学们进一步自主探索更多方法的好奇心。因此，在王志稳的课堂上，很难有机会"摸鱼"和"躺平"，即使底子再优秀，也会通过课堂学习有所提升。

为了将优质教育资源普惠化，王志稳在 2018 年录制了"护理研究方法"在线课程，除了用于本校学生的教学外，每年面向公众开放两期，供公众免费学习，第一期就有 1.8 万人报名，获得首批国家级线上一流本科课程，通过资源开放共享，让更多学生及临床护理人员拥有身边的科研专家。2019 年，王志稳又在此基础上，开展了"线上教学＋线下翻转课堂"混合式教学模式的改革，并将思政元素融入课程，建设课程思政资源库，成为北京大学首批课程思政示范课程，获得北京市课程思政示范课程、教学名师和团队奖。2023 年，王志稳又建设了"Nursing Research: Principles and Methods"英文国际在线课程，并在国际平台上线。

▌ 守住初心，是教书更是育人

对于教育"立德树人"的本质，王志稳有着深刻的理解。"我觉得作为一名青年学生，要站在长远发展的视角，要始终守住自己的初心，不要计较一时的个人得失。"这是王志稳对于青年学生的寄语，也是她个人求学从教道路上的真实写照，并始终贯穿在她的教学科研过程中。

"教师除了传授给学生知识和技能之外，还要激发学生内在的学习动力和对于未知的探索欲望，此外，更多的是要教他们如何做人。"这样的观念也促使她在教学中用自己的言行潜移默化地影响学生，传递积极的人生态度和价值观，帮助学生树立精益求精和坚韧不拔的科学精神。王志稳以专业教师身份担任招生组长、军训领队、专业班主任,第一时间走近学生,化解学生的专业困惑和误解,将专业思想教育关口前移,引导学生理智选择专业,提升对专业的认知,逐步建立专业自信。

在课程教学和科研指导中,王志稳常常借助知名人物案例或自己的成长经历,鼓励学生不畏困难、不断探索。"我期望学生能够坚守初心,铭记自己为何而行动。无论遇到何种困难或挑战,都能有坚持下去的动力,积极面对而不是逃避。"在指导学生进行跨学科研究时,很多学生会出现畏难情绪。"在激发学生创新潜力的同时,及时在资源和解决路径上给予引导,帮助学生建立信心至关重要。"王志稳经常鼓励学生:"不能只想着做自己能搞定的,一定要考虑做这个事情有没有创新。虽然会很有挑战性,但不要一开始就打退堂鼓。在科研过程中有困难是肯定的,要把困难分解成一个一个节点,逐个去解决和攻克,也许就能实现了呢。"

"因材施教,因势利导"是王志稳指导学生的一贯风格。不同学生有不同的特长与潜力,并且有各自的职业规划——学业深造、公职选拔或是扎根临床一线。王志稳会根据他们的诉求或潜在需求,因势利导,引导他们在不同阶段应如何行动,包括如何培养团队协作与沟通能力、组织能力以及科研思维等。

一次在指导挑战杯项目时,有几名一年级的本科生提出想调研公众对护士的看法,王志稳就引导学生遴选医疗题材的影视剧作品,针对有护士的影视片段,从其中展现的护士专业角色这一视角进行编码分析;并访谈了卫生健康领域、影视剧领域的相关人员,探讨影视剧中护士的专业角色体现不足这个现象背后的成因和策略。该项目获得了北京大学挑战杯一等奖,不但让学生对护理专业角色有了更深入的了解,还拓展成为第二课堂活动,引导同学们一起探索护理之美,将科研实践与专业引导融为一体。

拥有心理学博士背景的王志稳,深谙人际沟通与交往的核心在于理解对方在特定阶段的需求。因此,对于研究生及一些格外优秀的本科生,除了在课堂上的互动外,王志稳还会在课后适当关注他们。这种关注并非她刻意为之的谈心，而是更多地融入在科研辅导、课程作业的讨论中。通过这种课上课下的交流，王志稳能够更加准确地了解他们对课堂目标的掌握情况，并根据实时进度设定新的学习目标，以激发学生们的学习动力。

"优秀的人在哪个专业都可以成为金子。学好自己的专业之后，想去其他专业尽管去，但别忘记回馈于护理学科的发展。"怀抱着这种豁达开放的态度，王志稳曾经帮助过多名学生寻找内心真正热爱的专业，也鼓励护理专业的学生树立对自己专业的自信心和自豪感。在和王志稳交流的过程中，学生们总能感受到老师对自己想法的理解，而不是单纯的说教。

王志稳与学生

在日常生活中，王志稳在学生眼中又是一位关爱学生的知心大姐。有一次，学生李欣蕊晚上高烧不退，王志稳在朋友圈看到后，第一时间联系急诊科让她到医院就诊，并在此后几天里，一直联系关心她的身体状况。每逢教师节和春节，王老师在京学生或邻近城市的毕业生都会回京参加"团圆家宴"，师门就像一个温暖的大家庭。

初心易得，始终难守。二十余年的教学工作没有浇灭王志稳对于"传道授业解惑"的赤诚之心，反而令它在岁月流转中更加明亮与珍贵。"作为教师，有责任和义务向学生传递做人之道、做事之道，并引导他们转化

王志稳和毕业生的合照

为行动。只有这样，一个人才能更长远地发展，实现自我价值的最大化，成为服务国家的栋梁之材。"

学生评价

- 在案例剖析中，王老师会引导我们全面了解全球的研究动态，思考国际上的研究热点，引导我们思考为什么我国护理发展与发达国家相比还有一定差距，如何能够让我们自身变得更强。
- 很喜欢王老师讲课的风格，知识丰富、非常严谨。她总能从细节中发现我们的问题，指导我们改正。她举例生动有趣，很实用。
- 老师授课思路清晰、内容丰富、很专业，案例分析能启发我们的思路，讲课非常棒，学习过程中收获颇多，受益匪浅！

（董开妍、王梓寒）

附录

素材来源

《让学生个性得到最大的舒展》

1. 北京大学新闻网《阎步克：本心不改 坚守讲台三十载》

2. 北京大学新闻网《66 岁北大教授跨越 13 小时 14000 公里的硬核课堂》

3. 北京大学新闻网《阎步克：北大任教三十载不下讲台，他的课一座难求！》

4. 新华网《做中华文化传承发展的"大先生"——记北京大学历史学系教授阎步克》

《不让须眉，默化桃李》

1. "北京大学"微信公众号《教学成就奖获得者祝学光：年逾八旬退而不休，医疗与教学是她生命里的"惯性"》

2. 北京大学新闻网《甘于奉献 开拓创新——记医学教育专家祝学光教授》

3. 人民网《祝学光：没有菩萨心就不要学医》

《以教育启航，探寻学术之美》

"北京大学"视频号《"师者北大"之赵达慧采访视频》

《带学生去有风景的地方》

1. "北京大学"微信公众号《好老师陈斌，这样在北大走红》

2. "北京大学教务部"微信公众号《教学名师 | 陈斌：在北大，做一个"放羊人"》

3. 北京大学新闻网《北京大学设教学系列奖 重奖优秀教学老师》

《给学生以兴趣和梦想》

1. "北京大学"微信公众号《最年轻的教学卓越奖获得者刘家瑛：北大里的"孩子王"》

2. 北京大学校报《刘家瑛：和学生在一起》

《以培养"长宽高"人才为己任》

"北京大学"微信公众号《教学卓越奖获得者郑伟：这位北大教授培养的人才"长""宽""高"！》

《厚道，博雅，创新》

1. "北京大学"微信公众号《不老"光哥"：行走在"生死之间"的北大医者》

2. 北京大学新闻网《张卫光：传递育人的接力棒》

《只计耕耘莫问收》

1. "北京大学"微信公众号《沉痛悼念厉以宁先生》

2. "北京大学"微信公众号《我与北大的 120 个故事之二（厉以宁、陈江、石林、王逸、王瑶中）》

3. 北京大学光华管理学院网站《兴办教育，培养经济管理人才》

《教研相长，薪火相传》

1. "北京大学"微信公众号《北大张礼和院士：核酸药物研究先行者》

2. 北京大学校报《张礼和：甘为人梯，春风化雨》

《用热情带学生"走一遍人生"》

"北京大学教务部"微信公众号《从呱呱坠地到垂垂老矣，这个老师、这门课带你走过一生》

《"呆呆老师"的成长与突围》

1. "北京大学教务部"微信公众号《人物 | 从菜鸟到红人——看"呆呆老师"成长记》

2. "北京大学"微信公众号《人物 | 陈江：呆呆老师的快意江湖》

3. "北京大学"微信公众号《"呆呆"老师，深受北大学生喜爱》

《启智润心，育人及己》

"北京大学教务部"微信公众号《人物 | 李康：每滴水都该被照耀》

《永远坚持探索真理的勇气》

1. "北京大学"微信公众号《人物 | 刘怡：甘代苍生筹国计，不为陶猗负杏林》

2. "北京大学"微信公众号《人物 | 刘怡：让所有的价值都有幸福的归属地》

3. "北京大学经济学院"微信公众号《北大 120 周年校庆之"经院学者" | 刘怡：桃李不言，下自成蹊》

《为国家培养"顶天立地"的临床科学家》

1. "北大医缘"微信公众号《师说 | 赵明辉：极致源于热爱》

2. "北大医缘"微信公众号《北大医学人 | 赵明辉：培养临床与科研双能型的"两栖"人才》

《育人无声，润物有情》

"北京大学"微信公众号《开卷考试且不限时间，这位北大老师一定要认识一下！》

《阅尽千帆，矢志不渝》

"北京大学"微信公众号《北京大学 2020 年教学成就奖获得者赵敦华：阅尽千帆，矢志不渝》

《为师者当寝食难安》

1. "北京大学"微信公众号《北大教授白建军："寝食难安"的师者》

2. "燕园学子微助手"微信公众号《北大教授茶座 | 白建军：人人都有过我之处，我与人人都不同》

《跨越边界的教育探索者》

"北京大学"微信公众号《北大十佳教师，学生眼中的"穆法师"！》

《启独立之思考，发家国之情怀》

"国关国政外交学人"微信公众号《【学人故事】严谨、耐心、细致 —— 记北大国关罗艳华教授》

《心之所向，方能行远》

1. "北大光华本科研究生"微信公众号《花落光华！北京市青年教学名师、北大教学优秀奖揭晓啦》

2. 《生命的光芒，来自心底的热爱 —— 专访北京大学光华管理学院王辉教授》（院系提供）

《教学是让我不断前进的事》

1. 北京大学医学部本科招生网《师说 | 许雅君：既然爱，就深爱》

2. "北京大学"微信公众号《人物·谈 | 慕课名师系列（一）：许雅君"怀诚挚之心，育天下英才"》

《在学生心中种下科学的种子》

北京大学校报《顾红雅：传递生物演化的奥秘》

《行走在终极追问的路上》

1. 北京大学校报《陈保亚：行走在终极追问的路上》

2. 北京大学新闻网《【优秀共产党员标兵】陈保亚：于茶马古道上，笃行语言研究之路》

3. 北京大学新闻网《陈保亚：茶马古道走出的语言学家》

《医心热爱，德才相授》

1. "北京大学医学部"微信公众号《北医110｜医心热爱 德才相授》

2. "北京大学医学部"微信公众号《为学、为事、为人：北大医学生成长的引路人》

3. "北京大学医学部"微信公众号《北京市教书育人榜样，沈宁！》

4. "北京大学第三医院"微信公众号《三尺讲台上的医生爷爷》

《学生之需，教师之责》

1. 北京大学校报《刘鸿雁：学生之需，教师之责》

2. "北京大学"微信公众号《北大教授"翻译"无声密语》

3. "北京大学党委教师工作部"微信公众号《讲述我的育人故事｜刘鸿雁：草木有情，携手前行》

《学生的高度决定了教师的高度》

1. "北京大学招生办"微信公众号《刘譞哲：请拥抱人人皆可编程的诗意世界》

2. 北京大学校报《刘譞哲：做学生成长的见证者》

《如履薄冰，讲好每一堂课》

1. 北京大学校报《黄迅：培养有特色的新工科人才》

2. 北京大学工学院网站《【教师节献礼系列报道】青年教师系列之一 —— 黄迅：我们想做出点有用的东西来》

《语言为沟通，教育即生活》

1. "北京大学"微信公众号《这位北大教授，想做个语言学的麦田守望者》

2. "北京大学教务部"微信公众号《汪锋：语言学是一把钥匙》

《引导学生"见物讲理"》

"北京大学"微信公众号《北大教学成就奖，他教学生"见物讲理"》

《为师之道，尽心、尽职、尽责》

"北京大学"微信公众号《他的传奇从16岁开始，如今获得北大教学最高荣誉》

《和学生一起寻找答案》

北京大学新闻网《教育教学系列奖励巡礼 | 行远自迩，育人为先 —— 访教学卓越
　　奖获得者唐志尧教授》

《做同学们年长一些的朋友》

"北京大学"视频号《"师者北大"之刘先华采访视频》

《教学是一种双向的互动》

1. 北京大学新闻网《做教师是一件幸福的事 —— 访 2022 年教学卓越奖获得者
　　先刚》
2. "北京大学"微信公众号《他在北大的这门课，很火爆！》

《教学是心灵的沟通》

北京大学新闻网《【2008 年国家级精品课程系列之十】愿做学生的铺路石：访
　　"国际政治经济学"负责人王正毅》

《涓涓细流，汇聚成海》

1. "北京大学"微信公众号《北大，是她人生的"最优解"》
2. 北京大学光华管理学院网站《+1！荣任国际顶刊副主编，孟涓涓教授和她的
　　热爱》

《教学相长，孕育人心》

北京大学新闻网《"要与患者共情，更要与学生共情"—— 访教学卓越奖获得者
　　李蓉》

《教学是个良心活》

1. "北京大学"微信公众号《我在北大教数学！》
2. "北京大学招生办"微信公众号《柳彬：从学生到教授，我在北大数学系这 38
　　年的感悟，你一定要听听！》
3. "北京大学数学科学学院"微信公众号《祝贺！柳彬教授荣获北京大学教学成
　　就奖》

《教学是幸福且荣耀的事》

"北京大学"微信公众号《他获得北大最高教学荣誉！》

《传道、授业、解惑》

"北京大学"视频号《"师者北大"之李立明采访视频》

《因为热爱，源于真诚》

"北京大学"微信公众号《他从清华毕业，获得北大教学卓越奖！》

《持之以恒，无悔我心》

"北京大学"微信公众号《那年，清华校车捎来一名北大新生……》

《"忠"爱教育，"慧"及体育》

1. "北京大学"微信公众号《北大学生眼中最飒的老师》

2. "北京大学教务部"微信公众号《赫忠慧：体育是人生最好的学校》

《有理有据有观点，有趣有用有意义》

"北京大学"微信公众号《"一波三折"，成为学生喜爱的北大教授！》

《在"破"与"立"之间守护教学初心》

"北京大学"微信公众号《今日开学，会"魔法"的北大老师上线！》

跋

　　"师者，所以传道授业解惑也"，高质量的师资和教学是大学人才培养理念得以实现的根本保障。北京大学秉持"在成人中成才""在通识中专精""在选择中成就""在融通中创新""在开放中自主"的教育理念，充分尊重和认可学生的不同天赋和志趣，致力于为学生成长发展创造更加宽松、包容的环境，提供更丰富的资源和更宽广的平台，引导学生发现志趣、发挥潜力、自主探索和深度学习，去探求世界之真，理解世界之善，感受世界之美。而教师如何去发挥好传道、授业、解惑的作用，正是实现上述教育理念不可或缺的关键。

　　找到有效的教学方法、发现教学的智慧是每一位教师的毕生追求。好的教师秉承怎样的教学理念，采用怎样的教学策略和方法，以及他们如何反思和重构自己，来更好地开展教学？是什么给了优秀教师以启发和指引？是什么让他们能鼓舞人心？……为了解答这些教学奥秘，我们以2018—2023年评选出的教学成就奖和教学卓越奖获奖教师为对象，编写了这本《卓越教学是怎样炼成的——来自北大教师的教学智慧》。这本书聚焦获奖者的教学实践，通过讲述教师"为什么这样教学"和"怎么样教学"的故事，展示优秀教师对卓越教学有意识的、学术性的深入见地，去寻找那些具有吸引力和启发性的个人探索经验。

　　我们一方面希望获奖教师通过这本书来一次回顾和总结之旅，激励大家对自己的教学方法和教学策略作出系统的、深思熟虑的评价，找出藏在卓越教学背后的真实思想、反思和实践，从而丰富我们的教学理论和教学实践，另一方面也希望这本书能为那些开始自己教学生涯的毕业生和新任教师提供一种有价值的思想资源，以进一步激活他们的教学兴趣与潜力，引领他们走向卓越教学之路。相信阅读的过程也是一次心灵交流、思想共鸣的过程，在这些教学智慧的启迪之下，每个人都可以探寻出一条属于自己的、走向卓越教学的道路。

因此，首先要感谢全体获奖教师的大力支持，他们不吝分享自己在过去教学生涯中的所惑、所感与所得，与他们面对自己的学生时一样，倾囊相授、交付真心，更把面向未来的教学思考与读者共同分享。

感谢编写组的各位老师和同学为本书成稿付出的辛苦努力。部分文稿参考了北京大学校报、北京大学新闻网、北京大学微信公众号和视频号以及其他来源的相关文章和内容，在此向供稿者一并表示感谢。获奖教师的采访以及拍摄工作也得到了北京大学教务部、研究生院、党委宣传部（融媒体中心）、教师教学发展中心、医学部以及获奖教师所在学部和院系诸多师生的协助与支持，在此深表谢忱。北京大学出版社为本书的编辑出版付出了大量的辛劳，使这本书的及时出版成为可能，向各位编辑和北大出版社致以深深的谢意！

最后还要将感谢献给全体一线教师，他们深耕理想，慎思为人，沉潜书海，笃行求知，默默耕耘教坛，精心锤炼教学，引领着一代代莘莘学子畅游知识海洋。一代代师者在前行者的引领下，感慕言传，效式身教，抚育万千桃李，以效家国。

谨以此书，献给"常为新"的北大老师们。

王博

2024 年 6 月 21 日